LE VÉTÉRINAIRE

DES CAMPAGNES

PRÉCIS SUR

L'Histoire naturelle, l'Hygiène, la Reproduction et les Maladies

DE TOUS LES ANIMAUX DOMESTIQUES

suivi d'un

APPENDICE

SUR

LA PHARMACIE ET LA JURISPRUDENCE VÉTÉRINAIRES

OUVRAGE DESTINÉ

A MM. les Agriculteurs, Fermiers, Métayers, Éleveurs, Marchands de Bestiaux

et en général à tous les Propriétaires d'Animaux

PAR

Gaston PERCHERON

Médecin-vétérinaire à Paris, Directeur de l'Hôpital Sanfourche,
Rédacteur en chef du *Journal de médecine vétérinaire pratique*,
Membre de plusieurs Sociétés savantes

Prix : 7 fr. 50

LAMARCHE-SUR-SAONE

MARTIN FRÈRES, ÉDITEURS

LE

VÉTÉRINAIRE

DES CAMPAGNES

PROPRIÉTÉ

Déposé pour garantie, conformément à la loi.

Tout exemplaire non revêtu de la signature des Éditeurs sera réputé contrefait et poursuivi selon la loi.

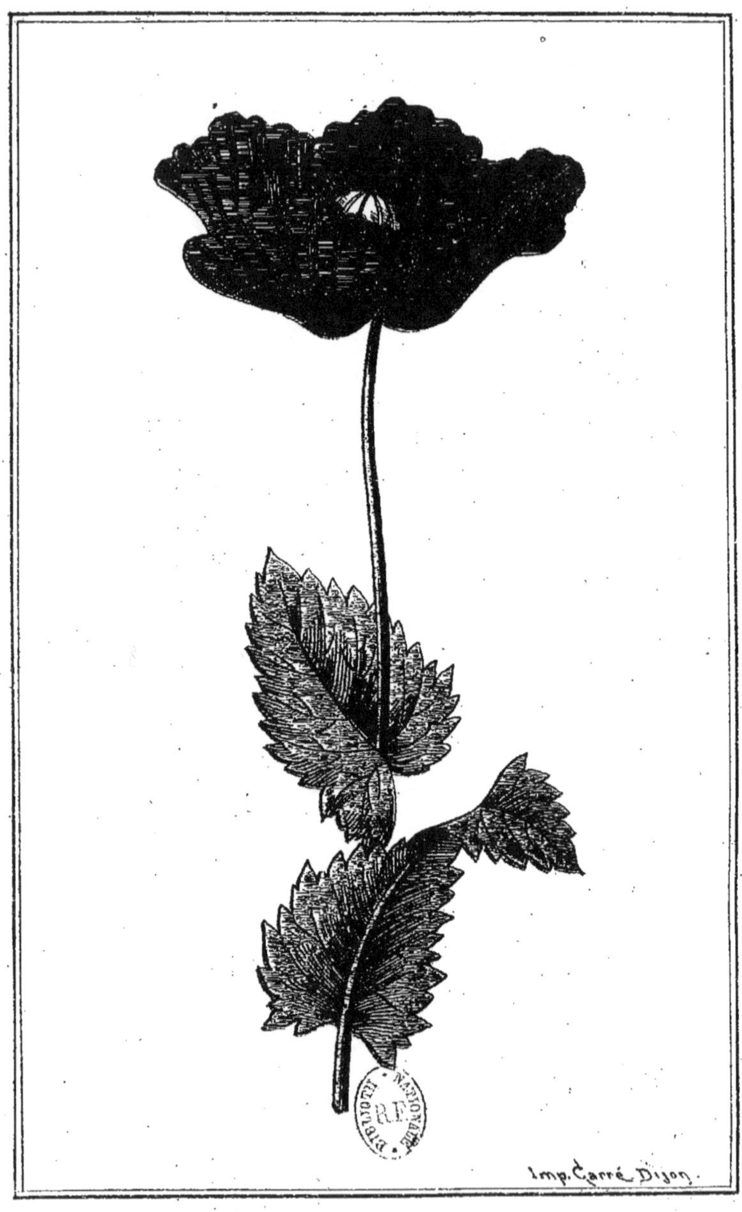

PAVOT

LE
VÉTÉRINAIRE
DES CAMPAGNES

PRÉCIS SUR

L'Histoire naturelle, l'Hygiène, la Reproduction et les Maladies

DE TOUS LES ANIMAUX DOMESTIQUES

suivi d'un

APPENDICE

SUR

LA PHARMACIE ET LA JURISPRUDENCE VÉTÉRINAIRES

OUVRAGE DESTINÉ

à MM. les Agriculteurs, Fermiers, Métayers, Éleveurs,
Marchands de Bestiaux
et en général à tous les Propriétaires d'Animaux

PAR

Gaston PERCHERON

Médecin-vétérinaire à Paris, Directeur de l'Hôpital Sanfourche,
Rédacteur en chef du *Journal de médecine vétérinaire pratique*,
Membre de plusieurs Sociétés savantes

Prix : 7 fr. 50

LAMARCHE-SUR-SAONE

MARTIN FRÈRES, ÉDITEURS

1881

PRÉFACE

En publiant ce Traité, nous croyons offrir au public des campagnes un livre de haute utilité.

Et, s'il est vrai de dire que toute science doit tendre à se formuler avec simplicité, afin de saisir l'intelligence à tous ses degrés, afin de répandre partout son action bienfaisante, nous devons ajouter que cette vérité s'affirme d'autant plus quand elle vise une science comme celle que nous nous efforçons, en ce moment, de répandre : *L'hygiène et la médecine des animaux utiles à l'homme.*

Exposer aussi clairement que possible les mœurs, les habitudes, le régime de tous ces animaux vivant de la vie sauvage ; les retrouver ensuite soumis à l'homme et lui prêtant leur concours ; expliquer à ceux qui ont mission d'élever ces animaux, de les tenir en santé, de les multiplier, de les perfectionner, etc., les principales lois de cette science, — une des plus importantes qui soient : — l'*Hygiène !* initier les cultivateurs à la connaissance des premiers éléments de *l'art vétérinaire* pour que chacun d'eux puisse, dès les premières atteintes du mal, agir d'une manière rationnelle pour l'enrayer dans sa marche, en attendant la venue de l'homme spécial, qu'on ne dérangera jamais ainsi qu'à bon escient, tel est le but que nous nous sommes proposé en présentant ce livre au public agricole français. Ce but, l'avons-nous atteint ? — C'est à ceux à qui nous nous adressons de le dire.

Nous n'avons pas besoin d'ajouter que

cet ouvrage ne veut afficher aucune préten-
tion scientifique. La seule qu'il ambitionne
vraiment, c'est de pouvoir rendre service à
ceux qui voudront bien le lire.

GASTON PERCHERON.

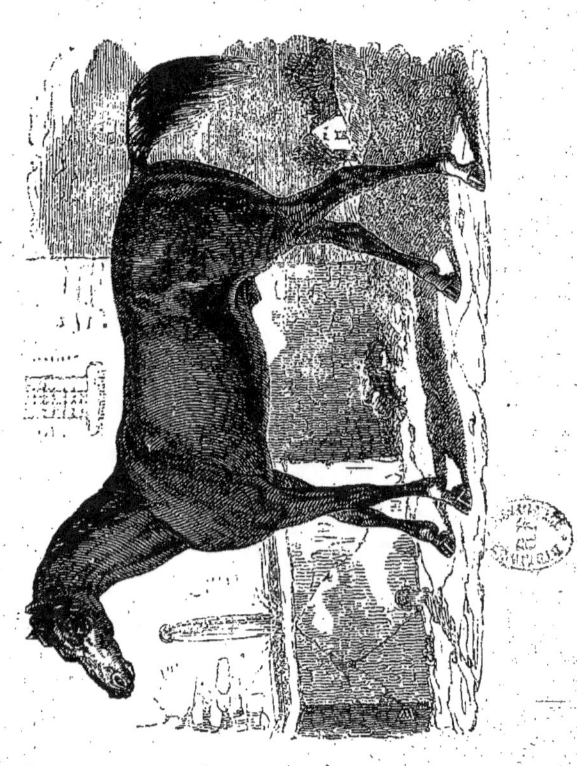

LE VÉTÉRINAIRE

DES CAMPAGNES

LIVRE PREMIER

LE CHEVAL

PREMIÈRE PARTIE

Histoire naturelle

CHAPITRE PREMIER

**Caractères. — Mœurs. — Habitudes. — Régime
Distribution géographique**

Le genre cheval (*equus*) appartient à la famille des *solipèdes, solidongulés* ou *équidés.*

On le reconnaît aux caractères qui suivent :

Un seul doigt entouré d'une enveloppe cornée appelée *sabot* ; point d'ongles rudimentaires en arrière; de chaque côté des os métacarpiens et métatarsiens, des stylets osseux représentant deux doigts latéraux avortés ; quarante dents se décomposant ainsi : six *incisives*, douze *molaires* et deux *canines* à chaque mâchoire (Ces dernières dents manquent ou sont très petites chez les femelles).

A ces caractères dominants se joignent encore, chez le cheval proprement dit, l'existence de *châtaignes* ou plaques ovalaires et rugueuses, sorte de production épidermique de consistance cornée, qu'on rencontre près du carpe aux membres antérieurs et au-dessus du tarse aux membres postérieurs.

Le squelette est à la fois finement et vigoureusement charpenté ; il est soutenu par une colonne vertébrale composée de seize vertèbres dorsales, huit lombaires, cinq sacrées et jusqu'à vingt et une caudales.

Notre intention étant moins de décrire ici les parties constitutives du squelette que d'en mettre la représentation sous les yeux de nos lecteurs, la figure ci-jointe remplira mieux ce but que toute espèce de description.

Le système musculaire est remarquablement développé.

Le cheval ne vomit jamais. C'est à Magendie qu'on doit de connaître les causes de cette particularité. L'œsophage, qui est étroit, aboutit à l'estomac et s'y réunit obliquement en formant une ouverture (*cardia*) que des fibres très fortes tiennent constamment fermée, et cela avec tant de force que, même après la mort de l'animal, on éprouve la plus grande difficulté à y introduire le doigt. Ainsi s'explique comment les contractions de l'estomac, même aidées de celles des muscles de l'abdomen, ne peuvent réussir à forcer ce passage et à provoquer l'ascension rétrograde des matières alimentaires. Au contraire, l'ouverture opposée *(pylor)* est toujours largement ouverte et laisse passer avec facilité aliments et boissons. L'estomac, légèrement bilobé et à deux sacs distincts, est petit, simple, allongé. Les intestins sont volumineux et longs (de 23 à 40 mètres) et le cœcum est énorme (sa capacité est de 30 à 60 litres). Aussi, la digestion chez le cheval est surtout intestinale.

Les anciens, Aristote et Pline, croyaient que le cheval n'avait pas de vésicule biliaire. Cette erreur fut relevée par Absyrte, qui dit dans son *Hippiatrique* que le fiel a une place déterminée dans le foie du cheval. Cet animal a effectivement une vésicule biliaire, mais beaucoup moins développée que celle des ruminants.

L'organe générateur du mâle est contenu dans un fourreau dirigé en avant; les testicules sont pendants. La femelle est pourvue de quatre mamelles inguinales. La gestation dure de onze à douze mois et la mère se délivre en se tenant debout.

Sa fécondité est restreinte, car elle ne met bas qu'un seul petit, et il y a toujours un assez long intervalle entre deux portées. Le poulain naît couvert de poils et les yeux ouverts, et déjà ses jambes, quoique longues et grêles, sont assez fortes pour le soutenir et lui permettre de marcher. Il tette environ un an. A deux ans et demi ou trois ans, il peut se reproduire; mais il faut attendre jusqu'à l'âge de cinq ans au moins avant de lui permettre de se livrer aux assauts si fatigants de la monte (Voyez le chapitre *Reproduction*).

C'est au printemps que se fait sentir chez le cheval le besoin de se reproduire. Le mâle appelle alors la femelle par ses hennissements forts et retentissants. et elle lui répond, mais sur un mode moins grave.

Le cheval arrive à son complet développement à cinq ans. Certaines races sont plus précoces les unes que les autres ; c'est ainsi que les races de selle sont en général plus tardives que celles de trait.

La durée moyenne de sa vie est d'environ trente ans.

La dentition du cheval suivant une marche assez régulière, c'est sur les dents qu'on peut suivre, comme nous le verrons plus loin (*V. chap. de la* CONNAISSANCE DE L'AGE), les différentes époques du cours de la vie.

Le cheval est assez bien partagé sous le rapport des sens. Il a le toucher délicat; on voit, en effet, sa peau se froncer au plus léger attouchement. Sa vue est excellente, car, bien qu'il ne soit pas un animal nocturne, il distingue assez nettement les objets dans l'obscurité. — Une particularité : la pupille du cheval a la forme d'un parallélogramme horizontal. L'ouïe est délicate, car au moindre bruit, on voit l'animal s'arrêter en dirigeant la conque auditive — dont les dimensions sont variables, suivant les espèces — du côté d'où vient ce bruit. Le goût est assez développé. La langue, du reste, longue et mobile, afin de ramasser les aliments et de les amé-

ner sous les incisives, qui les coupent en les pinçant,
est tapissée d'un epithelium assez fin pour reconnaître et palper certains objets. Mais, le sens le plus
exquis, c'est l'odorat : dès que le cheval veut reconnaître quoi que ce soit qui lui donne de la défiance,
il ouvre largement les narines — dont les parois sont
d'une remarquable mobilité — pour aspirer fortement les émanations que l'air lui apporte. On prétend que le cheval sauvage peut éventer ses ennemis
à plus d'une lieue de distance.

Les équidés datent de l'époque tertiaire; c'est à
ce moment qu'ils firent leur apparition sur le globe
aussi bien dans l'ancien que dans le nouveau monde,
ainsi qu'en donnent témoignage les ossements fossiles
qu'on trouve si communément dans les cavernes et
les brèches de l'Allemagne, les excavations des vallées
de la Somme et de la Seine en France, ceux que Théodore Leclerc a rapportés du Texas, etc. Sans qu'on
puisse affirmer que l'espèce à laquelle appartenaient
les ossements, et que les naturalistes ont dénommée *equus fossilis*, soit absolument une de celles qui
vivent actuellement, on doit avouer pourtant qu'elle
s'en rapproche de très près. « Ce fait — dit Laurillard — prouve que la disparition des races
fossiles du *diluvium* ne doit pas être attribuée à l'action des hommes, comme quelques naturalistes le
pensent : car, même en supposant, ce qu'il est difficile d'admettre, que l'utilité des chevaux n'ait point
été reconnue des populations indigènes de l'Amérique,
ces populations n'étaient pas assez nombreuses, elles
n'occupaient pas assez complètement le sol pour

avoir fait disparaître un animal aussi rapide à la course. »

Aujourd'hui, l'aire de dispersion du cheval est représentée par l'Europe centrale et septentrionale, l'Asie centrale et l'Afrique. — Sauf les régions polaires, il couvre toute la surface du globe.

Toutes les espèces de ce genre sont herbivores : les incisives servent à couper les aliments, tandis que les molaires, qui offrent une surface hérissée d'éminences et creusée d'enfoncements placés de manière que les éminences des dents supérieures remplissent les enfoncements des dents inférieures, servent spécialement à la trituration. Dans le nord de l'Europe, pourtant, ils ont un régime à la fois animal et végétal.

Tous les équidés vivent en troupes plus ou moins nombreuses sous la conduite d'un chef à qui son courage et sa force ont mérité tous les suffrages. Le professeur de Quatrefages dit, en parlant de l'instinct qui porte ces animaux à se réunir en troupes, qu'il se montre avec la même force dans toutes les espèces. « Effacé — dit-il — en apparence chez nos animaux domestiques, sans doute parce que l'occasion de se manifester lui manque, il reparait avec toute son énergie lorsque ces animaux, échappés à l'empire de l'homme, retrouvent leur liberté native. »

Ils sont vifs, éveillés, agiles et prudents. En liberté, ils vont d'ordinaire d'un trot assez rapide; leur allure de course est le galop.

Doux et paisibles, ils fuient devant l'homme et les grands fauves ; mais, lorsqu'ils sont forcés de se défendre, ils font tête à l'ennemi à coups de leurs pieds et de leurs dents.

Une particularité intéressante, c'est que toutes les espèces paraissent pouvoir se féconder entre elles et donner naissance à des métis désignés sous le nom de *mulets*.

Depuis des temps immémoriaux, deux espèces sont particulièrement domestiques : le cheval et l'âne. Pourtant les essais faits, en ces derniers temps, au Jardin d'acclimatation, indiquent suffisamment qu'on peut, avec un peu de patience et de soins, amener à un certain état de domesticité une autre espèce sauvage : *l'Hémione*.

CHAPITRE II

Du genre cheval et de ses espèces. — De l'origine du cheval domestique.

De l'extrême ressemblance que présentent entre eux tous les équidés, il est résulté que la plupart des mammologistes se sont trouvés d'accord pour n'en faire qu'une grande division générique.

Quelques-uns, cependant, ont essayé de les subdiviser : Gray les partageait en deux sous-genres, dont le premier *(equus)* ne comprenait que le cheval, le second *(asinus)* renfermant les cinq autres espèces. Isidore Geoffroy Saint-Hilaire combattit cette division en démontrant que les caractères sur lésquels s'appuyait le naturaliste anglais pour l'établir, étaient à la fois communs aux deux sous-genres. Linné en a fait un genre de ses *belluæ* et il le place à côté des hippopotames. Cuvier n'en fait également qu'un seul genre, genre type de sa famille des *solipèdes*.

Tout à fait en ces derniers temps, on a encore essayé de subdiviser ce genre ; mais tandis que les uns, séparant des chevaux les ânes et les zèbres, font de chacun de ces trois types trois genres distincts, les autres n'en veulent reconnaître que deux : les chevaux et les ânes.

En ce qui nous concerne, nous préférons nous en tenir à la classification de Cuvier, qui nous paraît à la fois la plus simple et la moins sujette à controverse.

Nous étudierons donc successivement et succinctement comme espèces du genre cheval *(equus)* :

Le CHEVAL PROPREMENT DIT *(equus caballus)*, l'ANE *(equus asinus)*, l'HÉMIONE *(equus hæmionus)*, le COUAGGA *(equus quaccha)*, le DAUW *(equus montanus)*, le ZÈBRE *(equus zebra)*.

1° LE CHEVAL *(equus caballus)*. — Les caractères généraux du cheval étant ceux que nous venons de reconnaître à la famille des *solipèdes* ou *équidés*, il devient inutile de les reproduire. Nous dirons seulement, en quelques mots, quels sont les caractères différentiels qui servent à séparer cette espèce des autres.

Le cheval se distingue par cette saillie cornée qu'on voit à la face interne des quatre membres et qu'on désigne — ainsi que nous l'avons dit dans le précédent chapitre — sous le nom de châtaigne ; par une crinière épaisse, longue et flottante et par une queue garnie, à partir de sa base, de crins longs et abondants. Nous avons omis à dessein de parler de ce qui, pour la généralité des naturalistes, constitue un caractère des plus importants — nous voulons parler de l'uniformité de la robe — attendu qu'il existe des races dont le pelage est zébré.

2° L'ANE *(equus asinus)*. — L'âne a le pelage relevé par une bande plus foncée qui s'étend tout le long de l'épine dorsale (raie dorsale), et quelquefois cette bande est coupée en croix au garrot par une autre bande (raie scapulaire) ; dans quelques cas — assez rares il est vrai -- les membres sont rayés transversalement au niveau du genou et du jarret. Les oreilles sont considérablement plus longues que celles du cheval. La queue ne porte de crins qu'à son extrémité, la crinière est courte et droite, le sabot plus étroit, plus ovale et le garrot moins élevé que chez le cheval. Enfin on ne voit de châtaignes qu'aux membres antérieurs.

L'âne est originaire de l'Asie et de l'Afrique.

Moins beau, moins brillant, moins intelligent que le cheval, l'âne, cependant, est susceptible de rendre les plus grands services. « Si le cheval n'existait pas — dit Buffon — l'âne serait pour nous le premier des animaux. C'est la comparaison qui le dégrade. »

Un naturaliste, doublé d'un penseur, Oken, a dit, en parlant de cet animal : « L'âne domestique a été tellement dégradé par les mauvais traitements qu'il ne ressemble plus à ses ancêtres. Il est plus petit, il a une couleur gris cendré plus terne ; ses oreilles sont plus longues et plus molles. Le courage s'est changé en entêtement, la volonté en lenteur, la vivacité en paresse, la prudence en sottise, l'amour de la liberté en patience, le courage en résignation aux coups. »

L'âne est un cheval dégradé, c'est vrai, mais son intelligence n'est point aussi bornée qu'elle en a l'air. Pythagore n'avait-il pas trouvé le moyen de faire la conversation avec ses ânes ? Et, sans parler de Heinsius, qui fut un des plus éloquents panégyristes de cet animal (1), et de Franklin, qui lui consacre tout un chapitre laudatif dans son ouvrage sur la *Vie des animaux* (2), il a trouvé dans Schectlin (3) un défenseur vrai et plein de délicatesse : « Nous pouvons — dit ce fin observateur — sauver l'honneur de l'âne en disant qu'il est susceptible d'apprendre bien des choses qu'on enseigne ordinairement au cheval. Il est des enfants qui apprennent plus difficilement, mais mieux et d'une façon plus durable ; tel est l'âne. » Après cela si l'âne n'est pas content, c'est qu'il a des prétentions qu'on ne lui soupçonne certainement pas.

Son type sauvage, connu des anciens sous le nom d'*onager*, habite encore aujourd'hui — comme au temps de Xénophon qui le vit galoper en troupes nombreuses sur les rives de l'Euphrate — les steppes immenses de l'Asie centrale. D'après Jules Capitolin, il n'était pas rare de voir des onagres figurer dans les spectacles de la Rome impériale.

L'onagre s'apprivoise difficilement — au dire de Pallas — qui a étudié avec le plus grand soin l'onagre femelle qui vécut de son temps à Saint-Pétersbourg.

L'accouplement de l'âne avec la jument donne

(1) *Laus asini apud Elzivirium*, 1629, avec une gravure représentant deux savants prosternés devant un âne.
(2) Tome II, page 128.
(3) *Versuch einer Vollstandigen Thierseelen-Kunde*, Stuttgard, 1840.

naissance à des produits hybrides, le plus souvent inféconds ou d'une fécondité bornée.

Le produit de l'âne et de la jument est le mulet ; celui du cheval et de l'ânesse, le *bardeau*.

3° L'HÉMIONE *(equus hemionus)*. — L'hémione ou *dschiggetei*, c'est-à-dire *âne à longues oreilles*, en langue mongole, est connu depuis longtemps ; Aristote et Élien l'ont décrit. « Les modernes, dit de Quatrefages, l'avaient perdu de vue, lorsque Meserschmidt le reconnut et le rapporta au mulet fécond d'Aristote. » Mais ce fut surtout Pallas qui, dans ses remarquables mémoires, le décrivit si bien que, jusqu'à l'explorateur G. Radde, les nouveaux observateurs n'ont rien eu à ajouter à la fidèle description qu'en avait donnée le grand naturaliste russe.

Avec sa taille qui rappelle celle du cheval, sa tête forte, ses grandes oreilles, son poil ras isabelle sur la partie supérieure du corps, blanc sous le ventre et zébré de quelques bandes plus foncées sur les avant-bras ; sa crinière et sa ligne dorsale noires; sa queue terminée par une houppe également noire, l'hémione mérite bien son nom. Il ressemble, en effet, au cheval par les parties antérieures du tronc et à l'âne par les parties postérieures. Il est une particularité cependant qui n'appartient à aucune des deux espèces précitées, c'est la forme des narines, dont les ouvertures simulent deux croissants dont la convexité est tournée en dehors.

L'hémione vit dans les déserts de la Mongolie jusqu'au Thibet et à la Chine. Pallas, qui ne le vit qu'à l'état sauvage, affirme qu'il est indomptable, mais F. Cuvier dit (1) : « Il paraît, au contraire, que le dschiggetei est susceptible de soumission et d'attachement pour l'homme ; et c'est ce qu'on aurait pu conclure de ses analogies avec les espèces des chevaux domestiques et de l'intérêt qui le porte à vivre réuni en troupes. »

Sa viande sert de nourriture aux Tartares.

La ménagerie du Jardin des plantes possède un certain nombre de ces animaux introduits par Dussunier ; on en voit du reste aujourd'hui dans la plupart des jardins zoologiques. Ils s'y reproduisent avec facilité. Isidore Geoffroy-Saint-Hilaire a obtenu, en les faisant reproduire avec l'âne, différents mulets, les uns se rapprochant surtout de l'hémione, les autres de l'âne. Un de ces mulets a fécondé plusieurs ânesses et une hémione ; fait qui tendrait à prouver que l'âne et l'hémione ne sont que les expressions différentes d'une même espèce. On peut voir aujourd'hui, au jardin d'acclimatation du bois de Boulogne, des hémiónes parfaitement apprivoisés et dressés à la voiture.

4° LE COUAGGA *(Equus quaccha)*. — Celui-ci ressemble plus au cheval qu'à l'âne par la légèreté et l'élégance de ses formes. Son pelage est brun plus foncé sur les parties supérieures avec des zébrures presque blanches ; celles du front et des tempes sont serrées,

(1) *Supplément à l'histoire naturelle de Buffon*, Paris, 1831.

et longitudinales, celles des joues sont transversales et écartées et forment comme une sorte de triangle entre l'œil et la bouche. On compte sur le cou dix bandes transversales, quatre courent sur les épaules, le tronc en porte quelques-unes plus courtes, plus pâles et plus écartées.

Le Couagga a, en outre, la tête fine et les oreilles moins grandes que celles du zèbre.

Il habite le sud de l'Afrique dans les plateaux de la Cafrerie où il se nourrit de plantes grasses et particulièrement d'une espèce de *Mimosa*.

Il s'apprivoise avec facilité et peut même servir de monture, de là son nom de *Cheval du Cap*. La Ménagerie du Muséum a possédé pendant quelque temps un couagga mâle qui mourut à l'âge de dix-huit ans.

Son nom lui vient, probablement, de son cri *quoa quoua*. « On a comparé son cri, — dit G. Cuvier, — à l'aboiement des chiens; c'est plutôt à leur hurlement, qu'il fallait dire. Il est probable que le nom de couagga ou plutôt de *Koua-Koua* donné à ce quadrupède par les Hottentots n'est qu'une imitation de son cri. »

5° LE DAUW *(Equus Montanus)*. — Le dauw ou zèbre de Burchell est intermédiaire au couagga et au zèbre proprement dits, tout en se rapprochant un peu plus de ce dernier.

Il est petit, de formes assez élégantes avec les oreilles minces et de moyenne longueur. Il a le poil isabelle en dessus et blanchâtre en dessous. Toute la partie supérieure du corps est rayée de bandes noires, transverses en avant et obliques en arrière, qui finissent par s'amoitonner vers le milieu du corps. Le museau est noir et la tête est coupée de quatorze raies noires qui partent des naseaux; sept se dirigent de bas en haut pour se confondre avec d'autres qui suivent un trajet descendant, les autres marquent chacune des joues obliquèment pour se réunir aux raies de la mâchoire inférieure; une entoure l'œil.

La crinière est courte et raide et la queue, poilue, presque jusqu'à la racine est blanche.

La femelle, dans cette espèce, est toujours plus grande que le mâle.

Le dauw habite le sud de l'Afrique. « Il rend des services à l'homme — dit le professeur Magne — et serait susceptible d'augmenter le nombre de nos espèces domestiques. » Il s'est reproduit au Muséum et, malgré son origine, il résiste parfaitement aux rigueurs de l'hiver. I. Geoffroy-Saint-Hilaire raconte qu'il a vu un de ces animaux tranquillement couché sur la neige par un froid de 16 degrés.

Le Zèbre *(Equus Zebra)*. — Le zèbre a la même taille que le précédent, mais tout son corps est rayé. Malgré l'autorité de Buffon qui le trouve supérieur au cheval par la beauté de ses formes, on peut dire que le zèbre se rapproche bien plutôt de l'âne et particulièrement de l'hémione.

Il a le corps plein et vigoureux, la tête courte, les oreilles moyennement longues, le nez épais, les jambes minces et bien prises ; sa queue, comme celle de l'âne, est couverte de poils courts dans presque toute son étendue, sauf à l'extrémité où se trouve un bouquet de poils assez longs. Sa crinière est épaisse mais courte.

Le fond de la robe est d'un blanc jaunâtre. De l'extrémité du nez aux sabots, courent de nombreuses bandes transversales *(zébrures)* d'un noir brillant ou d'un roux brun. En sont seules dépourvues la partie postérieure du ventre et la face interne des jambes de devant.

« La ressemblance qui existe entre le zèbre et l'âne — dit de Quatrefages — avait depuis longtemps fait penser que ces espèces pouvaient se croiser et donner naissance à des métis. Cette expérience a été tentée pour la première fois en Angleterre par lord Clive qui, suivant Buffon, n'y put réussir qu'en faisant peindre un âne de manière à simuler un zèbre. Nul doute que la femelle mise en expérience n'eût reconnu une supercherie aussi grossière, si la nature ne l'eût disposée à recevoir les caresses d'un animal aussi voisin. Aussi les essais de lord Clive, renouvelés à la ménagerie avec un zèbre femelle, ont-ils été couronnés de succès sans qu'on ait eu recours à aucun artifice. »

Le zèbre est anciennement connu ; si Aristote et ses commentateurs — qui ne le mentionnent pas — donnent à penser qu'il était inconnu des Grecs, en revanche, il est évident qu'on en vit quelques-uns à Rome. Les historiens racontent que Caracalla tua de sa main, dans un seul jour, un éléphant, un rhinocéros, et un *hippo-tigre* — expression qui évidemment se rapporte au zèbre.

Les premières notions exactes sur cet animal nous viennent des Portugais qui le rencontrèrent sur la côte orientale d'Afrique en allant fonder ces fameux établissements qui consacrèrent leur gloire maritime et commerciale.

En 1666, un ambassadeur d'Ethiopie venu pour visiter le sultan du Caire, lui laissa un de ces animaux en présent. Depuis, Kobbe, Sparimann, Levaillant, Lichtenstein et surtout Burchell l'ont décrit avec le plus grand soin.

Le zèbre habite tout le sud et la partie orientale de l'Afrique.

Cela dit sur le genre cheval et ses espèces, voyons maintenant quelle est l'origine du cheval domestique.

A cette question, les plus savants s'arrêtent. Les Grecs, qui ne s'embarrassaient de rien — ils disposaient de la Mythologie — nous apprennent que Neptune n'eut qu'à frapper la terre de son trident pour faire apparaître le cheval :

> .... Tu que o quis prima frementum
> Fudit equum magno tellus percussa tridente.

Mais laissons-là la Fable...

Longtemps on a fait honneur à l'Arabie de la production de ce remarquable et précieux animal; mais c'est là une erreur contre laquelle ont protesté ensemble l'histoire profane et l'histoire sacrée. Les livres de Moïse ne parlent que des chevaux d'Egypte et nullement de ceux d'Arabie. Les Hébreux, du reste, n'eurent de chevaux que vers l'époque de Salomon et c'est de l'Egypte que — d'après le Livre des Rois — ce prince faisait venir les siens. On y lit (1) : « Salomon avait 40,000 chevaux pour les chariots et 12,000 chevaux de selle. » Et plus loin (2) : « Un attelage de quatre chevaux d'Egypte, six sicles d'argent et un étalon cent cinquante » (7,716 francs de notre monnaie); et, tous les Rois des Héteens et de Syrie lui vendaient aussi des chevaux.

En Europe, la domestication du cheval remonte au-delà des temps héroïques de la Grèce. « Homère — dit P. Gervais — parle des nombreux haras possédés par Priam et il attribue à Erichtonius, l'un des ancêtres du dernier roi troyen, 3,000 juments et pareil nombre de magnifiques poulains. »

Quant aux Grecs, ils tiraient les leurs de la Cappadoce, comme le montrent les bas-reliefs du Parthénon.

A l'époque où Xerxès vint se ruer sur la Grèce avec sa formidable cavalerie, les Arabes qui faisaient partie de son armée étaient, eux, montés sur des chameaux. Bien plus tard même, dans les premières guerres qui signalèrent l'établissement de l'islamisme en Arabie, on ne voit figurer de cavalerie ni dans l'armée de Mahomet ni dans celle de ses ennemis. Ce n'est pas à dire que les Arabes ne connaissaient pas le cheval, mais les quelques chevaux qu'ils possédaient venaient de l'Egypte et — ainsi que le

(1) Chapitre iv, verset 26.
(2) Chapitre viii, verset 26.

constate Arron — il n'y avait que les princes qui en possédaient quelques-uns. C'est pourquoi l'histoire ne mentionne les chevaux du prophète qu'au moment où Mahomet fut au zénith de sa puissance militaire et religieuse.

L'opinion la plus généralement acceptée aujourd'hui, est que ce furent les peuples de l'Asie centrale qui, les premiers, domestiquèrent le cheval. De cet immense plateau qui occupe une si vaste portion de cette partie du monde, il aurait été importé, d'une part, en Chine et dans l'Extrême-Orient; de l'autre, dans le Midi et dans l'Occident.

On voit encore maintenant dans les steppes de l'Asie d'immenses troupeaux de chevaux errants auxquels viennent se mêler de temps à autre quelques chevaux domestiques.

Aussi bien, du reste, la philologie constate que les différents noms donnés au cheval dans les langues de l'Occident procèdent tous du zend et du sanscrit, c'est-à-dire des langues de l'Asie centrale, cet antique berceau de la civilisation.

Si rien ne peut nous apprendre à quelle époque et par quel peuple a été faite la conquête du cheval, est-il possible, au moins, de retrouver l'origine de cet animal et de savoir s'il dérive d'une ou de plusieurs souches ?

Jusqu'à ce jour ni la tradition, ni l'histoire, ni la science n'ont répondu, comme il convenait, à cette question. Disons pourtant que la plupart des auteurs admettent que nos diverses races de chevaux descendent de plusieurs types primitifs.

C'est ainsi que certains naturalistes — comme Pit-
zinger — admettent cinq types primordiaux qui
seraient : le *tarpan*, le *cheval nu*, le *cheval léger*, le
cheval lourd et le *cheval nain*.

Mais ce ne sont là que des vues théoriques ne reposant sur aucune base sérieuse.

D'autres — au contraire — appelant à eux la
science, ont invoqué certaines particularités du squelette, telle que l'augmentation ou la diminution du
nombre des vertèbres ou des côtes. Mais ces « erreurs
de la nature, » comme Aristote les appelait, ne sont
plus pour les savants d'aujourd'hui que des phénomènes sévatologiques, c'est-à-dire des anomalies résultant de modifications particulières survenues dans
le cours du développement embryogénique des êtres.

Mais voici qui est plus curieux.

Quelques zootechniciens ont remarqué que l'âne
présentait parfois sur les membres des raies transversales très distinctes, pareilles à celles qu'on rencontre sur les jambes du zèbre. D'aucuns ajoutent
même qu'elles sont plus apparentes chez l'ânon.

A cela, rien d'étonnant ; nous venons de voir que
l'âne présente le plus souvent dans la région dorsale
une ligne noire se prolongeant crucialement sur
chaque épaule.

Mais, ce qui doit nous surprendre davantage, c'est
qu'on ait constaté sur des chevaux les mêmes particularités de robe : raies dorsales et scapulaires, et
raies transversales sur les membres.

Ainsi, au rapport du colonel Poole — qui a été
chargé par le gouvernement des Indes d'étudier les

races indigènes — la race des chevaux de Kattiwar est si généralement rayée, qu'un cheval sans zébrure n'est pas considéré comme de race pure. La raie dorsale, paraît-il, existe toujours ; la raie scapulaire est très commune, quelquefois double ou même triple ; les jambes et quelquefois les joues sont également rayées. Mais ces zébrures sont souvent plus apparentes chez les poulains ; l'âge les efface peu à peu.

Ces mêmes particularités de robe ont été observées en Angleterre par W. M. Edwards, le docteur Assa Gray, le colonel Hamilton Smith et surtout par Darwin.

Ces faits ne sont pas absolument inconnus en France, car, nous savons quelques éleveurs qui les ont observés, mais sans s'y arrêter.

Que conclure de cette tendance du cheval à revêtir un pelage rayé sans que la présence de ces rayures soit accompagnée par aucun changement de forme ou de caractère ?

Est-ce à dire que toutes les espèces du genre cheval descendent d'un progéniteur commun qui était zébré et qui a été le prototype du genre ?

Ou bien comme toutes ces espèces sont fécondes entre elles, y a-t-il eu croisement entre une espèce zébrée et l'espèce domestique, lequel croisement amènerait de temps à autre, par reversion sur certains individus de cette descendance, les zébrures dont nous venons de parler.

Nous ne nous permettrons pas de trancher cette question.

CHAPITRE III

Des races — Races errantes

Nous voici maintenant arrivé à l'étude des nombreuses races du cheval proprement dit, races dont on fait généralement deux grandes divisions :

1º *Les races errantes ;*

2º *Les races domestiques.*

Les premières seront l'objet de ce chapitre.

Nous disons races *errantes* au lieu de races *sauvages* parce qu'on ne trouve nulle part de traces authentiques de cheval sauvage.

L'espèce entière est soumise.

« Si quelques individus — dit de Quatrefages — échappés à l'empire de l'homme ont, il est vrai, propagé dans les plaines de l'Asie et de l'Amérique des races plus indépendantes, celles-ci n'ont point encore oublié leur vieille tradition, et lorsque le nœud coulant du Cosaque, le lazzo du Mexicain viennent arrêter la course vagabonde d'un de ces enfants des steppes ou des pampas, celui-ci ne tarde pas à reconnaître son maître et à reprendre le joug que ses pères avaient momentanément secoué. »

On pourrait encore invoquer, contrairement à ce qui existe chez les espèces vraiment sauvages, le peu de fixité des couleurs de leurs robes.

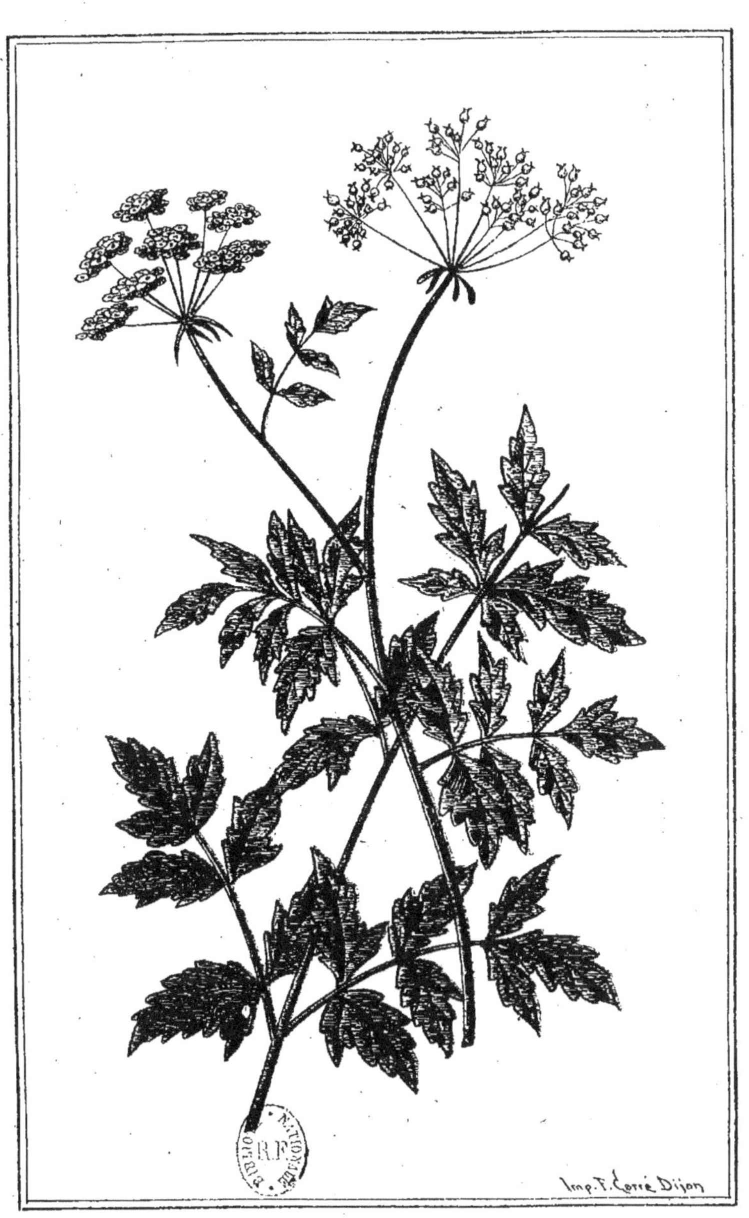

GRANDE CIGUE

C'est à ces animaux redevenus sauvages que fait certainement allusion Hérodote quand il parle de ces chevaux blancs au poil long (1) qu'on voyait galoper en troupes nombreuses sur les bords de l'Hipanis, en Scythie et dans les plaines de la Thrace septentrionale. C'est à eux encore que se rapportent les récits d'Aristote qui les vit en Syrie, et de Strabon qui les observa en Espagne.

D'autres auteurs plus rapprochés de nous ont constaté la présence de ces troupeaux errants : Cardan, en Ecosse et dans les Orcades, et Olaüs, en Moscovie.

Les chevaux errants sont moins beaux que ceux qui vivent en domesticité. Ils ont la tête plus forte, plus lourde, les oreilles longues et couchées en arrière, et les éminences osseuses beaucoup plus développées. Leur crinière se prolonge au-delà du garrot et leur poil est généralement long et peu ondoyant.

Ils vivent en troupes conduites par un mâle, qui, en chef courageux, se met toujours en avant.

Nous allons étudier ces diverses races errantes suivant les contrées du globe où on les rencontre.

1. LES CHEVAUX ERRANTS DE L'ASIE

A. *Les Tarpans.* — Ils sont originaires du pays situé entre la mer d'Aral et le versant sud des mon-

(1) Il s'en trouvait, dit-il, qui avaient le poil long de cinq doigts par tout le corps.

tagnes de la Haute-Asie. On les trouve surtout dans les steppes de la Mongolie, dans le désert de Gobi, dans les montagnes du nord de l'Inde et dans les forêts qui bordent le cours du fleuve Hoang-ho.

Ils vivent là en troupes de plusieurs centaines d'individus, parcourant en tous sens les steppes immenses, et toujours contre le vent ; par les temps de neige ils gagnent les montagnes. Les frères Schlagintwest — au dire de Brehm — les ont rencontrés à une altitude de six mille mètres au-dessus du niveau de la mer, là on ne voit plus que le yack et le chevrotain porte-musc.

Chaque troupe se subdivise en petites familles composées d'un étalon et d'un certain nombre de femelles qu'il protége avec le plus fier courage en même temps qu'il les surveille avec une excessive jalousie.

Le tarpan n'a guère à redouter que les loups contre lesquels il se défend toujours avec le plus grand succès.

Il est de taille moyenne avec des membres minces et allongés. Il a le front fortement bombé, les oreilles pointues et dirigées en avant, l'œil petit. Son pelage d'été — d'après Forster — est fauve brun, celui d'hiver est plus clair, presque blanc. La crinière courte, épaisse et crépue, et sa queue longue et touffue sont de couleur plus foncée.

Ces chevaux sont très activement chassés par les Mongols qui cherchent tout d'abord à atteindre l'étalon, parce que, dès qu'il est tué, toutes les femelles se dispersent et alors il est facile de s'emparer isolément de chacune d'elles.

B. *Les chevaux tartares*. — Ils sont plus fins que le précédent et paraissent avoir dans les veines du sang oriental. Du reste, dès qu'ils passent au service de l'homme, ils se modifient et ne tardent pas à acquérir une certaine perfection.

Ils sont brun isabelle ou gris souris. Leurs mœurs sont celles des tarpans. Ils vivent en énormes troupeaux de 1,000 à 2,000 individus, et pourvoient eux-mêmes à leur subsistance.

Le cheval des steppes est l'animal favori des Tartares. « On l'emploie — dit Schlatter — plus comme bête de selle que comme bête de trait; mais ce ne sont que les quelques chevaux de selle que l'on garde à la maison et qu'on nourrit de foin et d'orge, les autres vivent dans les steppes, en grands troupeaux, et doivent se chercher à eux-mêmes leur nourriture. »

Les juments qu'on laisse paître toute l'année en liberté se laissent traire parfaitement. Ce lait ne se boit pas frais, on le laisse fermenter et il constitue alors une boisson enivrante connue sous le nom de *koumis* ou *cumis*, et très appréciée des Tartares.

Le *koumis* s'est introduit dans la thérapeutique, il y a quelques années, sous le patronage des docteurs Fonssagrives et Stahlberg, qui l'ont préconisé dans le traitement de la phthisie pulmonaire.

Ce n'est pas le seul produit qu'on tire de ces chevaux, car leur chair est pour les Tartares un manger délicat.

C. *Les chevaux nus*. — Ces chevaux, dont un industriel promenait, il y a quatre ou cinq ans, un spécimen dans les divers quartiers de Paris, se trouvent dans le Caboul et l'Afghanistan.

Le cheval nu est bien bâti et de taille moyenne. Il est complètement dépourvu de poils, sans crinière et sans queue, car on ne peut décorer de ce nom les quelques poils courts, raides et cassants qui courent épars le long de son appareil caudal.

Sa peau, un peu analogue à celle du chien turc, est lisse, veloutée et luisante. Elle est de couleur gris souris foncé.

2. LES CHEVAUX ERRANTS D'AFRIQUE

Le plus connu est le *kumrah*.

On le rencontre dans les immenses et sombres forêts qui bordent le Niger.

Il est de très petite taille et ressemble assez au poney du Shetland. Il a la tête grosse, le front large et les oreilles grandes. Malgré sa petite taille, il est assez bien proportionné. Il a la queue et la crinière entièrement touffues.

Sa voix — dit Brehm — tient le milieu entre le hennissement du cheval et le braiement de l'âne.

Il vit en petites bandes et est très craintif; mais lorsque le danger l'y force, il sait se défendre avec courage.

Il s'apprivoise, dit-on, avec facilité.

3. LES CHEVAUX ERRANTS DE L'AMÉRIQUE DU SUD

A. *Les Cimasrones* ou *Alzados*. — Ces chevaux

habitent au sud de l'immense rivière de la Plata et en Patagonie.

D'Azava, qui en a donné une exacte description (1), Guinnard et Rengger prétendent qu'ils descendent des chevaux amenés par don Pierre de Mendoze, venu avec une flotte, en 1535, pour fonder la ville de Buenos-Ayres. « Cette ville — ajoute d'Azava — se dépeupla bientôt après parce que les habitants passèrent au Paraguay, mais d'une manière si incommode et si précipitée qu'ils ne purent emmener avec eux tous les chevaux qu'ils avaient tirés de l'Andalousie et de l'île de Ténériffe, et qu'ils se virent obligés d'en abandonner plusieurs. »

Ces chevaux ont d'assez belles formes. Ils ont généralement le pelage bai-châtain, plus rarement noir.

Ils vivent réunis en troupes immenses. D'Azava assure qu'on en rencontre dans les pampas des troupeaux composés de plus de 10,000 individus. Chaque étalon rassemble autant de juments qu'il peut, mais reste avec elles dans la bande commune. Celle-ci n'a pas de chef reconnu. Ils dévastent les pâturages et cherchent à appeler à eux les chevaux domestiques qu'ils saluent de leurs hennissements répétés.

A. Guinnard, dans son intéressant ouvrage sur la Patagonie (2), dit : « Les chevaux des pampas sont assez faciles à dompter et presque infatigables. J'ai

(1) *Essai sur l'histoire des quadrupèdes du Paraguay*, Paris, 1801.
(2) *Trois ans d'esclavage chez les Patagons*, Paris, 1864.

vu souvent ces animaux, qui ne le cèdent en rien aux plus beaux andalous, galoper pendant tout un jour et toute une nuit sans prendre autre chose que de l'eau. » Les Indiens les dressent assez facilement, mais de la façon la plus brutale. « C'est à deux ans et demi environ — continue A. Guinnard — que les Indiens les domptent de la sorte et qu'ils les soumettent à une épreuve afin d'apprécier leur vitesse ; ils leur font franchir tout d'une haleine un espace déterminé ; ceux qui n'atteignent pas le but avec facilité sont jugés impropres au service et impitoyablement condamnés à être mangés. »

B. *Les Mustangs*. — Les mustangs ne sont pas, à proprement parler, des chevaux errants. Ce sont des chevaux abandonnés par leurs maîtres et passant toute l'année à la belle étoile.

« Pour qu'ils ne se dispersent pas trop — rapporte Brehm — on les réunit tous les huit jours, on examine leurs blessures, on les nettoie, on les frotte avec de la bouse de vache ; et tous les trois ans à peu près, on coupe aux étalons la queue et la crinière : ce sont là tous les soins qu'on leur donne. Personne ne songe à l'amélioration de la race. »

Ils sont de taille moyenne, avec la tête grosse, les oreilles longues, les articulations épaisses, la crinière et la queue courtes et touffues. Ils sont remarquablement résistants à la fatigue. Rengger assure avoir parcouru souvent sur un de ces chevaux huit ou même seize lieues au galop, par la grande chaleur, sans que l'animal s'en ressentît. Il ajoute que le cheval sert, en ce pays, à soulager la paresse de son maître, qui fait à cheval mille choses qu'il ferait plus vite à pied. *Que serait l'homme sans le cheval?* est un dicton populaire au Paraguay.

On utilise leur peau et leur chair. Près de Las-Nacas, on tue chaque semaine, au dire de Darwin, un grand nombre de juments rien que pour leur peau.

4. LES CHEVAUX ERRANTS DE L'AMÉRIQUE DU NORD

Ceux-ci ont été étudiés par Audubon (1). Il les croit descendants des chevaux amenés par les Espagnols lors de la conquête du Mexique.

Voici le signalement qu'il en donne : tête grosse, crinière épaisse et en désordre, queue longue et fournie, poitrail large, jambes fines et nerveuses, beaucoup de vigueur et beaucoup de fond (2).

Ils vivent en troupes dans toutes les contrées qu'arrose l'Arkansas.

5. LES CHEVAUX ERRANTS DE L'OCÉANIE

« La Nouvelle-Galle du Sud et la côte orientale de l'Australie ont aussi — dit Brehm — leurs chevaux errants. Ces chevaux, en grande partie importés du Cap de Bonne-Espérance et de l'Inde, ont une poitrine étroite, un dos effilé, des hanches peu sail-

(1) *Scènes de la nature dans les États-Unis,* Paris, 1857.
(2) Ce signalement est celui d'un cheval qu'il avait acheté aux Indiens-Osages.

lantes ; ils sont naturellement ombrageux et ont le pied peu sûr ; aussi sont-ils peu estimés. »

Un journal indigène annonçait, il y a quelque temps, qu'on avait vendu à Blaynos un certain nombre de ces chevaux au prix d'un penny chacun.

Ce n'est pas étonnant, car ils se sont multipliés, dans ces dernières années, avec une telle rapidité et ils sont devenus si hardis qu'ils ne craignent pas d'entrer dans les villes et jusque sur les marchés d'où l'on est obligé de les chasser.

6. CHEVAUX ERRANTS D'EUROPE

Il existe dans quelques contrées de l'Europe, dans la Camargue et la Gascogne, en France ; dans quelques îles septentrionales d'Angleterre, dans la Russie méridionale, dans la Norwége, la Laponie et l'Irlande, quelques races errantes ou plutôt abandonnées à elles-mêmes.

Nous pensons qu'il vaut mieux les décrire en même temps que les races domestiques de ces diverses contrées, attendu qu'aujourd'hui on tend de toutes parts à les placer sous le joug immédiat de l'homme pour aider à leur amélioration.

CHAPITRE IV

Races domestiques

On a divisé les races domestiques de chevaux en deux grandes catégories :

1° Les *chevaux communs* ou de *tirage;*

2° Les *chevaux de selle* ou *d'attelage.*

Cette division n'est rigoureuse que pour les types extrémes, car entre ceux-ci il y a des types intermédiaires participant à la fois de l'un et de l'autre, comme les *chevaux à deux fins* ou de *tirage rapide.*

Les formes et la taille du cheval varient beaucoup selon les pays et l'état de la civilisation. Les armes à feu ont tué le destrier, bardé de cuir et de fer; la vapeur est sur le point de remplacer partout les chevaux de tirage. Les voies ferrées, le morcellement des propriétés, la multiplication toujours croissante des routes, la culture autrefois inconnue des racines et des tubercules, en modifiant la nourriture du cheval et changeant les conditions du travail, sont autant de causes qui ont agi sur le développement et les attributs physiques de cet animal.

Nous pensons donc qu'une classification topographique, qui n'est qu'un arrangement méthodique des races non d'après les caractères qu'elles présentent, mais d'après les pays où elles se rencontrent, est

préférable à une division qui ne vise que les aptitu-
des des animaux et leur destination.

1. RACES ASIATIQUES

Les races qui dérivent du sang oriental sont nombreuses. Les plus célèbres sont les races : arabe,
persane et turque.

1° *Race arabe*. — Chanté jadis dans le livre de
Job, exalté par Ansar, nul plus que le cheval arabe
n'inspira les poètes, et en ces derniers temps Mille-
voye, Lamartine, Mickiewicz, lui ont payé un juste
et éloquent tribut d'admiration.

Il serait oiseux de rapporter ici tous les détails
auxquels s'attachent les Arabes pour établir les
qualités du cheval. Contentons-nous de donner son
portrait.

Remarquablement construit, il est le plus beau de
tous les chevaux par les formes et l'élégance. Il est de
taille moyenne (de 1 mètre 45 à 1 mètre 56) et même
plutôt petit que grand. Il a le front large et carré,
l'encolure droite, quelquefois renversée ; le garrot
est bien sorti sans être tranchant, le dos droit et
mince, les vraies côtes sont longues, les fausses sont
courtes, le rein est large et bien établi, la croupe
longue et arrondie.

Les articulations larges et fortes servent de point
d'attache à des muscles puissants, qui se dessinent
sous une peau lisse, à poil ras et que parcourt en
tous sens un riche lacis veineux très apparent. Les

jambes sont fines et nerveuses, les tendons saillants nettement détachés, le pied, terminé par un sabot dur et résistant, est solide. Joignez à cela une crinière et une queue longues et soyeuses, parfois mieux entretenues que la chevelure de l'épouse, et vous aurez un ensemble annonçant tout à la fois la grâce, l'agilité et la vigueur.

> Noble coursier préparé pour la guerre,
> Ta blanche robe est un rayon des cieux ;
> Les flots pressés de ta noble crinière
> De la houri sont les mouvants cheveux.
>
> *(Chant arabe, traduction.)*

D'une excessive sobriété, le cheval arabe ne demande guère que cinq à six livres d'orge par jour ; d'une résistance à toute épreuve, il est capable de faire quotidiennement 18 ou 20 lieues par jour.

Rien d'étonnant, par conséquent, dans l'amour de l'Arabe pour son cheval. C'est un sentiment qui fait partie de sa nature ; il le suce avec le lait de sa mère. Aussi cet animal est-il nécessaire à sa vie, c'est avec lui qu'il accomplit ses voyages, c'est à cheval qu'il garde ses troupeaux, à cheval encore qu'il brille dans les fêtes et les combats : il vit et meurt à cheval.

Le cheval arabe peuple l'immense étendue de terrain qui s'étend entre la Méditerranée, la mer Noire, le Caucase et la mer Caspienne au nord, les frontières orientales de la Perse à l'est, et au sud par une ligne qui passerait de l'extrémité méridionale de la mer Rouge au sud de l'Empire du Maroc.

Les Arabes reconnaissent un grand nombre de races de chevaux et chaque contrée a les siennes auxquelles on attribue des qualités différentes.

Parmi les races les plus nobles, M. E. Houël mentionne particulièrement les suivantes :

Les chevaux de l'*Irak-Arabi*, la Babylone ancienne, contrée riche en pâturages exquis. C'est là qu'on trouve les *kohclani* ou pur sang, dont la généalogie est mieux tenue et plus authentique peut-être que celle des plus nobles familles ;

Les chevaux du *Nedjed*, contrée qui représente à peu près l'ancienne Arabie déserte, pays montagneux et coupé de déserts de sable. Ces chevaux sont aussi renommés que les précédents ; ils sont plus secs et plus nerveux ;

Les chevaux de l'*Yemen*, cette région qui correspond à l'ancienne Arabie-Heureuse, ancien empire de la reine de Saba. C'est là qu'on cultive avec soin les descendants de ces magnifiques bêtes qui furent envoyées par cette souveraine au roi Salomon.

Citons encore les chevaux de l'*Oman*, de l'*Hedjaz*, de *Barheim*, de *Mésopotamie* et de *Syrie*, toutes races remarquables, remontant toutes au sang le plus précieux, d'un prix fort élevé et ne se distinguant les unes des autres que par de légères différences.

2° *Race persane.* — Cette race était célèbre bien avant qu'on ne connût les chevaux arabes. Le cheval persan descend de cette antique race formée par Cyrus (1) et qui passa dans l'antiquité pour la pre-

(1) Ce fut Cyrus qui le premier établit l'usage de la poste aux chevaux.

mière du monde. C'était le plus beau cadeau que les rois pussent faire à ceux qu'ils voulaient honorer, et l'on sait que ces admirables cavaliers, qui furent les Parthes (1), immolaient un de ces animaux lorsqu'ils voulaient se rendre les dieux propices par un sacrifice éclatant et solennel.

Le cheval persan se rapproche beaucoup de l'arabe, auquel il est supérieur pour la beauté des formes antérieures. Il est un peu plus grand, a la tête plus fine et la croupe mieux faite.

3° *Race turque*. — Celle-ci est — croit-on — un mélange des deux races précédentes.

Elle était jadis fort prisée, mais depuis que les sultans ont remplacé dans leur sommeil et dans leur inertie les empereurs du Bas-Empire, le cheval byzantin tend de jour en jour à disparaître.

Aussi bien ces animaux sont promptement ruinés par la façon anti-hygiénique et presque barbare dont on les traite. C'est ainsi qu'ils passent la plus grande partie de leur existence, attachés par les quatre pieds sans pouvoir se coucher. De plus, ne recevant pour toute nourriture qu'un peu d'orge ou de trèfle vert, on les voit subitement passer d'un repos absolu et prolongé à un service plein de fatigues.

La race turque a servi, dans quelques cas, à améliorer le cheval anglais, ainsi qu'en témoignent les noms de *Bierley-turc* et *Helmsley-turc*, qu'ont portés deux des meilleurs coureurs du Royaume-Uni.

(1) Leur nom dérive de l'hébraïco-phénicien, *parash*, cheval.

2. RACES AFRICAINES

Les races africaines descendent de la race arabe et en diffèrent peu.

Les plus renommées parmi elles sont les suivantes :

1° *La race de Nubie,* appartenant au royaume de Dongola, laquelle — au dire de Bruce — fournit des chevaux qui le disputent, pour les formes et les qualités, au cheval arabe.

Les Africains de Dongola prétendent qu'ils descendent d'un des cinq chevaux sur lesquels le prophète et ses disciples s'enfuirent de la Mecque à Médine dans la nuit de l'Hégire.

Ils sont un peu plus petits que les chevaux arabes.

2° *La race égyptienne.* — Celle-ci semble descendre de ces anciens chevaux égyptiens qui servaient à la fois à traîner le char du guerrier ou la charrue du laboureur, ou encore à figurer dans les courses sur le sable moelleux des arènes de Thèbes ou de Memphis.

A cette époque, l'Egypte possédait un si grand nombre de chevaux (1) qu'elle fut obligée d'en faire

(1) On lit dans Diodore de Sicile que lorsque Sésostris rassembla son innombrable armée pour la conquête de la terre, il n'avait pas moins de six cent mille hommes de pied, *vingt-quatre mille chevaux* et *vingt-sept mille chariots de guerre.*

l'objet d'un commerce considérable avec tous ses voisins.

Le cheval d'Egypte est petit, vif et léger.

3° *La race barbe* ou *numide*. — La réputation de cette race ne date pas d'hier. On sait avec quelle estime les Romains parlaient de la cavalerie de Numidie. Ils prirent même à tâche de se façonner aux habitudes équestres de ce peuple; l'empereur Gallien se fit particulièrement remarquer par l'adresse avec laquelle il conduisait un cheval à la mode des Numides (*Numidi infreni*, comme les appelle l'auteur des *Géorgiques*), c'est-à-dire sans selles ni brides.

Les qualités du cheval barbe ne sont pas absolument une conséquence de l'amélioration de la race par les éleveurs; elles sont l'effet du climat et de la nature du lieu (1).

Ce cheval a de belles formes et un fond de résistance énergique.

Pendant la guerre de Crimée il résista jusqu'à la fin de la campagne, alors que les chevaux anglais et français mouraient décimés par le froid et les mauvaises conditions hygiéniques.

Ces chevaux nous viennent en grande partie du Maroc et du pays de Tyr.

(1) Le fameux *Godolphin Arabian* appartenait à cette race; tout le monde sait qu'il fut acheté à Paris d'un porteur d'eau et transporté en Angleterre où il devint le père de quelques-uns des plus illustres coureurs·

3. RACES EUROPÉENNES

1° *Races anglaises*. — « Les peuples de l'Europe septentrionale et centrale sont parvenus à modifier profondément la nature du cheval. Devons-nous en attribuer la cause à un état plus avancé de civilisation, de perfectionnement d'agriculture ou à d'autres agents? Quelques personnes veulent y faire contribuer le climat, l'alimentation, et l'on ne saurait contester l'action de ces agents. Mais le climat de l'Angleterre est à peu près uniforme, et cependant les Anglais ont modifié leur cheval de manière à le rendre propre à tout service : après avoir obtenu un grand nombre de chevaux de pur sang, nés en Angleterre, ils les ont, à la vérité, croisés avec des juments d'un sang moins pur, souvent même avec des juments de charrette. Ils en ont fait le lévrier de l'espèce, en créant le cheval de vitesse, d'hippodrome; ils en ont fait l'énorme type de brasseur, et ces deux animaux diffèrent l'un de l'autre autant que le lévrier le mieux taillé pour la course diffère du dogue de forte race, surtout organisé pour le combat. Les Anglais ont fait aussi le cheval carrossier, le cheval de cavalerie, le cheval de chasse, le cheval de roulage, le cheval des messageries, le cheval de trait de l'agriculture; ils ont fait, en un mot, dans le même climat, le cheval propre à chaque spécialité de service, soit pour l'utilité publique, soit pour les modes, les jeux, les plaisirs et les caprices. Presque tous ces chevaux ont hérité d'une partie des qualités de leur père pour la vitesse et de leur mère pour la froideur et la bonté du tempérament. » (BREHM.)

A. *Le cheval de pur sang.* — Le cheval anglais *pur sang* (*thoroug-bred*) est un type spécial créé par les éleveurs à l'aide du sang barbe ou arabe et perfectionné par un régime particulier et l'emploi constant de reproducteurs de haut titre.

Les premiers étalons étrangers dont les vieilles chroniques saxonnes font mention furent les chevaux orientaux que les rois et hauts barons d'Angleterre ramenèrent à l'époque des croisades dans leurs possessions continentales et insulaires. Une vieille ballade, dont voici les premiers vers, consacre le souvenir de ceux qu'introduisit Richard Cœur-de-Lion :

In this worlde they hadde nopers
Dromadary nor destrere
Stede, Babyte no Camele
Goeth none so swifte without fayle (1).

« Jusqu'à la fin du quinzième siècle — dit Houël — on ne cite rien de remarquable touchant le cheval anglais. A cette époque, la guerre des deux roses porta un coup funeste à l'industrie chevaline, et ce ne fut que sous Henri VIII que des mesures furent prises pour y remédier. »

Mais il faut arriver jusqu'à Jacques Ier, qui acheta

---

(1) Aucun ne peut les égaler,
Soit dromadaire ou destrier,
Chameaux courants, chevaux de More
Sont bien loin d'aller si vite encore.

d'un sieur Place, devenu plus tard écuyer de Crom-well, un cheval qu'on appelait le *Turc blanc,* pour assister aux premières tentatives qui devaient faire de l'Angleterre la plus grande nation équestre du monde.

Charles Ier établit bientôt les courses de Hyde-Park et de Newmarket, que le protecteur Cromwell ne laissa pas tomber en désuétude.

Plus tard, sur l'ordre de Charles II, deux célèbres sportmen de l'époque, sir George Fenwich et sir Christoph Wyvill, firent le voyage d'Arabie d'où ils ramenèrent quelques étalons et un assez grand nombre de juments. Celles-ci, qu'on connaît en langage de sport sous le nom de *Royal mare,* se retrouvent dans toutes les ascendances du pur sang.

Guillaume III fonda un grand nombre de prix royaux qui, sous le nom de *King's plates,* furent accordés aux divers hippodromes du royaume. C'est à cette époque que furent importés dans la Grande-Bretagne *Selaby turc, Yellow turc,* et enfin, *Darley-Arabian,* auquel on fait généralement remonter la généalogie de tout ce qui constitue réellement le pur sang.

Plus de vingt ans après, sous Georges II, lord Godolphin amena en Angleterre *Godolphin-Arabian,* qu'il avait acheté à Paris d'un porteur d'eau, dont il traînait la charrette. L'auteur des *Mystères de Paris,* Eugène Sue, a raconté l'histoire touchante de ce cheval célèbre.

Le règne de Georges III vit naître *Eclipse* en même temps que la fondation d'une école vétérinaire dont Wial de Saint-Bel prit la direction.

Mais ce fut surtout sous le règne de Georges IV, ce sportman couronné, que les courses inaugurèrent l'ère brillante dans laquelle elles allaient entrer et qui, aujourd'hui, semble arrivée à son zénith.

« Le cheval de course — dit le professeur Magne — est caractérisé par tous les signes qui annoncent ce qu'on appelle dans le cheval la *race*, la *noblesse*, la *distinction*, le *sang*. »

Disons, du reste, qu'il a les caractères typiques du cheval arabe, joints à des caractères secondaires qui lui sont propres. Ainsi, il est de taille plus élevée, avec le corps plus allongé, moins arrondi. La gymnastique du turf a allongé la cuisse, élevé la croupe, rendu les jambes plus fines et communiqué à ces régions une forme spéciale.

B. *Le cheval de chasse* (*the Hunter*). — Quoique finement construit, le cheval de chasse est plus fort et plus vigoureux que le cheval de course.

Il a la tête petite, le cou mince, la ganache bien développée. La tête, bien attachée sur le cou, fait avec celle-ci un angle qui donne à la bouche quelque chose de fin et de gracieux. Aussi bien, du reste, il vient pour la valeur et la beauté immédiatement après le cheval de course.

Moins impressionnable que celui-ci, il rappelle plutôt le cheval arabe par sa rapidité et sa persévérance ; il est en outre très léger à la main.

Le cheval de chasse s'entraîne comme le cheval de course.

Il fait en général de 30 à 40 chasses en moyenne par saison, avec un exercice modéré dans les jours intermédiaires et une sueur forcée dans celui qui précède la chasse.

C. *Le cheval de promenade (the Hack)*, qui n'est généralement que le cheval de chasse non entraîné.

D. *Le cheval du Yorkshire.* — Celui-ci est de grande taille, mais bien proportionné. Il est généralement noir ou bai. C'est le grand carrossier de luxe.

Il provient du croisement du cheval de pur sang avec le *cheval de Cleveland*.

E. *Le cheval du Suffolk.* — On le connaît plus communément sous le nom de *Punch*, à cause de ses formes arrondies et trapues ; il descend, croit-on, d'un étalon normand et d'une jument du Suffolk.

C'est une vigoureuse bête de trait léger, ayant pour qualités les plus précieuses et les plus rares, c'est-à-dire la vivacité d'action unie à la persistance dans l'effort.

F. *Le cheval de Cleveland.* — Le professeur Low (1), une autorité, nous donne de ce cheval la description suivante : « C'est le mélange progressif du sang des chevaux pur sang à celui d'une race commune qui a produit le cheval de voiture appelé le bai de Cleveland. Ce nom dérive de sa couleur et d'un pays fertile nommé Cleveland, au nord du comté d'York sur les bords du Tas. Vers le milieu du siècle dernier, cet endroit devint célèbre pour une race de chevaux estimés et d'une grande force qui, lorsque

______

(1) *The Breeds of Bristish domestical animals*, London, 1841.

l'ancien cheval lourd de carrosse n'était plus de mode, devint très recherchée pour les calèches, les chariots et autres voitures de luxe. »

G. *Le cheval de Staffordshire*. — Celui-ci ressemble beaucoup à notre *Boulonnais* pour la taille et les formes. Il a une stature énorme, le coffre lourd, les jambes rondes, les épaules empâtées.

Ce cheval, qui n'est ni de charrue ni de voiture, et qui est incapable d'un travail fatigant et prolongé, est peu prisé par les Anglais qui s'occupent peu, du reste, aujourd'hui, de son amélioration.

H. *Le Clydesdale*. — Ce cheval tire son nom de la *Clyde*, en Ecosse, où il est particulièrement élevé. Il a toutes les qualités de l'emploi ; c'est un excellent cheval de trait pour le travail de la ferme et dans un pays montagneux.

Plus grand que le Suffolk, il est noir, quelquefois bai. Sa charpente est plus légère et ses lombes plus pleins que chez ce dernier.

Il est fort, hardi, constant au tirage et rarement rétif. C'est un dicton favori que le cheval du Suffolk meurt sur le trait.

I. *Le cheval de Lincolnshire*. — C'est un lourd cheval qu'on élève dans les plaines marécageuses du Lincolnshire, où les fermiers le font travailler jusqu'à cinq ans et alors l'envoient au marché de Londres, où il est vendu avec un bénéfice de 12 % à des industriels qui le préparent graduellement au service qu'ils feront dans la capitale.

K. *Le cheval Shetlandais*. — Cette race miniature habite les îles placées au nord de la verte Erin. Il en est parmi ces chevaux qui égalent à peine en hauteur le chien de Terre-Neuve.

Il n'a guère changé, ce petit cheval à l'œil hagard, à la crinière épaisse, au rein solide, au pied sûr ; il est tel qu'au temps où il servait de monture aux nobles dames de la Table-Ronde, et aux bardes qui chantaient le retour d'Arthur.

Malgré sa petite taille, il est excessivement robuste et résiste à la fatigue d'une remarquable façon.

2° *Races françaises.* — « Disons-le tout de suite : peu de pays sont aussi heureusement doués que notre patrie sous le rapport qui nous occupe ; aussi les chevaux de France ont-ils eu de tout temps une grande réputation. Dès avant la conquête de César, les Romains connaissaient les chevaux gaulois et les estimaient autant que les célèbres coursiers de l'île de Crète (1). »

Mais bientôt les races gauloises se mélangèrent de tous les chevaux étrangers appartenant à tous les peuples qui, successivement, se ruèrent sur la Gaule : roussins des Francks, chevaux des Germains, coursiers des Numides, cavales sauvages des bandes d'Attila.

Charlemagne, qui fut un parfait écuyer, — il dressait lui-même ses chevaux, — ne négligea pas, dans ses capitulaires, de s'occuper de la production

(1) DE QUATREFAGES, *Dictionnaire universel d'histoire naturelle*, art. *Cheval.*

chevaline. Ducs, barons, abbés, eux-mêmes (1), possédaient des haras et trafiquaient des coursiers de
batailles.

Les courses de bague, si fameuses en Normandie;
les courses plates, si prisées des Bretons; puis, enfin les tournois ne tardèrent pas à développer chez
tous le goût du cheval.

De plus, les routes impraticables aux voitures
obligeaient chacun à voyager, les nobles sur leur
cheval, les magistrats sur leur mule, les marchands
sur leur âne.

Ce fut Henri II, ce cavalier accompli, mort, comme
on sait, dans un tournoi, qui fonda les premières
écoles d'équitation. Princes et gentilshommes se firent
un devoir de s'y rendre et l'étude du cheval finit par
absorber toutes les autres : « Les enfants des princes,
dit Montaigne, n'apprennent rien à droit qu'à manier
des chevaux, d'autant qu'en tout autre exercice
chascun fléchit soubs eux et leur donne gaigner;
mais un cheval, qui n'est ni flatteur, ni cortisan,
verse le fils du roy par terre, comme il ferait le
fils d'un crocheteur. »

Les carrousels, qui durèrent jusque sous le règne
de Louis XIV, remplacèrent alors les tournois et le
goût du cheval se propagea de plus en plus. Jusqu'à
ce moment, la France produisait non-seulement pour
elle, mais encore pour l'étranger, à qui elle fournis=

(1) Ceux-ci les recevaient en don de vieux guerriers
qui se faisaient moines, ou d'hommes du monde, *pour
le salut de leur âme.*

sait tous les chevaux de manége. Bientôt ce fut à notre tour de payer tribut à nos voisins. On n'estime pas à moins de cent millions le prix qu'il fallut payer à l'Allemagne, à l'Espagne, à l'Angleterre et à l'Italie, pour les cinq cent mille chevaux qu'absorbèrent les longues guerres du règne de Louis XIV.

Cela s'explique : pendant tout le temps que les grands feudataires conservèrent la puissance, les magnifiques haras qu'ils avaient créés restèrent en pleine prospérité; mais, Richelieu, en subjuguant la puissance de ces grands tenanciers au profit du trône, ruina en même temps leurs utiles établissements. Colbert tenta, mais en vain, de les rétablir, et la dégradation de nos races nationales s'affirma de plus en plus. La Révolution de 1790 vint leur porter le dernier coup en détruisant tout ce qui restait des anciens haras.

Aujourd'hui le gouvernement a repris en main la direction de ces utiles établissements. Si l'on ne peut contester l'utilité de son intervention, puisque seul il peut faire les sacrifices nécessaires pour acheter les étalons de prix et les reproducteurs convenables nécessaires à l'amélioration de nos races, on peut cependant blâmer ses œuvres administratives et les inconvénients des systèmes qui ont été tour à tour adoptés.

Mais ce n'est point ici la place pour traiter cette question.

On a remarqué, qu'en général, nos chevaux ont de trop fortes épaules. Cependant, depuis quelques années, les races de France ont subi de notables améliorations. Le gouvernement, et à son exemple quelques riches propriétaires, se sont activement occupés de cette question qui intéresse à un si haut point non-seulement notre commerce intérieur et notre puissance militaire, mais aussi les classes fortunées qui recherchent avec empressement les brillants chevaux de selle et les riches attelages.

C'est surtout à l'aide de l'institution des courses que certains amateurs ont cherché, à prix d'argent, à produire ces améliorations. Mais, faut-il le dire, les courses n'ont été pour beaucoup qu'un amusement, une cause de luxe au lieu d'une intéressante étude industrielle et commerciale. Aussi, n'avons-nous jusqu'ici que fort mal réussi — en dépit de nombreuses discussions et de grosses sommes inutilement dépensées — à améliorer toutes nos races légères. Il est vrai qu'en échange nous avons des races de trait remarquables, mais celle-ci nous les devons non pas aux turfistes, mais à nos éleveurs et à nos agriculteurs.

La division de nos races est assez difficile à établir ; nous nous servirons du classement topographique (1) qui nous semble préférable à tout autre.

1° *Race normande*. — Cette race, telle que nous la fournissait jadis la vieille Normandie, a cessé d'exis-

---

(1) Les influences du sol et du climat ne sont elles pas celles qui modifient le plus profondément l'organisme et, partant, les races animales ?

4

ter. Elle était d'origine danoise. Elle fournissait ces magnifiques bêtes grises pommelées — qu'on appelait la *race du Sacre* — parce qu'elles servaient dans toutes les solennités royales dont elles augmentaient la pompe par leur remarquable prestance et le tride de leurs allures.

Un jour, l'étalon anglais passa par là et on obtint, par la voie d'une métisation longtemps continuée, la création d'une nouvelle race connue aujourd'hui sous le nom d'anglo-normande. Et cependant il avait jadis servi à l'amélioration des races anglaises. « Si les chevaux normands — dit Youatt — ont été améliorés par le cheval de course anglais et occasionnellement par le cheval de pur sang ; d'un autre côté, le bidet anglais et aussi le cheval de trait ont tiré un avantage considérable de leur mélange avec le Normand, non pas seulement à l'époque reculée où Guillaume-le-Conquérant mettait tant de zèle à améliorer les chevaux de ses nouveaux sujets par leur alliance avec le sang normand, mais encore à plusieurs époques ultérieures. »

Cette race n'offre plus rien aujourd'hui du caractère des anciennes races du Nord.

« Elle est transformée — dit M. Guy de Charnacé — et comme coulée dans un moule qu'on a trouvé sur plusieurs points de l'Europe. Le corps est toujours compacte, les formes arrondies, mais la tête n'est plus partout busquée, ni l'œil petit. » De plus, l'encolure s'est allongée, les épaules sont devenues plus obliques et le pied qui, au dire de Gohier, était un peu haut, s'est tout à fait corrigé.

Voici ses caractères actuels :

La taille est de 1^m60 à 1^m66. La robe est généralement baie ; le garrot est bien sorti ; l'encolure est droite, la tête moyenne à chanfrein non busqué, la côte arrondie, la croupe allongée, souvent comprimée latéralement, la queue forte, bien plantée, les épaules musculeuses, en un mot les formes sont agréables.

Ces chevaux, en général, doux et dociles, sont excellents pour le trait et le manége ; ils fournissent d'excellentes remontes pour la grosse cavalerie.

« On les produit, dit Figuier (1), dans deux centres d'élevage : l'un comprend la plaine de Caen et embrasse les herbages plantureux du Calvados et de la Manche ; l'autre est situé dans cette partie du département de l'Orne, qui porte le nom de Merlevault. »

C'est de là que sont venus les vainqueurs des courses de ces dernières années : *Vermouth, Fille-de-l'Air, Eclipse,* etc.

Cheval breton. — La Bretagne passe, à juste titre, pour une des provinces les plus chevalines de France.

Le sol armoricain — dit M. Guy de Charnacé (2) — est une des plus riches pépinières chevalines que nous possédions ; elle est aussi une des plus variées. Il ne saurait en être autrement, puisqu'elle est assise sur quatre départements : le Finistère, les Côtes-du-

(1) *Les mammifères*, Paris, 1869.
(2) *Loco citato.*

Nord, le Morbihan et l'Ille-et-Vilaine, dont la configuration varie à l'infini. Sur la lande et la colline, de petits chevaux réputés pour leur rusticité, pour leur vigueur et leur endurance, et auxquels on peut attribuer une origine orientale ;... sur le littoral, une race de chevaux de trait venus du Nord. »

Variable dans sa taille, le cheval breton est fortement membré et très musculeux. Il a la poitrine large et le garrot épais. La tête est remarquable par un front large qui se relie presque subitement au-dessous des yeux, et par les os du nez légèrement relevés à leur extrémité. La croupe est courte, arrondie, avalée et présente de chaque côté, au niveau des lombes, comme un arc de cercle qui, de la pointe de la hanche, descend vers le plan médian du corps. Les membres sont un peu grêles à leur point d'origine, et les articulations et les genoux manquent de largeur. Il y a un manque d'harmonie saisissant entre la force des membres et la puissance du tronc.

« De ces caractères — dit le professeur Magne — les plus remarquables sont ceux de la tête et de la croupe. Ils s'observent sur tous les chevaux de trait de pur sang breton, et les font très bien reconnaître. Si l'on trouve dans la Normandie, dans le Perche et le Maine des chevaux qui les présentent, on peut en conclure qu'ils sont Bretons d'origine. »

On peut dire que, bien qu'il ne possède pas les belles proportions de l'arabe, le cheval breton a, avec celui-ci, une très grande ressemblance sous le rapport du fond et de la solidité.

Le cheval breton est surtout employé pour la

poste, la cavalerie et la selle ; on trouve des chevaux de gros trait de cette race dans le Morbihan, les Côtes-du-Nord, et sur le littoral du Finistère, dans cette partie qui porte encore son antique nom Cornouailles (*Korn-Wall*, pointe de la Gaule), et de beaux carrossiers vers Saint-Pol-de-Léon.

Cheval Limousin. — Lord Pembrock écrivait à Bourgelat : « Je ne conçois pas la fureur que les Français ont pour nos chevaux quand je vois vos belles races normandes et limousines. »

Le cheval limousin descend — à ce qu'on croit — des chevaux arabes qui furent abandonnés par les Sarrazins taillés en pièces par Charles Martel.

Vers la fin du règne de Louis XV, la renommée de ce cheval était à son zénith. C'était le cheval de manége par excellence, tel que l'entendait l'équitation du temps, celui qui alimentait exclusivement ces *Académies* où la fleur des gentilshommes de France et de l'étranger venait apprendre les belles manières, en même temps que la science équestre.

Cette race a été en partie reconstituée sous l'influence du haras de Pompadour.

Le cheval limousin a la taille peu élevée, les formes élancées, les membres fins, secs et nerveux, le pâturon allongé, le pied petit et sûr, les jambes sèches, les jarrets coudés.

Elle a fourni plusieurs variétés : celle de la *Haute-Vienne*, celle de la *Corrèze* et celle de la *Creuse*. Ces variétés diffèrent suivant qu'il y entre plus ou moins de sang anglais.

Suivant MM. Magne et Sanson, l'abus de cette métisation aurait amené la dégénération de cette race. A leur sens, ce serait l'étalon arabe qui serait le reproducteur le mieux approprié à l'amélioration de ce cheval précieux.

Le cheval des Pyrénées, encore connu sous le nom de *cheval Navarrin, cheval de Tarbes*, descend de ces chevaux berbères qui, jadis, s'implantèrent sur le versant septentrional des Pyrénées.

Il a le front large et légèrement bombé, avec la face courte, large, à chanfrein épais et proéminent au niveau des orbites ; la bouche est petite, les naseaux sont peu ouverts, l'oreille est droite et mince. Il est de petite taille, avec la crinière et la queue garnies de crins longs et soyeux. Sa robe, quoique variable, est le plus souvent de couleur grise.

Ses caractères, du reste, rappellent en grande partie ceux du cheval barbe.

Cette race présente deux variétés : *le cheval Bigourdan*, qu'on rencontre aux environs deBagnères-de-Bigorre, et le *cheval de Cerdagne*, qui appartient aux Pyrénées-Orientales.

Le cheval des Pyrénées est une bête sobre et vigoureuse. Excellent pour la selle, il représente le vrai type du cheval de cavalerie légère.

Il était encore plus recherché autrefois que de nos jours. C'est lui qui servait à monter ces fameux hussards de Chamboran et de Bersigny, si célèbres dans les fastes de la cavalerie française.

Le cheval d'Auvergne. — « D'un poil souvent gris

de fer — dit M. Magne — la race d'Auvergne était assez haute de taille, à corps étroit, à hanches saillantes, à garrot tranchant, haut ; à membres secs, jarretés, mais se redressant pendant l'exercice. »

On voit que ces chevaux ne diffèrent pas beaucoup, quant au type, des chevaux limousins, mais ils sont un peu plus épais.

Ils sont sobres et rustiques, pleins d'énergie et de vivacité. Ils servent également à monter la cavalerie légère, mais ils sont moins maniables, ce qu'on attribue à l'influence des étalons de pur sang.

Le cheval landais. — Ce cheval habite les dunes qui longent les bords de la mer, entre la tour de Cordouan et le bassin d'Arcachon. Ces dunes sont disposées sur trois rangs, séparées par des vallées qui ont reçu dans le pays le nom de *ledes*, d'un vieux mot celtique (*leboun*), qui signifie pâturages.

Les chevaux de ces dunes vivaient autrefois à l'état de complète liberté. Mais bientôt, traqués de toutes parts, au fur et à mesure qu'on desséchait les marais et que les landes se couvraient de pins, ils finirent par passer à l'état domestique. Certains auteurs prétendent qu'on peut en rencontrer encore à l'état libre dans les *ledes*, nés de père et mère sauvages comme eux.

Sobres, forts et énergiques, quoique de taille peu élevée, ces chevaux peuvent être employés avec avantage soit à la selle, soit à traîner des voitures légères.

Aujourd'hui, ils sont complètement transformés

par des croisements avec des types de pur sang oriental et anglais.

Le cheval de la Camargue. — Il est d'origine arabe. Il fut abandonné sur les bords de la Méditerranée par les Sarrazins, lorsqu'ils furent chassés des Gaules.

Ce cheval vit toute l'année dans un état presque complet de liberté, par bandes de 25 à 30 individus, au milieu d'immenses terrains marécageux, où il est complètement abandonné à lui-même. Depuis quelque temps, les progrès de la population et les envahissements de la culture tendent à restreindre de plus en plus ces espèces de haras naturels.

Le cheval de la Camargue a le front large et carré, le chanfrein droit, la bouche petite et les narines bien dilatées. Ses membres sont bien conformés, il est de petite taille.

Il n'y a que peu d'années que ce cheval est devenu un produit de l'industrie humaine, depuis qu'on l'a régénéré par le sang arabe, le seul qui lui convienne, d'après Delorme d'Arles.

Le cheval corse. — Cette race, qui ressemble à celle des îles Shetland, est comme celle-ci de très petite taille, avec le corps ramassé, mais bien formé.

Ce cheval est sobre, rustique, hardi et courageux, mais d'humeur assez indisciplinable.

Sa petite taille borne ses usages à de petits services de selle, de bât ou de trait de petits véhicules.

MILLEPERTUIS.

Le cheval poitevin. — C'est un cheval commun et de gros trait.

Sa taille est élevée, ses formes sont lourdes et anguleuses; il a la tête forte, l'encolure mince, le ventre volumineux, la croupe large et avalée, les pieds plats.

Il est d'un tempérament lymphatique.

Très doux et très sociable, le cheval poitevin sert surtout au service de la cavalerie.

En outre de cela, il est éminemment résistant à la fatigue. Lors de la terrible campagne de Russie en 1812, ce furent les chevaux du Poitou qui, en compagnie de ceux des Ardennes, se montrèrent les plus rustiques.

La race poitevine a encore le mérite de pourvoir à l'industrie mulassière qui s'exerce dans tout le Poitou. Les juments de cette race sont, par leurs formes, celles qui réussissent le mieux à la production des mulets.

Le cheval percheron. — Un des plus illustres produits de notre industrie chevaline.

On le rencontre principalement dans l'Orne, la Sarthe, le Loir-et-Cher et l'Eure-et-Loir.

On a beaucoup discuté sur l'origine du cheval percheron. Quelques auteurs le tiennent pour un cheval arabe développé et grossi par les influences du climat. M. A. Sanson, sur les différences du crâne et sur le nombre des vertèbres lombaires, qui est de six au lieu de cinq comme dans la race arabe, s'est appliqué à réfuter cette opinion.

Le cheval percheron est agréable d'ensemble.

Il a la face allongée, avec le front légèrement bombé entre les arcades orbitaires et le chanfrein étroit, droit à sa base et busqué vers le bout du nez. La bouche est grande, les naseaux sont ouverts et mobiles, l'oreille est longue, dressée, l'œil vif, la physionomie animée.

Il a, en outre, l'encolure forte mais bien dessinée, la crinière et la queue fines et bien fournies, les membres forts, musclés et solidement articulés.

Ce cheval étant un des plus beaux de notre production, c'est un tort de vouloir — comme l'ont essayé plusieurs éleveurs — le modifier par des croisements, d'autant qu'il sert souvent à l'étranger à améliorer certaines races communes indigènes.

Il sert au trait léger.

Avant l'invention des chemins de fer, c'est lui qui fournissait le service de la poste et des diligences.

Aujourd'hui il fait le service des omnibus des grandes villes en même temps que celui des transports rapides de marchandises.

Le cheval boulonnais. — « Dans les temps les plus reculés — dit M. Guy de Charnacé — la race boulonnaise était employée aux plus nobles travaux. Les boulonnais avaient la réputation comme chevaux de tournois et de guerre. Henri IV les apprenait pour son service personnel. On conçoit aisément que le poids du cavalier, couvert de lourdes armures, nécessitait des chevaux plus lourds que ceux qu'emploie la cavalerie d'aujourd'hui. Jusqu'à la révolution de 1789, la cavalerie de réserve se remontait, en partie, dans le Boulonnais. »

Cette race ne fait plus guère aujourd'hui que le service du camionnage.

Elle est originaire de l'arrondissement de Boulogne, dans le Pas-de-Calais.

Le cheval boulonnais a la tête courte avec le front large, l'œil ouvert, le chanfrein droit, l'oreille courte, la bouche petite, la crinière épaisse et retombant en deux sur l'encolure, le poitrail large et saillant, le garrot peu saillant, le dos bas, la croupe ronde et double, la queue attachée très bas, les membres forts, les articulations solides, les pieds excellents.

Le cheval ardennais fut autrefois, comme le chien des Ardennes, l'objet de tous les soins des abbés de Saint-Hubert.

Mais depuis il s'est remarquablement modifié à la suite de croisements avec les étalons du Perche.

Cette race, la plus rustique peut-être de toutes nos races nationales, a donné en maintes circonstances les preuves les plus éclatantes de sa force de résistance. Elle fournit à l'artillerie ses meilleurs chevaux, surtout ceux qui sont originaires des arrondissements de Rethel et de Vouziers.

De taille ordinaire, le cheval ardennais a la tête courte, le front large, le chanfrein creusé et court, la croupe avalée, l'encolure un peu courte et épaisse, les hanches saillantes et les membres solides quoique grêles.

Le cheval franc-comtois. — Ce cheval, mou et lent

dans ses allures, est surtout employé pour le roulage et le remorquage des bateaux.

C'est en outre, peut-être, le plus laid de tous les chevaux que la France produit.

Il a la face longue, étroite, aplatie latéralement, et avec cela l'œil petit et sans expression, ce qui lui donne l'air stupide. L'encolure est grêle, le garrot bas, le dos plat, les hanches saillantes, la croupe large et avalée, la poitrine étroite et plate, l'épaule peu musclée et droite, les pieds plats et courts.

Son ensemble n'est pour ainsi dire que défectuosités.

RACES HOLLANDAISES

Il faut distinguer parmi celles-ci le *cheval hollandais* et le *cheval frison*.

Le *cheval hollandais* habite les vallées du Rhin et de la Meuse et les côtes de la mer du Nord.

Il est de taille élevée avec le corps long, la tête forte et busquée, les membres hauts et grêles, les pieds grands et plats.

Le *cheval frison* se rencontre, comme son nom l'indique, dans la province de Frise.

Il est également de taille élevée avec l'encolure mince et peu fournie, le poitrail étroit, la croupe avalée et plate, les membres longs, les jarrets larges, les pieds volumineux.

RACES ALLEMANDES

Nous signalerons, parmi les plus connues :

1° *Le cheval hongrois*, qui a quelque ressemblance

avec le cheval arabe dont il procède en partie, et qui est spécialement affecté au service de la cavalerie légère.

2° *Le cheval bavarois.* — Il descend de l'ancienne race des Deux-Ponts, qu'on a améliorée par des croisements avec le sang anglais et le sang arabe.

3° *Le cheval hanovrien.* — Il a la tête légère et busquée, l'encolure sortie et musculeuse, l'épaule haute et oblique, le poitrail ouvert, le garrot saillant, l'épaule assez bien sortie, le dos et les reins longs, la croupe un peu oblique, l'avant-bras bien musclé, la cuisse forte et le pied un peu plat.

4° *Le cheval du Mecklembourg.* — Celui-ci est le plus réputé des chevaux allemands.

C'est au duc d'Augustembourg qui, dans son domaine de l'île d'Alsen, s'est consacré à l'élève de cette race, qu'on doit les améliorations qui en ont fait ce qu'elle est aujourd'hui. C'est à l'aide de croisements avec le sang anglais, croisements judicieusement pratiqués, que le noble duc a complètement transformé le type indigène.

Ce cheval, qui est à la fois propre au carrosse et à la grosse cavalerie, est d'une conformation régulière. La tête est affilée, l'œil ouvert, l'encolure forte, la croupe arrondie.

Ses mouvements gracieux et brillants font oublier les quelques défauts de conformation dont il est entaché.

RACES DANOISES

On ne peut guère citer, parmi celles-ci, que les chevaux du haras de Frederiksbourg.

Ces chevaux, qui résultent d'améliorations apportées, dans la race indigène, par les mélanges avec le sang arabe et le sang anglais, font d'excellents chevaux de selle.

RACES RUSSES

« Les chevaux russes forment une magnifique race qui réunit dans un type harmonieux la beauté des proportions, la hauteur de la taille, la vigueur et la souplesse » (Brehm).

Les plus célèbres de ces races sont : la race d'Orloff, d'où sont tirés ces magnifiques trotteurs connus du monde entier et qui ont la plus grande ressemblance avec le type oriental, et les races de l'Oural et du Don, qui servent à monter la cavalerie cosaque. On sait combien sont durs et résistants à la fatigue ces remarquables petits chevaux.

« On a supposé — dit Youatt — qu'aucun cheval, l'arabe excepté, ne pouvait endurer les privations comme le cheval cosaque et réunir à un degré égal la vitesse et la faculté d'endurer. »

DEUXIÉME PARTIE

Hygiène

CHAPITRE PERMIER

Ecuries

« Les chevaux — dit le professeur Magne — sont assez rustiques pour vivre à l'état sauvage dans presque tous les climats habités par l'homme civilisé. Des logements ne leur sont pas indispensables : même parmi ceux qui, faisant des travaux pénibles, sont les plus exposés à prendre des refroidissements à la suite de violents exercices, nous en voyons qui, sans être incommodés, vivent sous des hangars, dorment en plein air, non-seulement en Afrique et dans les sables de l'Arabie, mais dans nos régions tempérées et même en Russie. »

Si les écuries ne sont pas absolument indispensables à l'entretien du cheval, elles n'en sont pas moins fort utiles — au point de vue hygiénique — en offrant aux animaux un abri convenable, et en facilitant en même temps la distribution de la nourriture et la production d'engrais précieux.

C'est d'abord aux conditions d'*orientation* qu'il faut s'attacher dans l'établissement d'une écurie. Elle doit être, autant que possible, établie au sud-est et à l'est, construite sur un terrain sec, et bien aérée. L'humidité est pour le cheval une cause fréquente de maladies : on doit l'en garantir non-seulement par un choix bien approprié du local, mais encore par un emploi raisonné des matériaux qui doivent entrer dans la construction de son habitation.

Les briques valent mieux que les pierres, car elles sont moins poreuses que ces dernières. Mais, tout en se servant de celles-ci, il convient, pour éviter l'humidité, de revêtir les murailles de planches ou de paillassons, ou encore de nattes de paille, jusqu'à une hauteur de 1^{m}50.

Malgré l'abondance de la litière fréquemment renouvelée, le sol s'imprègne toujours d'humidité et devient par cela même la cause d'un certain nombre d'affections. Il importe donc de pratiquer sous l'écurie des caves voûtées et d'en couvrir toute la superficie d'un ciment hydraulique ou d'un revêtement d'asphalte.

Dans les écuries de ferme on fait ordinairement usage, pour le *plancher* de l'écurie, de pavés ou de briques sur champ; celles-ci sont préférables. Si on ne peut faire autrement que de se servir de pavés, il convient de donner la préférence à ceux qui sont le moins raboteux, parce qu'ils résistent mieux aux chocs et aux répercussions provoqués par les pieds des chevaux. On aura le soin, du reste, d'enduire d'asphalte les interstices des pavés pour rendre au-

tant que possible le sol imperméable et exempt d'infiltrations de toute nature; on n'aura pas à craindre
ainsi les émanations toujours nuisibles qu'engendre
le séjour prolongé des urines.

Il est inutile d'ajouter que le *sol* doit être disposé
en pente, mais non d'une façon trop déclive, ce qui,
au bout d'un certain temps, aurait forcément pour
inconvénient de fausser les aplombs du cheval en
rejetant tout le poids du corps sur les membres postérieurs. Pour ces motifs, la pente en travers dans la
longueur du cheval sera de 0m03 par mètre, celle en
long, de 0m01. Cette pente est suffisante pour favoriser l'écoulement des urines dont l'excédant s'échap-
pera par une rigole peu sensible.

La *hauteur* de l'écurie sera de 3 à 4 mètres; plus
haute, l'écurie serait froide en hiver; plus basse,
la température y serait toujours trop élevée, et
les chevaux, soit en entrant, soit en sortant, se
trouveraient exposés à de brusques transitions, à
des répercussions qui peuvent occasionner diverses
maladies des voies respiratoires. — Les meilleurs
plafonds sont des voûtes plates en briques.

Pour fixer exactement la capacité que doivent
avoir les écuries au point de vue de l'*aérage*, il faut
savoir quel est chez l'animal qui nous occupe le volume du poumon et la quantité d'air expirée par cet
organe. « D'après Boussingault, un cheval du poids
de 500 kilog. absorbe toutes les vingt-quatre heures
4,724 litres d'oxygène. M. Lassacque a constaté
qu'un cheval produit 5,270 litres d'acide carbonique.
Comme ce gaz représente un volume d'oxygène égal

au sien, ce cheval avait donc fait disparaître 5,270 litres d'oxygène de l'air. Mais l'oxygène ne constituant que le cinquième de l'air et les animaux n'absorbant à peu près qu'un cinquième de l'oxygène renfermé dans l'air inspiré, il en résulte qu'un cheval qui aurait absorbé 5,000 litres d'oxygène aurait inspiré 125,000 litres d'air, soit 125 mètres cubes (1). »

C'est d'après ces données que les hygiénistes admettent qu'une somme moyenne de 30 mètres cubes d'air est nécessaire à chaque cheval. Pour cela faire, on laissera à chacun d'eux un espace superficiel de 6 à 7 mètres, c'est-à-dire une largeur de 1^{m}60 à 1^{m}75 sur une longueur de 3 mètres avec un espace, 1^{m}50 par derrière, pour le service des garçons d'écurie ou des palefreniers.

Pour renouveler l'air on disposera de place en place, dans les parois de l'écurie, en évitant de les percer précisément en face des chevaux, des *aérifères* et des *ventilateurs*. On appelle aérifères des châssis doubles fermant les fenêtres, l'un à vitre, l'autre en toile métallique, ce dernier pour laisser passer l'air sans que les mouches puissent entrer : les fenêtres oblongues auront de 1^{m}50 sur 0^{m}80 à 1^m, et affleureront le plafond. Quant aux *ventilateurs*, ce sont des conduits en bois ou des canaux creusés dans l'épaisseur des murs avec deux ouvertures à chaque extrémité ; l'une aboutit au toit, l'autre part d'un point situé un peu au-dessus du niveau du sol, et

(1) MAGNE (*loco citato*).

s'ouvre et se ferme à volonté. La porte de l'écurie aura au moins 1m75 de large et se fermera à deux battants.

Lorsqu'il y a plusieurs chevaux dans une écurie, ils sont rangés sur un seul rang *(écurie simple)* ou sur deux rangs *(écurie double)*. Dans ce dernier cas, on range généralement les chevaux des deux côtés, la tête au mur et la croupe vers le couloir pratiqué au milieu.

Dans les écuries de luxe, les chevaux sont souvent isolés, soit un à un, soit par attelage, au moyen de cloisons à demeure formant des *stalles* ou *boxes* ; celles-ci ne doivent pas être trop hautes pour ne pas gêner la libre circulation de l'air et pour permettre aux chevaux de se voir, surtout s'ils sont seuls dans leurs stalles.

A défaut de stalles, il convient, dans les fermes, de séparer les chevaux au moyen de *barres* mobiles suspendues à 75 centimètres au-dessus du niveau du sol et attachées de manière qu'on puisse les décrocher de suite si un cheval passe un membre au-dessus de la barre. On se sert avec beaucoup de succès de chaînes de suspension à pincés à ressort nommées *sauterelles* qui, sous une pression un peu forte, s'entr'ouvrent ; la barre tombe alors d'elle-même, et le cheval est dégagé de l'obstacle dans lequel il s'est embarrassé.

Les *auges* ou *mangeoires* méritent aussi quelque attention. Elle doivent être de préférence en pierre, parcee que les chevaux n'y contractent pas — comme sur celles qui sont en bois — la funeste habitude de *tiquer*, qu'elles offrent une plus grande résistance que ces dernières à la pression des dents ; elles se nettoient en outre avec plus de facilité et sont d'une durée plus longue. Le bord de la mangeoire sera à un mètre environ du sol et aura une saillie de trente à trente-cinq centimètres ; on a quelquefois deux auges, l'une pour l'eau, l'autre pour le manger. Le *râtelier* doit être en bois ou en fer, disposé de telle façon que la poussière se détachant du fourrage n'incommode pas les yeux des chevaux ; le bord inférieur sera à 1 mètre 40 du sol ; les montants ou fuseaux en seront arrondis, tourneront sur eux-mêmes et seront placés à huit centimètres de distance dans le sens vertical, afin d'empêcher tout gaspillage.

Le cheval à l'écurie est attaché à la longe, soit au râtelier quand il ne doit pas se coucher, soit à la mangeoire. Dans ce cas, un billot suspendu à l'extrémité de la longe empêche qu'il ne s'embarrasse dans celle-ci. Beaucoup de propriétaires préfèrent à la longe une chaîne glissant dans le mur par ses deux extrémités recourbées, sans cependant que l'extrémité inférieure descende à plus de trente centimètres du sol.

Les écuries de luxe sont généralement tenues avec toute la propreté désirable : on peut même dire que les soins y sont poussés à l'extrême. Il n'en est pas ainsi, généralement, des écuries de ferme. Et pourtant, sans un air pur et constamment renouvelé, la respiration ne se fait qu'incomplètement et l'organisme s'affaiblit sensiblement. C'est surtout pour les animaux exclusivement destinés au travail que la propreté de l'écurie est le plus nécessaire.

Quoiqu'on puisse sans inconvénient laisser le fumier séjourner pendant plusieurs jours, il vaut mieux l'enlever le plus souvent possible, — surtout pendant l'été.

Il faut, une fois par an au moins, blanchir l'écurie à la chaux et, en cas d'épizootie, la désinfecter avec des lavages à l'eau phéniquée.

CHAPITRE II

Nourriture et Boissons

Nourriture. — A l'état de santé, le cheval passe
à l'écurie tout le temps pendant lequel il reste inoc-
cupé. Le séjour permanent à *l'herbage* n'a guère
lieu que pour l'élevage. Le séjour momentané à la
prairie et seulement pendant le jour, est utile aux
chevaux échauffés ; il refait les jeunes chevaux,
mais il est peu salutaire, en général, pour les vieux
chevaux, trop affaiblis ou d'un tempérament débile.

Le cheval n'a besoin que d'une alimentation fort
simple, qu'il préfère à toute autre. Le *foin*, l'*avoine*,
de la *paille hachée* et de l'*eau pure*, lui suffisent plei-
nement ; c'est, du reste, le genre d'alimentation
auquel il est soumis à peu près partout.

Le meilleur foin est celui qui est un peu long et
qui a été coupé bien mûr.

Le *blé* et le *seigle*, trempés, moulus ou cuits,
donnent aux jeunes chevaux de la vigueur et de
l'embonpoint, mais c'est une alimentation dont il
faut user modérément, parce qu'elle pousse à la
fourbure. On emploie aussi l'*orge*, surtout en Algé-
rie. Cette nourriture, si elle n'est employée à petites
doses, est susceptible de provoquer les mêmes accidents. La *carotte* est un excellent correctif d'une
alimentation trop échauffante.

Viennent ensuite le *panais*, le *topinambour*, la *pomme de terre*, les *navets*, les *choux*, les *rutabagas*, tous aliments nutritifs, mais poussant à l'embonpoint et enlevant au cheval sa vigueur.

Pendant les chaleurs, on peut donner du *son fusé*, c'est-à-dire humecté d'eau, de l'herbe fraîche (*vert*), mais en ayant soin de ménager la transition du sec au vert en donnant celui-ci haché et mêlé avec un peu de foin sec.

La ration du cheval varie suivant sa taille, son poids, son âge, son tempérament. Elle varie encore suivant la saison, le climat et le genre de service auquel on le destine.

En général, elle varie pour le foin pris comme unique aliment de 2.50 à 5 % du poids brut de l'animal.

C'est sur cette base et d'après la puissance nutritive des différentes espèces de fourrages comparées à celles du foin qu'on a établi les diverses rations composées : 5 kilos de foin, 5 kilos d'avoine, 3 kilos de paille hachée constituent la ration moyenne d'un cheval ordinaire.

Il convient de diviser la ration journalière du cheval en trois repas : le premier doit avoir lieu avant le travail, le second au milieu du jour et le troisième le soir.

Il est important, comme on le verra plus loin, d'abreuver le cheval avant qu'il ne prenne son repas.

Nous donnons ci-joint un tableau des différentes substances susceptibles d'entrer dans l'alimentation

du cheval, tableau montrant quelle est la part nutritive de chacune d'elles.

```
Foins  de sainfoin, de. . . . . . . . . . . . . .   90  à 100 p.
   —      de vesce, jarosse, millet. . . . . .   90 — 105 —
   —      de trèfle, spergule, pois. . . . . .   95 — 105 —
   —      de luzerne . . . . . . . . . . . . . .   95 — 110 —
   —      de trèfle incarnat. . . . . . . . . .  120 — 150 —
   —      d'ajonc pelé . . . . . . . . . . . .   125 — 150 —
   —      de tiges de pommes de terre. . . .  130 — 150 —
Herbes de bonnes prairies. . . . . . . . .  340 — 400 —
   —      de médiocres prairies . . . . . . .  400 — 500 —
   —      de trèfle, luzerne, sainfoin, ves-
           ces, millet et céréales. . . . . .   340 — 400 —
   —      de pois, spergule, trèfle incarnat,
  sarrasin. . . . . . . . . . . . . . . . . . . . . .  400 — 500 —
Froment. . . . . . . . . . . . . . . . . . . . . .   24 —  28 —
Seigle et maïs. . . . . . . . . . . . . . . . . .   28 —  32 —
Orge, millet, sarrasin. . . . . . . . . . . . .   40 —  50 —
Avoine. . . . . . . . . . . . . . . . . . . . . .   45 —  60 —
Fèves, haricots, pois, lentilles et vesces.   30 —  40 —
Graine de foin. . . . . . . . . . . . . . . . .   50 —  60 —
   —   de tournesol, de lin . . . . . . . .   60 —  70 —
Châtaignes. . . . . . . . . . . . . . . . . . . .   50 —  60 —
Marrons d'Inde. . . . . . . . . . . . . . . . .   55 —  65 —
Glands. . . . . . . . . . . . . , . . . . . . . . .   65 —  75 —
Pommes de terre . . . . . . . . . . . . . .  180 — 220 —
Topinambours. . . . . . . . . . . . . . . . .  240 — 280 —
Betteraves, rutabagas, panais . . . . . :  250 — 350 —
Carottes. . . . . . . . . . . . . . . . . . . .  275 — 400 —
Turneps ou raves. . . . . . . . . . . . . . .  450 — 550 —
Raiforts ou radis . . . . . . . . . . . . . . .  700 — 800 —
Citrouilles . . . . . . . . . . . . . . . . . .  400 — 650 —
Choux. . . . . . . . . . . . . . . . . . . . . .  450 — 500 —
Tourteaux de lin et faînes . . . . . . . . . .   45 —  50 —
   —      de noix et de colza. . . . . . . .   50 —  55 —
   —      de chanvre, cameline, pavots   80 — 100 —
Résidus d'eau-de-vie de grains. . . . . .  200 — 220 —
   —         —       de pommes de terre  600 — 650 —
```

Résidus de sucre de betteraves. . . . . . 300 à 400 p.
  —   de féculerie, égouttés . . . . . . 200 — 250 —
  —   de marc de pommes . . . . . . 200 — 400 —
  —   — de raisins . . . . 150 — 175 —
  —   —   — distillés . . . 300 — 350 —
Issues, sons . . . . 48 — 190 —
Ballots de pois, de céréales, siliques,
   gousses, cosses . . . . 150 — 200 —
Feuilles de mûrier vertes . . . . 230 — 250 —
       —   — sèches . . . . 70 — 80 —
       — de noyer vertes . . . . 210 — 230 —
       —   — sèches . . . . 90 — 108 —
       — de chêne vertes . . . . 130 — 150 —
       —   — sèches . . . . 85 — 95 —
       — de vigne vertes . . . . 270 — 330 —
       —   — sèches . . . . 90 — 110 —
       — d'ormeau sèches . . . . 75 — 85 —
       — de châtaignier, frêne, cerisier,
         hêtre, charme, sèches . . . . 100 — 120 —
       — de tilleul, peuplier, aune, sèches 40 — 130 —
Paille de millet, vesces, pois, féveroles,
       avoine. . . . . 100 — 200 —
   — d'orge et trèfle. . . . . 150 — 200 —
   — de seigle . . . . 250 — 450 —
   — de froment. . . . . 300 — » —
   — de maïs. . . . . 350 — 450 —
   — de colza, sarrasin, etc. . . . . 500 — 800 —

Des boissons. — « En voyant les Arabes voyager des
journées entières, aux plus fortes ardeurs du soleil,
sans boire et sans laisser boire leurs chevaux, même
quand ils avaient de bonne eau à leur disposition,
nous nous sommes demandé si le besoin de boire qui
tourmente si puissamment en Europe et l'homme et
les animaux, n'est pas l'effet de l'habitude. Il est
vrai que la nourriture sèche, volumineuse et trop
peu alibile que nous faisons consommer à nos ani-

maux, nécessite des masses de liquide pour être délayée et dissoute ; mais nous n'en sommes pas moins
convaincu, et des observations et des recherches
nous l'ont démontré, que l'habitude exerce une très
grande influence ; qu'il importe, en élevant les chevaux de les habituer à boire peu et qu'il faut toujours les faire boire avec modération. »

Il est certaine règle qu'il faut observer dans la distribution des boissons. C'est ainsi qu'il faut habituer
les animaux à boire deux ou trois fois dans la journée, parce qu'une trop grande quantité prise trop
avidement peut déterminer des coliques, parfois
mortelles.

Il faut veiller aussi à ce que l'eau ne soit pas trop
froide. Pour cela, on l'exposera au soleil jusqu'à ce
qu'elle ait pris une température convenable.

Lorsque les chevaux rentrent en sueur, il faut les
faire manger avant de leur donner à boire, à moins
que la soif ne soit trop intense, auquel cas on leur
laisse boire quelques gorgées d'eau avant de leur
distribuer la nourriture.

CHAPITRE III

Reproduction

La première chose à laquelle doivent s'attacher les personnes qui font de la reproduction, est de choisir leurs reproducteurs d'une façon convenable.

Il faut avant tout s'adresser à un étalon doué d'une bonne santé, bien conformé et exempt de tares et de vices. Quant à la question de la robe, elle est sujette à controverse. On a répété depuis Virgile que les robes pâles sont généralement l'indice de la faiblesse et de la mollesse :

Du gris et du bai brun on estime le cœur,
Le blanc et l'alezan clair languissent sans vigueur.

Mais, il faut savoir distinguer entre les nuances du poil et celles de la couche colorée de la peau.

L'âge, pour les juments, est de quatre à cinq ans ; pour l'étalon, il doit être de cinq à six.

S'il existe quelque défaut de conformation chez l'un des reproducteurs, il faut chercher à le modifier par les qualités de l'autre. Ainsi, si l'un des deux a, par exemple, l'encolure trop maigre, la tête trop busquée ou les naseaux trop étroits, on recherchera chez l'autre une puissante encolure, un large chanfrein et des naseaux bien ouverts.

Ces considérations s'appliquant au mâle et à la femelle, tout à la fois, nous devons maintenant étudier les qualités particulières que doit présenter chaque sexe.

« Des testicules volumineux — dit le professeur Magne — indiquent chez l'étalon la force, la vigueur et une grande aptitude à la propagation de l'espèce; s'ils sont petits, atrophiés de naissance, les animaux sont faibles, débiles; ils doivent dans tous les cas être descendus, sortis de l'abdomen et bien dessinés; il faut pouvoir distinguer par le toucher, même les épididymes et le cordon testiculaire qui ne doit pas être engagé. Le pénis sera assez volumineux sans l'être à l'excès.... »

Relativement à la femelle, il dit :

« On doit toujours rechercher une croupe large, un bassin ample, bien conformé, sans exostoses ni tumeurs molles, pouvant s'opposer à l'accouchement. »

Et plus loin : « On recherchera de préférence les juments qui ont les mamelles développées, saines et actives; celles qui sont douces, patientes, non chatouilleuses, fussent-elles un peu molles; celles qui se nourrissent bien, qui boivent beaucoup, qui sont saines, exemptes même de maladies locales. »

Pour bien préparer les animaux à la reproduction, il est nécessaire d'obéir à certaines prescriptions hygiéniques particulières. Avant tout il leur faut, au mâle comme à la femelle, un exercice bien réglé et une alimentation substantielle, celle-ci pour faire échec aux déperditions que la monte occasionne.

Disons, pourtant, que l'étalon est encore plus exigeant que la femelle sous ce dernier rapport. Cette nourriture se composera de foin ou de vert, mais additionnés d'une quantité raisonnable d'avoine. Si même le mâle doit faire un grand nombre de saillies, il sera bon de lui administrer de petites rations de provendes, de froment, de féveroles écrasées, etc.

Voici le tableau des rations réglementaires adoptées par l'administration des haras pour les étalons :

	EN TEMPS ORDINAIRE			PENDANT LA MONTE		
	Foin	Paille	Avoine	Foin	Paille	Avoine
Pur sang	3 kil.	5 kil.	8 lit.	3 kil.	5 kil.	10 lit.
Demi-sang carrossiers.	4 —	5 —	9 —	4 —	5 —	11 —
De trait.	7 —	6 —	9 —	7 —	6 —	11 —

La jument entre en chaleur vers les derniers jours de mars ou les premiers d'avril. Les signes par lesquels cet état se manifeste ne sont pas toujours très apparents ; chez quelques bêtes, on ne peut les reconnaître qu'en leur présentant l'étalon d'essai. Disons cependant que les hennissements plus ou moins répétés, le gonflement de la partie inférieure de la vulve, l'émission ou la stillation d'une liqueur gluante et blanchâtre qui s'en échappe, sa propension à s'approcher de tous les animaux mâles, une agitation plus ou moins marquée, une certaine inquiétude, le ralentissement de l'appétit et l'exagéra-

tion de la soif sont les modes d'expression les plus
ordinaires de cet état particulier.

Les meilleurs poulains proviennent en général de
juments couvertes au commencement des chaleurs.
Comme la durée de la gestation est de onze mois et
quelques jours, les poulains naissent au printemps
suivant, saison qui permet de donner à la nourrice
une nourriture favorable à la production du lait.

CHAPITRE IV

Pansage et Tondage

Du Pansage. — Le pansage comprend tous les soins de propreté et de toilette réclamés par le cheval, dans l'intérêt de sa santé et de sa conservation.

On sait, en effet, que le manque de soins et la malpropreté peuvent engendrer de nombreuses et graves maladies. La transpiration collée au poil et mêlée à la poussière s'oppose aux fonctions épuratrices de la peau ; ces fonctions se rétablissent par le pansage qui, en même temps, à pour effet d'activer la circulation du sang. Le défaut de pansage et le manque de soins sont encore la cause de certaines démangeaisons plus ou moins violentes provenant des nombreux parasites qui pullulent sur la peau.

Un ancien proverbe dit : *Le jeu de l'étrille équivaut à un picotin d'avoine ; la main engraisse autant que la nourriture.* En effet, un pansage convenablement et régulièrement fait remplace une partie de la nourriture en facilitant la distribution régulière du sang dans les régions périphériques et, conséquemment, favorise la nutrition de ces parties. Aussi peut-on dire, sans être taxé d'exagération, que le pansage ne concourt pas seulement à la conservation des animaux, mais encore qu'il contribue à augmenter la vigueur de leur constitution.

Les ustensiles de pansage sont : l'*étrille*, la *brosse*, le *passe-partout*, l'*éponge*, le *bouchon de foin* ou de *paille*, le *cure-pied*, l'*époussetoir* et une *pièce de laine* ou de *grosse flanelle*.

Pour panser un cheval, le palefrenier, la main droite armée de l'étrille, se place d'abord à droite de l'animal et, saisissant la queue de la main gauche, il promène l'instrument en tous sens, sur la fesse, la croupe, le flanc, le ventre, etc.; il en fait ensuite autant de l'autre côté sans toucher à l'épine dorsale, à l'intérieur des cuisses et à la tête.

Pour décrasser l'étrille, il la frappe de temps en temps sur le pavé, du côté où se trouve le *marteau*, petite saillie ménagée à cet effet.

A l'étrille succède la brosse qu'il promène sur toute la surface du corps, en ayant soin de la nettoyer fréquemment sur l'étrille qu'il tient de la main gauche.

Dans le pansage des chevaux de luxe dont la peau délicate ne supporterait pas l'étrille, on n'emploie que la brosse.

Pour lisser le poil on se sert d'un bouchon de foin ou de paille légèrement humide; un coup d'époussetoir complète le pansage du corps.

Pour laver et nettoyer les jambes et les paturons on emploie l'éponge et le passe-partout; il faut essuyer et sécher ces parties avec soin. On nettoie ensuite la sole avec le cure-pied.

Il ne reste plus qu'à laver les yeux, les naseaux,

la bouche, l'anus et la face interne des cuisses, à peigner le toupet, la crinière et la queue, et à graisser les sabots.

Lorsque le cheval revient fatigué d'une longue course et le corps en transpiration ou lorsqu'il a été mouillé, il faut avoir soin de le *bouchonner*, c'est-à-dire de lui frictionner la peau avec un bouchon de paille tordue. On peut auparavant abattre la sueur avec le *couteau de chaleur*, lame d'acier ou de bois de 0ᵐ50 de long. Avant de rentrer le cheval à l'écurie, il convient de lui mettre une couverture et de lui faire faire quelques tours dans la cour pour qu'il ne se refroidisse pas.

A ces soins de pansage il faut ajouter pour le cheval de luxe l'*habillement :*

L'habillement se compose des *guêtres* et des *genouillères* en temps de neige et de verglas ; des *oreillères* ou *béguins*, et des *filets* ou *volettes* pour écarter les mouches et les insectes. Quant aux chevaux de race *(racers)*, leur habillement se compose d'un *camail* avec ou sans oreilles, d'un *poitrail* et d'une *grande couverture* embrassant le reste du tronc et maintenue par un surfaix.

DU TONDAGE. — L'expérience a, depuis longtemps, appris à tous les propriétaires de chevaux les avantages qu'il y a à soumettre ces animaux à l'opération du tondage.

Le tondage se fait à l'aide d'un peigne en cuivre qui sert à rebrousser le poil et de ciseaux courbés sur plat qui le coupent quand il est rebroussé. Aujourd'hui on a remplacé le peigne-ciseau par la *tondeuse*. Quel que soit le soin qu'on apporte à cette opération, qu'elle se fasse à l'aide des deux instruments primitifs ou de la tondeuse, on n'arrive jamais à couper tous les poils d'une façon parfaitement uniforme, on les brûle alors avec de l'esprit de vin pour les égaliser. On fait usage, pour cela, d'un tube aplati en fer-blanc d'où émerge une mèche représentée par une bande de drap de 10 centimètres. Ce tube rempli d'esprit de vin, est allumé et promené sur toute la surface du corps.

Les effets du tondage — qu'on ne saurait contester — sont les suivants :

1° Il facilite le pansage en débarrassant toute la surface du corps de la poussière, des matières provenant de la transpiration et enfin des parasites qui pourraient s'y trouver ;

2° Il donne une nouvelle activité à la transpiration cutanée en enlevant cette enveloppe spongieuse que forment les poils agglutinés, enveloppe qui retient la boue, la pluie, les sécrétions de la peau, etc., et pendant plusieurs heures tient les animaux dans une atmosphère humide qui ne peut manquer d'amener des répercussions sur l'intestin, les poumons, etc. ;

3° On a constaté, en outre, son action salutaire sur les centres respiratoires. On l'a vu guérir ou, tout au moins, améliorer certaines toux plus ou moins rebelles.

Mais, il importe de choisir convenablement l'époque à laquelle on pratiquera cette opération : elle se fait généralement à l'issue de l'automne.

De plus, certains soins sont à prendre vis-à-vis de l'animal nouvellement tondu ; c'est ainsi qu'il importe de ne pas le laisser exposé au froid et de le rentrer immédiatement dès qu'il a cessé de travailler.

Dans quelques pays — dans le Midi notamment — on tond les chevaux tous les trois mois, quelquefois même tous les deux mois ; mais cette pratique ne saurait convenir aux contrées froides et humides ; aussi, conseillons-nous de ne tondre les animaux qu'une seule fois par an, vers la fin de novembre.

CHAPITRE V

De la connaissance de l'âge

Le cheval vient au monde avec un poil laineux, une crinière et une queue courtes et crépues. Ce n'est que vers la seconde année que les poils prennent leur lustre, que la crinière et la queue s'allongent et deviennent lisses.

C'est aux dents que se reconnaît l'âge du cheval.

Dans les quatre premiers jours de la naissance du poulain, on lui voit paraître quatre dents incisives, deux en bas et deux en haut : ce sont les *pinces*. Peu de temps après, il en apparaît quatre autres : deux de chaque côté de celles qui sont venues les premières : ce sont les *mitoyennes*. Enfin, il en pousse encore quatre autres dans le même ordre : ce sont les *coins*.

Vers *deux ans et demi* ou *trois ans*, les pinces de lait se déchaussent et sont remplacées par quatre pinces d'adultes, deux à chaque mâchoire.

A *quatre ans*, les mitoyennes succèdent dans le même ordre, chassant celles de la première dentition.

A *cinq ans*, viennent les coins et aussi les *crochets*.

L'animal est alors en pleine possession de ses dents

d'adulte. *Il a tout mis,* — comme on dit vulgairement.

Toutes ces dents, comme celles qui les ont précédées, présentent sur leur table une partie en creux ou petite cavité qui doit s'effacer successivement. On dit alors que le cheval *rase.*

Voici ce qu'on observe:

A *six ans,* il y a effacement de la cavité des pinces inférieures par l'usure de ses bords.

A *sept ans,* effacement des mitoyennes.

A *huit ans,* effacement des coins.

Toutes les dents sont rasées et le cheval est *hors d'âge,* ou encore ne *marque plus.*

Toutefois, on peut encore apprécier, dans une certaine mesure, le nombre des années. Ainsi, l'effacement de la cavité des pinces *supérieures* indiquera *neuf ans,* celle des mitoyennes *dix ans,* et enfin, celle des coins *onze* ou *douze ans.*

A *treize ans,* toutes les incisives sont arrondies et les côtés des pinces s'allongent; à *quatorze ans,* les pinces inférieures affectent une forme triangulaire et les mitoyennes s'allongent sur les côtés; à *quinze ans,* les mitoyennes commencent à devenir triangulaires; à *seize ans,* elles le sont tout à fait, et les coins commencent à prendre la même forme; à *dix-sept ans,* il y a triangularité complète des incisives de la mâchoire supérieure; à *dix-huit ans,* les parties latérales de ce triangle s'allongent successivement des pinces aux mitoyennes et aux coins; à *dix-neuf ans,* les pinces inférieures sont aplaties d'un côté à l'autre; à *vingt ans,* les mitoyennes ont la même formé ; à *vingt et un ans*, cette forme se montre aussi dans les coins et, à partir de ce moment, les indices qu'on peut tirer de la forme des dents font presque entièrement défaut.

On peut ajouter, toutefois, que leur longueur exagérée, leur défaut d'aplomb, leur chevauchement les unes sur les autres, sont les marques de la plus grande vieillesse. De plus, les gencives se décharnent et les lèvres deviennent pendantes.

Il peut arriver pourtant que de vieux chevaux présentent des dents tellement usées qu'elles n'ont plus alors qu'un centimètre de longueur ; alors, elles sont entièrement jaunes, sauf une petite tache blanche qu'on aperçoit au centre de leur table.

Quelques chevaux paraissent plus jeunes qu'ils ne le sont en réalité ; leurs dents *marquent* toujours. On les appelle chevaux *bégus*.

Ce dont il faut se défier, c'est des ruses employées par les maquignons pour tromper un acheteur sur l'âge du cheval. Ils pratiquent une cavité sur la table de la dent pour faire croire que le travail d'effacement ne s'est pas encore produit ; mais, comme cette cavité artificielle n'est pas entourée de la bordure d'émail qui circonscrit la cavité dentaire naturelle, la fraude est facile à découvrir.

Il leur arrive encore d'arracher les dents de lait d'un poulain pour hâter la venue des dents d'adulte et pouvoir le présenter comme un cheval fait.

La durée de la vie moyenne du cheval n'a pu être déterminée d'une façon précise ; elle varie suivant les climats, suivant les races, suivant enfin la façon

CHAPITRE VI

Maréchalerie — Ferrure

La maréchalerie est l'art de forger et d'appliquer sous le pied du cheval une sorte de semelle en fer qui a pour objet de le protéger, d'empêcher l'usure et la détérioration de la corne du sabot, de remédier aux défectuosités naturelles ou acquises, de corriger les défauts d'aplomb, enfin de guérir certaines maladies du pied qui, sans elle, seraient incurables.

On voit combien son but est complexe.

Les Grecs restèrent complètement étrangers à l'art de la maréchalerie. Les Romains laissèrent sans *chaussures* les pieds de leurs chevaux jusqu'à l'époque impériale. Alors on employa des espèces de brodequins (*soleæ*) qui s'attachaient avec des courroies aux pieds de l'animal. Les *soleæ* — au dire de Columelle, — étaient une sorte de bottes faites de brins de genêt d'Espagne finement tressés. Cette chaussure était parfois garnie d'une semelle de métal. Pline et Suétone rapportent que celle de la mule de l'impératrice Poppée était *(solea ex auro)*.

Et pourtant la conquête des Gaules avait montré aux Romains des chevaux réellement ferrés, c'est-à-dire dont les semelles de fer étaient fixées au sabot à l'aide de clous. Aussi bien, du reste, le peuple n'était rien moins que cavalier, et dans les dernières vieux serviteurs arriver à un âge que nous ne soupçonnons même pas.

Avant de terminer ce chapitre, nous devons payer un juste tribut d'éloges à J. Girard, lequel a su mettre à la portée de tous les moyens les plus propres à lire l'âge sur la dent de nos différents animaux domestiques. Avant, on n'était guidé que par une routine plus ou moins vicieuse, qu'il fallait nécessairement payer, comme il le dit, d'un grand nombre de fautes.

CHAPITRE VI

Maréchalerie — Ferrure

La maréchalerie est l'art de forger et d'appliquer sous le pied du cheval une sorte de semelle en fer qui a pour objet de le protéger, d'empêcher l'usure et la détérioration de la corne du sabot, de remédier aux défectuosités naturelles ou acquises, de corriger les défauts d'aplomb, enfin de guérir certaines maladies du pied qui, sans elle, seraient incurables.

On voit combien son but est complexe.

Les Grecs restèrent complètement étrangers à l'art de la maréchalerie. Les Romains laissèrent sans *chaussures* les pieds de leurs chevaux jusqu'à l'époque impériale. Alors on employa des espèces de brodequins (*soleæ*) qui s'attachaient avec des courroies aux pieds de l'animal. Les *soleæ* —au dire de Columelle,— étaient une sorte de bottes faites de brins de genêt d'Espagne finement tressés. Cette chaussure était parfois garnie d'une semelle de métal. Pline et Suétone rapportent que celle de la mule de l'impératrice Poppée était (*solea ex auro*).

Et pourtant la conquête des Gaules avait montré aux Romains des chevaux réellement ferrés, c'est-à-dire dont les semelles de fer étaient fixées au sabot à l'aide de clous. Aussi bien, du reste, le peuple n'était rien moins que cavalier, et dans les dernières années de l'Empire, il n'y avait guère que la cavalerie auxiliaire, composée de Gaulois, de Germains et de Numides, qui figurât dans les armées romaines. Et puis, les chevaux dont on se servait (chevaux méridionaux à la corne épaisse et dure), n'avaient à marcher que sur un sol sec et sablonneux. Il n'en était pas ainsi des chevaux du Nord, dont le sabot mou et spongieux nécessitait des précautions spéciales pour pouvoir alternativement fouler, pendant de longs jours, des terres humides ou des terrains pierreux. Aussi rien ne fut moins étonnant que de voir des chevaux ferrés dans ces hordes de cavaliers: Francs, Suèves, Burgondes, Huns (car les Saxons, Danois et Northmans combattaient à pied), qui menaient boire aux eaux du Tibre leurs montures demi-sauvages.

Et alors la ferrure s'installa dans le vieux monde, et l'on attacha à cet art une telle importance et les ouvriers chargés de ferrer les chevaux furent tenus en si grand honneur que la plupart des titres de noblesse d'aujourd'hui tirent de là leur origine. « Ainsi, dit Houël, les noms de *Maréchal* dans la France, de *Le Goff* en Bretagne, de *Smith* en Angleterre, de *Ferrieves* en Normandie et de *Ferrers* en Angleterre, ont pour origine principale la ferrure des chevaux. »

Depuis, l'art de ferrer les chevaux a rendu à l'humanité des services qu'on ne saurait méconnaître. « L'impulsion que cette invention a imprimée au progrès du commerce et de l'industrie comme à la mobilisation des armées, n'est pas sans quelque analogie avec celle qui est résultée de l'application de la vapeur à la traction des véhicules. »

Avant d'aller plus loin dans la description de cet art, il est important d'étudier le pied du cheval et d'examiner quelles sont les différentes parties qui composent cet important organe dont dépend en quelque sorte l'utilisation du cheval.

Le pied, chez cet animal, se compose, — comme nous l'avons vu,— d'un seul ongle, connu sous le nom dè *sabot*.

Ce sabot se compose : 1° de la *muraille* ; 2° de la *sole* ; 3° de la *fourchette*.

Pour qu'il soit bien conformé, le volume du sabot doit être proportionné au corps de l'animal et en harmonie avec le membre qu'il termine. Sa longueur, son inclinaison, sa direction seront semblables dans chaque bipède latéral, abstraction faite pourtant des quelques points différentiels qui existent, comme nous le verrons plus loin, entre les pieds de devant et ceux de derrière. Ainsi constitués, les sabots favoriseront l'égale répartition du poids du corps sur les extrémités. Car, ainsi que l'a fait remarquer avec justesse le savant vétérinaire Bray-Clark : *Incerta basis, instabile œdificium !*

Nous allons examiner maintenant chacune de ces parties :

La *muraille* est une enveloppe de corne, dont la dureté et l'épaisseur ne se trouvent pas semblables dans tous les points de son étendue. Elle est bornée en haut par le *bourrelet* qui l'unit à la peau. On divise la muraille en *pince*, *mamelles*, *quartiers* et *talons*.

La pince est la partie antérieure du sabot ; sur chaque côté se trouvent les *mamelles* que suivent les *quartiers* et l'on appelle *talons* les points où la muraille se replie pour former les *arcs-boutants*. Les talons seront assez haut pour dépasser un peu la fourchette, solides et bien écartés ; il faut que la corne de la muraille, dans l'épaisseur de laquelle sont enfoncés les clous qui attachent les fers, soit lisse, luisante et égale, c'est-à-dire exempte de dépressions, de saillies, de crevasses ou fentes qui indiquent sa mauvaise nature ou révèlent des lésions profondes.

La corne noire est plus résistante que la corne blanche.

La *sole* est cette plaque de corne qui forme voûte sous le pied et concourt avec la *fourchette* à constituer le plan inférieur du sabot. La grande circonférence de la sole est bordée par la portion inférieure de la muraille et son échancrure est limitée par les arcs-boutants et la fourchette. La corne de la sole est poreuse, écailleuse et flexible ; elle se reproduit par couches superposées. Outre qu'elle protége les parties sensibles du pied, la sole concourt encore, par sa disposition en voûte, à la dilatation du sabot. Quand la sole n'est pas creuse, on dit que le cheval a le *pied plat ;* cette disposition, on le comprend est défectueuse ; mais plus défectueuse encore est celle dans laquelle la sole est convexe en dehors vers la terre ; on dit alors que le cheval a le *pied comble,* défaut qui rend le travail difficile et souvent impossible.

La *fourchette* constitue une des pièces les plus importantes du sabot. C'est un coussinet de corne molle et élastique et de forme conique qui se trouve entre les talons et prolonge son sommet jusqu'au centre de la sole. Sa base se divise postérieurement en deux parties. La fourchette doit former sous le pied une saillie plus ou moins prononcée ; elle occupera vers la base le sixième de la circonférence du pied. Elle est destinée, au moment de l'appui du pied sur le sol, à écarter les talons et à prendre pour ainsi dire la configuration des corps que foule le cheval. Elle sert au tact, assure la marche en concourant à la dilatation du sabot, et par son élasticité, enfin, elle amortit le contre-coup des heurts.

Nous avons dit qu'il y avait quelques caractères différentiels entre les pieds antérieurs et les pieds postérieurs ; c'est ainsi que les premiers sont plus larges et plus évasés que les seconds, et que leur surface plantaire a dans sa circonférence plus de rapport avec la forme d'un cercle. Leurs talons moins élevés sont plus écartés, la fourchette est plus volumineuse et la sole moins concave. Au contraire, les pieds postérieurs, de moindre dimension en largeur, sont plus allongés d'avant en arrière ; la sole se cintre davantage en voûte ; les talons offrent plus de rapprochement et de hauteur ; enfin la fourchette n'a pas autant de développement.

D'où il résulte que, dans les pieds de devant, les principaux points d'appui sont représentés par les quartiers et les mamelles, tandis que dans ceux de derrière, l'appui plus prononcé sur le côté externe a lieu en pince, en mamelles et en quartiers, tandis que les talons s'éloignent un peu du sol.

Ceci dit sur le pied à l'état type, voyons quelles sont les conformations plus ou moins défectueuses qu'il peut présenter.

Nous avons vu ce qu'on entendait par *pied plat* et *pied comble*, nous dirons plus loin comment on remédie à ces deux défauts.

Le pied peut être encore *trop petit* quand il ne répond pas par son volume aux dimensions du cheval; *étroit* quand il est rétréci dans son diamètre latéral et allongé, au contraire, dans le diamètre antéropostérieur.

On dit, en outre, que le pied est *dérobé* quand le bord inférieur de la paroi présente des pertes de substance résultant du peu de consistance de la corne ou d'une marche nu-pieds sur un terrain dur ou caillouteux; *pinçard* quand il y a un développement exagéré de corne au niveau de la pince; à *talons bas* ou à *talons hauts* suivant que cette région est plus ou moins pourvue de corne; à *talons serrés* ou *encastelés* quand les talons sont trop rapprochés l'un de l'autre.

D'après sa direction, il est dit *panard* ou *cagneux* suivant qu'il est dirigé en dehors ou en dedans.

Certains défauts sont inhérents à la marche : on dit que le cheval *se coupe* quand il heurte du bord interne d'un de ses fers le boulet ou le canon du membre opposé; qu'*il forge* toutes les fois qu'il n'y a pas harmonie dans le mouvement des membres, de sorte que la pince d'un des pieds postérieurs vient rencontrer avec bruit le talon du pied qui précède.

Mais avant d'étudier le mode de ferrure le plus

propre à corriger ces différents défauts, il nous faut tout d'abord dire quelques mots sur ce qu'on peut appeler la *ferrure hygiénique*.

Le fer étant un moyen de conservation pour le pied — ainsi qu'on vient de le voir — il importe que le premier prenne et suive exactement le contour du second.

Cependant la plupart des maréchaux taillent le sabot d'après le fer au lieu de forger et de façonner le fer pour le sabot. Cette pratique, condamnable comme celle qui consiste à rogner la fourchette, à couper les arcs-boutants, à râper les sabots, amène de fréquents accidents.

Dans les pieds antérieurs on conserve aux talons leur faculté de dilatation, malgré la ferrure, en éloignant des talons les étampures et les clous et en les rapprochant de la pince. Il y a encore à cela une autre raison, c'est qu'en cette partie la muraille est plus épaisse et plus solide qu'en arrière. Dans les pieds postérieurs — au contraire — tout le solide de la muraille existe vers les talons : on fixera donc les clous beaucoup plus près de ces parties sans nuire cependant à leurs mouvements de dilatation, mouvements qui, du reste, sont moins accentués que dans les pieds antérieurs. La face supérieure présentera dans sa moitié interne, mais s'arrêtant un peu en avant des éponges, une dépression *(ajusture)* qui permette à la sole de s'abaisser sous le poids du corps sans se mettre en contact avec le fer.

Le fer qu'on applique au cheval figure une bande métallique plus ou moins épaisse et plus ou moins large, percée de trous *(étampures)* et courbé de champ de façon à représenter la forme d'un croissant, qu'on divise en deux branches : l'*externe* et l'*interne.*

On distingue, en outre, dans le fer plusieurs parties :

1° La *pince*, qui répond à la partie antérieure du pied qui porte le même nom ;

2° Les *mamelles*, qui occupent sur le bord externe les côtés de la pince ;

3° Les *quartiers*, qui viennent immédiatement après les mamelles ;

4° Les *éponges*, qui sont les extrémités postérieures des quartiers et terminent le fer.

Les principes généraux de la ferrure normale se résument par les trois propositions suivantes :

Garnir exactement le bord inférieur du sabot afin de le protéger contre l'usure ;

Disposer les étampures de façon à fixer le fer solidement et les concentrer autant que possible dans la partie centrale du fer de façon à ne pas nuire à l'élasticité du sabot ;

Augmenter ou diminuer l'épaisseur de certaines parties de façon que le pied soit toujours dans son appui naturel en posant sur le sol.

Pour que le pied du cheval soit *paré* comme il convient, on lui conservera sa forme naturelle, et on ne retranchera du sabot que l'excédant de la corne pouvant nuire à la justesse et à l'aplomb, en ménageant à la sole assez d'épaisseur pour défendre les parties qu'elle protége. Quant à la fourchette, il est indispensable de lui conserver tout son volume, contrairement à ce que font la plupart des ouvriers maréchaux qui en retranchent la plus grande partie ; cette pratique, jointe à la resection des arcs-boutants, amène le resserrement des talons.

Il faut encore se garder de râper les sabots pour faire de *jolis pieds :* on enlève ainsi le vernis protecteur qui recouvre la muraille.

Il importera aussi que les étampures ne soient pas trop rapprochées des talons ; qu'on ne fasse pas usage de clous trop gros qui déchirent les fibres de la corne et compriment les parties vives du pied ; enfin, que le fer ne soit pas appliqué trop chaud, comme font certains ouvriers, dans le but de faire le pied au fer pour ne pas se donner la peine de parer le pied convenablement et d'y ajuster le fer.

Telles sont les principales règles suivant lesquelles s'applique la ferrure hygiénique.

Passons maintenant à la ferrure dite *corrective*.

Nous avons dit, en parlant du pied, que cet organe était sujet à certaines défectuosités. Nous les avons succinctement indiquées.

On remédie au *pied plat* en recourant au fer couvert, c'est-à-dire à un fer à branches élargies afin de mettre la sole à l'abri des lésions auxquelles l'expose son rapprochement du pavé. On peut placer, en outre, une plaque de cuir entre le fer et le pied.

Le *pied comble*, pour que le cheval puisse travailler exige un fer très couvert, doublé de cuir ou de gutta-percha, pour exhausser les parois du sabot et présentant un creux en rapport avec la saillie de la sole et de la fourchette.

Au *pied trop petit* on appliquera un fer léger, étampé loin des talons et dépassant un peu la circonférence de la muraille de manière qu'elle puisse croître en largeur et augmenter la base d'appui; on fera, en outre, marcher le cheval sur la fourchette, on renouvellera fréquemment la ferrure et on appliquera des corps gras sur le sabot.

Le *pied étroit* exigera un *fer à planches*, c'est-à-dire un fer dont les éponges sont réunies par une bande transversale. Comme souvent dans cette conformation du pied la fourchette n'est pas assez développée pour s'appuyer sur la planche du fer, on mettra une plaque de cuir entre celle-ci et le fer.

Dans le pied *pinçard* il ne faudra pas parer la pince; on emploiera un fer épais qu'on laissera déborder sans pinçon pour permettre à la corne de croître dans cette partie, et dont les étampures seront rapprochées des talons.

Pour le pied *à talons bas* on se servira du fer couvert à éponges nourries et garni de gutta-percha, fer qu'on attachera avec de petits clous. On parera le pied à plat en ménageant la fourchette et sans toucher aux talons, tandis que pour le pied *à talons hauts* on abattra les talons et les quartiers, et l'on favorisera l'accroissement de la pince en y laissant déborder le fer.

Quant au pied *encastelé*, c'est l'écueil de la maréchalerie. Ce qu'il y a de mieux à faire, en pareil cas, c'est de ménager les arcs-boutants et d'employer un fer à éponges tronquées pour obliger le cheval à marcher sur la fourchette. Le séjour à la prairie, lorsque le cheval est déferré, favorise l'écartement et l'épanouissement du sabot.

Pour corriger le *pied panard*, il faut conserver intact le quartier interne et donner à la partie du fer qui doit le recouvrir une forte épaisseur, enfin parer fortement le quartier externe; le *pied cagneux* exige une ferrure opposée, c'est-à-dire que c'est le quartier interne qu'il faut parer et ne rien retrancher du quartier externe.

On empêchera le cheval de se couper en diminuant le diamètre du sabot et la couverture du fer du côté interne. On l'empêchera de *forger* en abattant le plus possible les talons des pieds antérieurs et la pince des pieds postérieurs, et en appliquant un fer court à éponges minces aux premiers et un fer à pince tronquée aux seconds.

Ferrure pathologique. — C'est celle qu'on emploie pour les pieds malades. Les fers usités en pareil cas présentent un grand nombre de formes. — Nous ne les décrirons pas, nous contentant de renvoyer nos lecteurs aux maladies du pied, car nous aurons le soin, après avoir tracé le tableau de chacune de ces affections, de donner, dans le traitement, la description du fer qu'il sera nécessaire d'appliquer.

TROISIÈME PARTIE

Maladies

SIGNES GÉNÉRAUX DE L'ÉTAT DE SANTÉ

Les signes de l'état de santé sont tirés de l'attitude, de l'état de la peau, de l'appétit, de la façon dont se fait la digestion, et enfin de l'expression des principales fonctions, telles que la respiration et la circulation.

L'attitude la plus habituelle du cheval est la station debout. Beaucoup de chevaux ne se couchent jamais, se contentant d'appuyer la tête sur la mangeoire dès qu'ils veulent dormir ou se reposer.

Chez le cheval bien portant la peau est souple, et se détache avec facilité quand on la saisit entre les doigts. Les poils sont lisses, brillants et doux au toucher.

Dès que l'heure du repas arrive, l'appétit s'éveille, le cheval hennit, frappe du pied et montre une vive impatience, cherchant à saisir avant qu'on ne les lui donne les aliments qu'on lui apporte.

Le cheval adulte exécute de 9 à 10 respirations par minute et son pouls bat de 36 à 40 fois par minute.

L'exploration du pouls se fait de préférence à l'artère glosso-faciale qu'on sent battre au niveau du bord du maxillaire, précisément au point où elle sort de l'auge pour remonter vers la face.

SIGNES GÉNÉRAUX DE L'ÉTAT DE MALADIE

Le cheval malade se couche plus fréquemment, tantôt d'un côté, tantôt de l'autre, les membres et la tête étendus.

Le poil se ternit, se housse légèrement, devient *piqué*, comme on dit. La peau a perdu sa souplesse et se détache avec plus de difficultés des parties sousjacentes.

Il mange moins ou même boude complètement la nourriture. Les muqueuses apparentes, qui étaient rosées et fraîches, deviennent rouges et sèches.

La digestion se fait plus ou moins péniblement et les crottins sont modifiés.

La respiration se ralentit ou s'exagère.

———

Nous allons maintenant entrer dans la description claire et succincte des maladies qui assaillent le plus ordinairement les animaux de l'espèce chevaline.

Afin de rendre les recherches plus faciles à nos lecteurs, nous avons pris soin de grouper toutes ces maladies par ordre alphabétique.

A

ABCÈS *(dépôt)*

On donne le nom d'abcès à toute collection de pus déposée dans un espace circonscrit accidentel.

Quand, au contraire, le pus se rassemble dans un espace naturel, dans une des grandes cavités du corps comme la poitrine ou le ventre, etc., on dit alors qu'il y a épanchement.

Mais c'est là des divisions plus théoriques que pratiques.

En raison de leur mode de formation et de leur origine, on a divisé les abcès en *abcès chauds* et *abcès froids.*

Les abcès chauds ou aigus succèdent à une inflammation aiguë. Ces abcès ne sont pas rares chez le cheval surtout au moment de la gourme. — D'autres fois, ils sont occasionnés par des causes traumatiques *(coups, blessures,* etc.).

Les abcès froids sont ceux où le pus se fait lentement au sein des tissus et sans être accompagnés de symptômes généraux; tels sont ceux qu'on rencontre souvent chez les animaux mous et lymphatiques.

Enfin il est un troisième mode d'expression des abcès, qu'on désigne sous le nom d'abcès par congestion et qui, ayant source dans un point où toute collection purulente est impossible à cause de la disposition des parties, s'en va à travers les tripes former, loin du point d'où il procède, des amas purulents plus ou moins considérables.

Caractères. — Les symptômes des abcès ne sont pas absolument précis, parce que ces collections de pus se développent en toutes régions, régions dont la différence de structure provoque, parfois, des manifestations toutes différentes. Cependant il est un certain groupe de caractères qui, pour ainsi dire, les désigne et permet de les reconnaître dans la presque totalité des cas.

1° *La tuméfaction*. — Les parties qui environnent l'abcès sont gonflées, douloureuses au toucher — parfois on y sent de véritables pulsations. La peau est rouge, tendue, luisante et forme une sorte de tumeur saillante dont le sommet est plus mou, plus dépressible que les parties qui l'entourent.

2° *L'engorgement*. — Il y a presque toujours, dans la partie périphérique de la tumeur, un engorgement mou et pâteux qui conserve l'empreinte du doigt qui l'a déprimé.

3° *La fluctuation*. — Ce signe est essentiellement caractéristique, car il est la preuve matérielle qu'une certaine quantité de liquide se trouve accumulée dans la tumeur. On éprouve, alors, en appliquant la main sur un des points de la tumeur, et en donnant sur le point opposé un petit coup sec à l'aide de la pulpe du doigt, on éprouve une sensation de flux et de reflux tout à fait manifeste.

Lorsque l'abcès a son siége au sein des parties molles, il se développe sans effort et arrive en peu de temps à maturité complète. Il n'en est pas ainsi quand il se trouve situé dans des parties inextensibles qui entravent sa marche, circonstance qui peut occasionner, dans quelques cas, la résorption purulente, puis la mort.

Traitement. — On peut quelquefois prévenir la formation des abcès par l'application de cataplasmes, de vésicatoires, de saignées, etc. — mais ces moyens sont loin d'être toujours efficaces.

Dès que l'abcès est formé, il faut immédiatement l'ouvrir soit avec le bistouri, soit avec le cautère en pointe chauffé au rouge, puis agrandir l'ouverture afin de donner écoulement au pus.

Quand le pus est blanc, jaunâtre, épais, crémeux et d'une odeur fade, on dit qu'il est *louable* ; s'il est liquide, jaune, verdâtre, d'odeur fétide, on dit qu'il est *sanieux*.

On a soin, ensuite, d'introduire dans l'ouverture de l'abcès une mèche d'étoupe pour empêcher la poche de se fermer.

ANASARQUE

Cette maladie est encore désignée sous les noms de *mal de tête*, de *contagion*, *coryza gangréneux*, *morve gangréneuse*, *charbon blanc*, etc.

Caractères. — Elle s'affirme par l'apparition rapide de tumeurs œdémateuses sous le ventre, à la tête, sur les membres, tumeurs qui sont dues à des infiltrations séreuses du tissu conjonctif qui, par leur poids descendent dans les parties déclives pour se mettre au même niveau, comme font les liquides dans les vases communiquants.

L'engorgement des membres empêche leur flexion

GENÈVRIER

et gêne la marche, en même temps que celui de la tête et du nez rend la respiration sifflante, difficile. On constate, en outre, des taches hémorrhagiques sur les muqueuses de l'œil et du nez et un jetage glaireux d'une odeur infecte.

A une période plus avancée du mal, tous ces symptômes s'accusent : la locomotion est devenue impossible, la respiration anxieuse est saccadée, le jetage est sanguinolent et des ulcérations apparaissent sur la pituitaire.

Ces symptômes durent quatre ou cinq jours, et la mort arrive par asphyxie.

Nature du mal. — Cette affection est quelquefois essentielle et due à une altération du sang. Mais le plus souvent elle est occasionnée par une lésion organique d'un viscère tel que le cœur, le foie, le poumon, etc. D'autres fois elle vient compliquer la morve ou la gourme.

Causes. — Lorsque la maladie est essentielle, elle provient toujours d'un appauvrissement du sang plus ou moins marqué ; lorsqu'elle est symptomatique, elle est déterminée par une gêne de la circulation générale provoquée par une des maladies citées plus haut.

Traitement. — A l'extérieur, faire des frictions de teinture de cantharides ou avec le liniment ammoniacal sur le chanfrein, les membres et la poitrine, des injections astringentes dans les cavités nasales, et si la respiration devient par trop gênée, scarifier l'engorgement des lèvres et dilater les naseaux avec des tubes en plomb. A l'intérieur, administrer des infusions de tilleul, de camomille auxquelles on ajoute de l'acétate d'ammoniaque à la dose de 30 grammes par jour pour quatre litres d'infusion ; un peu plus tard on emploie les toniques amers, c'est-à-dire qu'on additionne les infusions aromatiques de 40 à 50 grammes de teinture de quinquina.

ANÉMIE

On dénomme ainsi un état morbide dans lequel le sang a diminué dans une plus ou moins grande proportion.

Les muqueuses sont décolorées, le pouls est petit, filant, et l'animal incapable de grands efforts musculaires.

L'anémie est essentielle ou symptomatique.

L'anémie essentielle est rare chez le cheval ; on ne constate guère chez cet animal que l'anémie symptomatique accompagnant soit une affection chronique, soit une lésion organique, ou encore une hémorrhagie plus ou moins abondante.

Nous dirons son traitement en même temps que celui de la maladie qu'elle accompagne.

ANGINE

L'angine, du mot *angere*, étrangler, représente littéralement toute gêne apportée à la déglutition et à la respiration ; de là plusieurs sortes d'angines.

Nous n'étudierons ici que l'angine *laryngée* ou *laryn-gite*, et l'angine *pharyngée* ou *pharyngite*.

1° LARYNGITE. — Cette maladie, qui est assez fré-quente chez le cheval, est *aiguë* ou *chronique*.

La laryngite aiguë s'accuse par une légère fièvre accompagnée de frissons. Les muqueuses apparentes sont rouges et l'animal fait entendre de temps à autre une toux sèche et quinteuse. Si la maladie est assez intense, la tête, dont les naseaux sont dilatés, se tend sur l'encolure.

Le larynx est d'une extrême sensibilité; puis, au bout de cinq ou six jours, le mal marche vers la résolution, la toux devient grasse et les naseaux laissent échapper un jetage muqueux, épais et blan-châtre.

Dans quelques cas, assez rares, les symptômes ne disparaissent pas aussi vite et la laryngite, devenue *suraiguë*, s'accompagne d'une fièvre intense et d'une gêne manifeste de la respiration déterminée par des abcès sous-glossiens. En pareil cas, il est à craindre que la gangrène ne soit la terminaison de ces com-plications.

La laryngite chronique s'accompagne d'une toux sèche et quinteuse et finit toujours par l'*emphysème pulmonaire*.

Causes. — Les arrêts de transpiration, l'injection de boissons froides, l'action de liquide ou de gaz irri-tant sont les causes les plus ordinaires de cette ma-ladie.

Traitement. — Si la maladie est légère, les breu-

vages émollients suffisent. Mais si la fièvre est marquée, on fera bien de pratiquer une légère saignée,
puis le traitement se complétera de fumigations
émollientes. La gorge devra être tenue chaudement
à l'aide de bandages matelassés appliqués sous cette
région.

Si l'angine se présente sous forme suraiguë, on
devra appliquer autour de la gorge un emplâtre
vésicant.

2° PHARYNGITE. — Comme la précédente, cette
maladie est aiguë ou chronique.

La pharyngite aiguë débute par des frissons et un
léger mouvement fébrile ; puis la tête s'allonge sur
l'encolure et la déglutition devient difficile, en même
temps la bouche se remplit d'une abondante salive ;
quelquefois on constate le retour par les narines des
boissons ou de quelques parcelles de matières dégluties. La moindre pression de la gorge détermine une
vive douleur.

Au bout de deux ou trois jours, les naseaux laissent
écouler une matière muqueuse et purulente.

Tous ces symptômes s'amendent généralement du
quatrième au sixième jour et la maladie se termine
par résolution.

Quelquefois, pourtant, elle s'aggrave, la respiration
devient laborieuse et la suffocation imminente, des
abcès se forment tout autour de la gorge.

Elle peut, comme la précédente affection, se compliquer de gangrène.

A l'état chronique, la pharyngite se reconnaît à un

jetage muqueux, clair, strié de flocons blancs; à une gêne plus ou moins marquée de la déglutition, et dans quelques cas, à la formation d'abcès froids dans la région parotidienne.

Causes. — Les causes de cette maladie sont celles de la laryngite; dans quelques cas, elle peut être occasionnée par le passage dans le pharynx de corps étrangers, durs ou acérés.

Traitement. — Il est le même que celui de la laryngite.

B

BLEIME

Ce nom sert à désigner une contusion de la sole vers les talons, au point où le tissu feuilleté se replie sous la face plantaire du pied.

Il se produit alors une extravasion sanguine plus ou moins considérable, bientôt suivie d'une inflammation. Il se produit ensuite une résorption du liquide épanché et il ne reste plus que la matière colorante du sang qui donne une teinte d'un rose plus ou moins foncé aux parties cornées qui l'emprisonnent. C'est la bleime *sèche.*

Lorsque le sang épanché sous la corne se présente en assez grande abondance, on donne à cet état morbide le nom de bleime *foulée.*

Enfin, la bleime est dite *suppurée,* lorsqu'à la suite de l'intensité de l'inflammation il arrive à se former une petite quantité de pus.

Traitement. — On enlève le fer, on met le pied dans un cataplasme, puis on enlève la corne par amincissement sur toute l'étendue de la partie lésée; il ne reste plus qu'à y appliquer ensuite un pansement compressif que l'on maintient à l'aide d'un fer à planche.

Dans la bleime suppurée, il faut donner issue au pus, exciser les parties mortifiées puis faire un pansement à la térébenthine ou au goudron et appliquer un fer à planche.

BOITERIE

Le diagnostic des boiteries est souvent difficile à porter.

Quand un cheval boite, pour ainsi dire, d'une manière permanente, on peut souvent, au premier coup d'œil, reconnaître la cause de la boiterie, mais il n'en est pas toujours ainsi, surtout quand la boiterie est intermittente.

La boiterie n'étant qu'un accident symptomatique, nous en reparlerons en traitant des différentes maladies qui l'occasionnent.

Disons seulement ce qu'il faut faire en cas de boiterie subite :

On doit d'abord explorer le pied pour voir si des corps aigus ou tranchants, clous, cailloux, etc., ne s'y sont pas introduits. Si telle est la cause du mal, il faut enlever le corps étranger, déferrer s'il est nécessaire et mettre sur la plaie un peu d'étoupe avec de l'onguent de pied, puis laisser l'animal au repos pendant quelques jours.

Si l'on n'a rien trouvé d'apparent, on frappe assez fortement avec un marteau sur la tête de chaque clou pour s'assurer s'il n'existe dans le pied aucune sensibilité ; un mouvement brusque du cheval, décèle en pareil cas, la douleur. Le pied étant déferré, on répétera l'épreuve, en le pinçant au moyen des tricoises.

Lorsque la boiterie a son siége dans le pied, le trot sur une route pavée suffit à la révéler. On peut aussi faire marcher et trotter l'animal sur une couche de fumier, la boiterie, si elle provient d'un pied, cesse généralement en pareil cas, tandis qu'elle persiste si elle a pour siége une autre région du membre.

Si le mal est dans le pied, quelle que soit la cause déterminante, quelle que soit son intensité, il faut maintenir le pied déferré dans un cataplasme émollient, préparé avec de la farine de graine de lin, de seigle ou même avec de la bouse de vache.

Si le cheval souffre beaucoup, et s'il refuse toute nourriture, surtout s'il est jeune et ardent, il sera nécessaire de faire une saignée à l'ars.

Si l'examen attentif du pied n'a pu faire découvrir la cause du mal, il faut étudier avec soin toutes les régions des membranes antérieurs et postérieurs.

Le cheval qui boite de l'épaule, par suite d'un *écart* ou d'un *effort*, lève moins la tête, lors de poser la jambe malade. Celui qui boite par suite d'un *effort de la hanche* porte, au repos, le membre un peu en dehors ; au pas et au trot, il entame moins de terrain et ses mouvements s'exécutent avec plus de lenteur. *L'effort du boulet* est décelé par l'engorgement la chaleur et la sensibilité de cette région. Enfin dans la *luxation de la rotule*, le cheval traîne le membre malade, sans pouvoir le fléchir et le sabot ne se détache du sol qu'avec peine.

BRONCHITE

On désigne ainsi l'inflammation de la muqueuse des bronches.

Elle est *aiguë* ou *chronique*.

I. BRONCHITE AIGUE. — *Caractères*. — On constate au début une toux fréquente, forte, sèche et quinteuse, une respiration accélérée et entrecoupée comme dans la pousse, un pouls dur et fort, une injection plus ou moins vive des muqueuses apparentes. La plus légère pression du larynx détermine la toux qui devient de plus en plus pénible.

Un peu plus tard elle devient grasse, moins douloureuse et s'accompagne d'une expectoration glaireuse, chargée et blanchâtre.

Enfin le jetage devient moins abondant et moins épais, la toux moins pénible et moins fréquente ; la respiration est plus libre ; la fièvre tombe et l'animal revient à la santé.

Dans quelques cas, la maladie s'étend jusqu'aux poumons (V. *Pneumonie*).

Causes. — Les plus ordinaires sont les refroidissements qu'éprouvent les animaux au moment où les transpirations cutanées et pulmonaires sont en jeu.

Traitement. — Il est tout d'abord utile de tenir

l'animal dans une écurie chaude et de le bien envelopper de couvertures. Ensuite on le saigne légèrement et on lui administre quelque boisson chaude, sudorifique (tisane de bourrache, de sureau, de tilleul, etc.). — Si la bronchite est intense, appliquer des sinapismes et même des vésicatoires sous la poitrine, tandis qu'à l'intérieur on administre le sulfate de soude à la dose de 200 gr. par jour.

On peut également faire usage du breuvage ci-après :

Emétique.	4 grammes.
Poudre de digitale. . . .	2 —
Sel de nitre.	10 —
Décoction d'orge.	1,000 —

II. Bronchite chronique. — Elle fait suite le plus souvent à la bronchite aiguë.

Ccractères. — La respiration est accélérée; le jetage glaireux et intermittent se montre à chaque quinte de toux.

Toutes les apparences de la santé sont conservées; on ne constate guère qu'un léger amaigrissement. Pourtant, si elle est ancienne, on constate que la peau est moins souple et moins brillante et que l'animal est plus mou au travail.

Traitement. — A l'extérieur, employer les révulsifs énergiques, tels que les sétons et les vésicatoires; à l'intérieur, l'émétique à la dose de 5 à 20 grammes par jour. On a conseillé aussi l'électuaire simple additionné de 15 grammes d'essence de térébenthine.

Il faut aussi veiller sur la nourriture, qui doit être, autant que possible, hachée.

Dans certains cas, on a vu les progrès du mal s'enrayer sous l'influence de la tonte.

C

CHALEUR (*coup de*).

Cette maladie, qu'on appelle plus scientifiquement *Anhematosie*, n'est autre chose, comme l'a fait remarquer M. H. Bouley, qu'une asphyxie rapide.

Causes. — Celle que l'on observe pendant les grandes chaleurs, d'où son nom, est causée par la raréfaction de l'air, raréfaction provoquée par l'élévation de la température.

Caractères. — On voit tout à coup l'animal s'arrêter le regard anxieux, sa respiration est difficile, son pouls vite et dur; les naseaux se dilatent comme pour aspirer plus d'air; toutes les muqueuses apparentes sont d'un rouge violacé.

La respiration devient anxieuse de plus en plus; les flancs battent avec violence; l'animal menace à tout instant de tomber.

Traitement. — Il doit être prompt, on le comprend.

La saignée est le premier moyen qu'on doit mettre en pratique, puis les douches froides sur la tête et les frictions révulsives sur le dos, les reins et les membres.

COLIQUES

On désigne sous ce nom les mouvements désordonnés par lesquels le cheval trahit des douleurs qui
ont leur siége non-seulement dans le *colon*, mais
encore dans d'autres régions intestinales, et même
dans certains viscères abdominaux.

Le cheval frappe le sol du pied de devant, puis
regarde son flanc ; en même temps, sa physionomie
exprime une certaine anxiété.

Il se couche avec précaution en fléchissant d'abord
les membres de devant, s'étend ensuite doucement
sur le côté, se roule, se relève, trépigne, se recouche, etc.

Mais les coliques ne sont que les symptômes de
certaines affections (*congestion intestinale, indigestion,
entérite*, etc.), que nous décrivons plus loin.

CONGESTION CÉRÉBRALE (*V. Vertige*).

CONGESTION INTESTINALE

Cette maladie est caractérisée par l'accumulation
du sang dans l'intestin.

Caractères. — « Lorsque l'animal, après s'être
roulé plusieurs fois en tout sens et sans qu'on puisse
l'empêcher de se laisser choir à chaque instant, se
place sur le dos en équilibre, avec les quatre membres dirigés en haut et fléchis convulsivement, et
demeure un instant dans cette position ; lorsque avec
cela la peau des joues est plissée en travers, les mu-

queuses étant rouges, fortement injectées, le pouls fort et accéléré, les oreilles, le bout du nez, l'extrémité des membres froids, dans ce cas, les coliques étant continues, décèlent une *congestion intestinale* avec imminence d'hémorrhagie à la surface de la muqueuse de l'intestin (1) ».

Traitement. — Cette maladie étant très rapide dans sa marche, il faut se hâter d'y porter remède aussi vite que possible.

Il faut immédiatement pratiquer une large saignée, saignée qui varie de 6, 8, 10 kilos, suivant la race, la taille et la force des animaux; ensuite, faire à la peau des frictions énergiquement révulsives.

Nous devons dire, pour être vrai, que ces moyens curatifs échouent dans bien des cas.

CONGESTION PULMONAIRE (Voir *Pneumonie*).

CORNAGE

On désigne ainsi un vice de respiration qui se manifeste par une sorte de sifflement qu'on peut comparer à celui qu'on fait entendre en soufflant dans une corne.

C'est généralement le symptôme d'une lésion de quelque point de l'appareil respiratoire; mais souvent il est impossible de déterminer la nature et le siége de ce bruit anormal, et le cheval *cornard*, pour employer le mot consacré, a toutes les apparences de la plus parfaite santé.

(1) A. SANSON, *Notions usuelles de médecine vétérinaire.*

Le cornage ne se reconnaît même que lorsque le cheval a été mis en haleine par la rapidité, et souvent même après une course prolongée. Il faut cependant distinguer du cornage chronique le cornage accidentel, qui peut provenir d'un défaut dans le harnachement, d'une pression prolongée exercée sur la gorge; ce dernier disparaît avec la cause qui l'a produit. L'autre, au contraire, est incurable, et si quelques animaux peuvent être quand même utilement employés qui ne sont astreints qu'à un travail exigeant peu de force et de vitesse, il est à craindre que la respiration venant à manquer, l'animal ne tombe subitement asphyxié.

Le cornage est rangé au nombre des VICES RÉDHIBITOIRES.

CORYZA

Ce nom sert à désigner l'inflammation de la membrane muqueuse des fosses nasales.

Caractères. — Un certain malaise accompagné d'éternuements et d'ébrouement plus ou moins fréquemment répétés sont les symptômes par lesquels cette maladie décèle au début son apparition. Un peu plus tard, on voit apparaître un écoulement abondant tantôt à l'une, tantôt aux deux narines. Cet écoulement, qui commence par être clair et limpide, ne tarde pas à devenir épais et jaunâtre.

Cette maladie est généralement bénigne; il peut arriver pourtant qu'elle passe à l'état chronique. Elle s'augmente alors d'une inflammation du larynx, quelquefois même du poumon.

Causes. — L'insolation suivie d'une exposition au froid, la suspension trop rapide de la transpiration de la peau sont les causes les plus communes du coryza.

Traitement. — Maintenir l'animal dans une écurie suffisamment chaude et employer les fumigations émollientes et aromatiques. Si ces simples moyens ne suffisent pas, faire usage de la *Poudre à priser* :

Calomel. . . . . 1 gr. 30 centigr.
Oxyde de mercure   60   —
Sucre pulvérisé . . . . . . 16 gr. »   —

CRAPAUD

C'est le nom qu'on donne à une maladie du pied dont le siége se trouve dans la partie de cet organe qui sécrète la corne.

Caractères. — Elle se manifeste par un suintement d'une odeur infecte qu'on aperçoit d'abord dans la lacune médiane de la fourchette, puis bientôt envahit les arcs-boutants, et enfin la sole tout entière qu'il désorganise. Celle-ci prend alors un aspect caséux au milieu de laquelle se voient de petits îlots de corne en voie de désagrégation qui représentent comme des petits pinceaux. Ces altérations de la corne s'accentuent au fur et à mesure que le mal fait des progrès et donnent lieu bientôt à une complète déformation du pied qui s'élargit démesurément. Enfin, la désorganisation peut arriver par reptation jusqu'à la paroi qui finit par se désagréger.

Ce qui rend cette affection difficile à guérir, c'est qu'avant d'éclater et de mettre le cheval hors de service, elle couve longtemps, faisant longtemps des progrès inaperçus sans faire boiter le cheval.

On comprend combien il est nécessaire de visiter souvent les pieds des chevaux dès qu'on voit quelque gêne dans leurs allures.

Causes. — Le fumier humide des écuries mal tenues, la boue âcre des routes ou des rues sont les causes les plus communes du crapaud.

Traitement. — Les animaux doivent être tenus dans une écurie saine et la litière doit être sèche et fréquemment renouvelée.

Dès qu'on s'aperçoit de l'apparition des productions cornées, il faut les détacher sans les faire saigner, puis les panser avec la pâte de Plasse :

Alun calciné en poudre fine. . 100 gr.
Acide sulfurique. . . . . 9 gr.

faire une pâte et l'appliquer à l'aide d'une spatule en bois.

On applique ensuite sous ce pied un fer très dégagé.

On aura soin de renouveler les pansements aussi fréquemment que possible et de purger l'animal de temps en temps.

CREVASSES

Ce sont des fistules qui surviennent à la peau du paturon.

Traitement. — Appliquer l'onguent suivant :

Essence de térébenthine. . . . . . . 15 gr.

Acide sulfurique. . . . . 4 »

Huile de laurier. . . . . 90 »

Mêler lentement les liquides et ajouter l'huile.

D

DIARRHÉE

La diarrhée est caractérisée par des évacuations alvines abondantes et nombreuses accompagnées de quelques douleurs dans le ventre, avec gonflement et tension, phénomènes fébriles, dégoût, perte d'appétit et faiblesse proportionnée à la quantité des matières rejetées.

Elle est toujours le symptôme d'une autre maladie.

Quand elle tient à une légère irritation du tube digestif, elle ne dure que quelques jours ; mais quelquefois elle accompagne des affections graves de quelques organes éloignés du tube digestif.

Traitement. — Lorsqu'elle est légère, quelques soins hygiéniques en triomphent facilement ; si elle est intense, elle réclame alors des soins spéciaux en même temps que la maladie dont elle est le symptôme (Voir *Entérite*).

DYSSENTERIE

Cette maladie s'exprime par un besoin répété

de rejeter des matières alvines muqueuses souvent striées de sang.

Elle est sporadique ou épizootique.

Sporadique, elle est peu grave, car elle n'est souvent qu'une complication de l'entérite diarrhéique.

Epizootique, elle se montre toujours avec une intensité de symptômes remarquable.

Quand elle est légère, la dyssenterie donne lieu à des coliques que la pression n'augmente pas. Continues ou fugaces, ces douleurs vont se concentrant surtout vers l'anus, où elles provoquent de la douleur. Il se produit en cette région une sensation qui amène, à tout instant, de nouveaux efforts expulsifs.

En même temps, la fièvre est intense et la soif très vive. La langue se recouvre d'un enduit brunâtre ; la physionomie est anxieuse, la peau sèche et la prostration excessive.

Traitement — Faire séjourner le malade dans une écurie chaude, le mettre à la demi-diète en ne lui donnant que quelques barbotages. On peut, en outre, faire des fumigations sous le ventre et appliquer des cataplasmes sur les reins. Si le sujet est ardent et vigoureux et la fièvre très intense, on doit pratiquer une légère saignée.

On tire de très bons effets de l'emploi du sulfate de soude à la dose de 100 à 200 gr.

Quelques praticiens emploient le breuvage suivant :

    Racine de bistorte . . . . 100 gr.
    Mélasse . . . . 150 »
    Eau de Rabel . . . .   15 »

Faire boullir, passer et administrer en deux fois, matin et soir.

E

EAUX AUX JAMBES

Cette maladie consiste en un suintement séreux, d'odeur fétide, à la suite duquel les jambes du cheval s'engorgent et prennent parfois un volume considérable.

Caractères. — On constate au début un léger engorgement du boulet et de la couronne plus ou moins sensible, quelquefois tout à fait indolent. Bientôt les poils hérissés laissent apercevoir un suintement d'abord séreux, ensuite plus épais mais toujours d'une odeur repoussante. La peau s'épaissit, durcit, se crevasse et se couvre de petits mamelons qui végètent, se rapprochent et laissent voir dans leurs intervalles les poils réunis en pinceaux.

A une période plus avancée, la maladie remontant envahit le membre jusqu'au genou et au jarret.

Cette maladie peut se montrer sur un ou plusieurs membres, mais surtout sur les postérieurs.

Causes. — Les chevaux de race commune, nourris une partie de l'année au pâturage dans des prés marécageux, y sont particulièrement exposés ; mais il est à remarquer qu'elles se montrent plutôt chez les juments et les chevaux hongres que chez les chevaux entiers. On l'a observée sur certaines races pendant l'acclimatation. C'est ainsi qu'on a remarqué, à l'époque où la plupart de nos chevaux d'attelage étaient tirés du Danemark, du Holstein et du Mecklembourg, que les animaux importés se trouvaient presque toujours atteints de cette affection pendant la première année de leur séjour en France.

Traitement. — Tout à fait au début, quand commencent l'inflammation et le premier suintement séreux, les bains émollients, combinés avec les purgatifs et les diurétiques, suffisent pour enrayer le mal.

Si le mal est plus intense, faire usage intérieurement de la mixture suivante (*Mixture* de Laufranc) :

```
Vin blanc. . . . . . . . . . . . . . . .   500 gr.
Eau de plantin . . . . . . . . . . . .   200  »
Orpiment. . . . . . . . . . . . . . . .     8  »
Verdet . . . . . . . . . . . . . . . .      4  »
Myrrhe et aloès . . . . . . . . . . .       3  »
```

Réduisez en poudre fine les substances solides, mêlez avec les liquides et agitez fortement avant de vous en servir.

A l'intérieur, administrer des poudres toniques : quinquina, gentiane, etc.

Si la maladie est ancienne et si les végétations ont acquis un trop grand développement, il faut recourir aux exutoires (sétons aux deux fesses), inciser les végétations et employer la poudre ci-après :

```
Acide arsénieux . . . . . . . . . . . .    2 gr.
Bisulfure de mercure . . . . . . . .      30  »
Sang-dragon. . . . . . . . . . . . . .    15  »
```

On mélange ces substances et on en saupoudre les excoriations.

Inutile d'ajouter qu'il est nécessaire de compléter ces divers traitements par une bonne hygiène et de ne soumettre les animaux qu'à un travail léger, en évitant avec le plus grand soin les terrains humides et boueux.

ECHAUBOULURE

Ce nom sert à désigner une congestion de la peau, assez fréquente pendant les fortes chaleurs.

On voit alors se produire à la surface de la peau, en plus ou moins grand nombre, de petites tumeurs disséminées, du volume d'une noisette. Cette éruption s'accompagne d'une légère fièvre.

Traitement. — Si l'animal est jeune et fort, on le saigne légèrement ; dans tous les cas, on a recours aux boissons rafraîchissantes additionnées de sel de nitre, aux lotions d'eau vinaigrée sur les tumeurs, aux bains de rivières et aux purgatifs salins (sulfate de soude).

ENTÉRITE

C'est l'inflammation de la muqueuse de l'intestin.

On distingue parmi les formes les plus ordinaires de cette maladie :

1º *L'entérite aiguë simple ;*

2º *L'entérite suraiguë ;*

3º *L'entérite chronique ;*

4º *L'entérite diarrhéique. (V. diarrhée.)*

5º *L'entérite dyssentérique. (V. dyssenterie.)*

Nous ne décrirons ici que les trois premières formes et laisserons de côté ces complications qu'on appelle *entérite gangréneuse, entérite couenneuse*, etc.

1° *L'entérite aiguë simple.* — L'animal est triste et semble pris d'une soif ardente ; bientôt surviennent des coliques légères. Les reins restent inflexibles, la bouche est chaude, la langue sèche et chargée d'un enduit brun, noirâtre sur sa face supérieure ; les oreilles sont alternativement chaudes et froides, le ventre est resserré, dur, tendu et sensible à la pression, le flanc est cordé, la respiration est tantôt normale, tantôt accélérée ; de même le pouls est tantôt calme, tantôt vite ; on observe des alternatives de constipation et de diarrhée, les crottins sont souvent *coiffés*, c'est-à-dire recouverts d'une pellicule muqueuse.

Traitement. — Si l'entérite est légère, une petite saignée et quelques lavements émollients suffisent à l'enrayer ; si elle est plus grave, mettre l'animal à la diète et recourir aux émissions sanguines et répétées ; administrer le sulfate de soude en breuvages et en lavements.

Causes. — Les refroidissements, les arrêts de transpiration, une nourriture échauffante, sont les causes les plus ordinaires de cette maladie.

2° *L'entérite suraiguë.* — On la désigne encore sous le nom de *tranchées rouges, entérorrhagie, coliques sanguines.*

Celle-ci, que l'on rencontre assez communément, est d'une excessive gravité.

Elle se décèle par les symptômes suivants : La face est grippée et exprime une anxiété extrême, les coliques se manifestent avec violence, les yeux largement ouverts, saillent de l'orbite ; le pouls est large et plein, le corps se couvre de sueur. (Voir *Congestion intestinale*.)

3° *L'entérite chronique*. — L'animal a l'appétit capricieux, il devient plus mou, maigrit ; le poil se ternit, se *pique* comme on dit.

De temps en temps on constate quelques coliques suivies de météorisation.

Les muqueuses pâlissent et prennent une teinte d'un gris plombé, et l'animal tombe dans un état complet de marasme.

Traitement. — Il est nécessaire d'entourer le malade des meilleurs soins hygiéniques. On ne lui donnera que des fourrages hachés, des maïs, des provendes nutritives et toniques, des électuaires d'extrait de gentiane ou de genièvre.

ÉPILEPSIE

Cette maladie, plus connue sous le nom de *mal caduc*, est une affection cérébro-spinale dont la manifestation n'a lieu que d'une manière intermittente.

Caractères. — Au moment ou les accès se produisent, le malade est en proie à des mouvements convulsifs plus ou moins violents, et pendant que dure la crise on constate une abolition complète des sens et de l'intelligence.

Cette maladie est rare chez le cheval.

Jurisprudence. — L'épilepsie fait partie des vices rédhibitoires. « La loi, dit le professeur Lafosse, ayant accordé à l'acquéreur trente jours de garantie, a implicitement admis que chaque accès devait se manifester dans ce délai, en conséquence, au point de vue de la justice, l'expertise doit, quant à sa durée, être renfermée dans les mêmes limites que le délai de garantie. »

C'est-à-dire que si trente jours après le commencement de l'expertise l'épilepsie ne s'est pas montrée, l'expert doit se résigner à déclarer qu'elle n'a pu être constatée.

Causes. — On ne connaît guère les causes de cette maladie. On sait seulement qu'elle est souvent occasionnée par des vers.

ENCHEVÊTRURE

On désigne sous ce nom les blessures faites au paturon par l'effet de la longe dans laquelle s'embarrasse le cheval qui, impatienté, se débat plus ou moins violemment, en sorte que la longe tendue produit par le frottement les écorchures ou les plaies dont il vient d'être question.

Traitement. — Si l'excoriation est légère, les irrigations d'eau froide suffisent. On peut encore employer la pommade au goudron ou l'onguent de populeum saturné.

Si la plaie est plus considérable, faire usage de la pommade suivante :

Axonge . . . .   250 gr.
Egyptiac.. . . . .   100 —
Extrait de belladone . . . . . .   15 —

Mêlez.

EXOSTOSES

On réserve généralement ce nom aux tumeurs osseuses des membres, tumeurs auxquelles on donne un nom particulier suivant le siége qu'elles occupent.

On désigne sous le nom de *courbe* une tumeur oblongue située en dedans du jarret sur l'extrémité inférieure et interne du tibia.

On appelle *jarde* ou *jardon* celle qui se développe à la partie latérale externe du jarret sur la partie supério-postérieure de l'os du canon.

On donne le nom *d'éparvin* à celle qui occupe la face interne du jarret et enfin de *suros* à celles qui se développent sur les canons.

Traitement. — Au début, on peut enrayer le développement et même dissoudre complètement ces diverses tumeurs osseuses par les applications d'onguents fondants ou vésicants: pommade mercurielle double, pommade de deuto-iodure de mercure.

On a préconisé également l'onguent suivant :

Acide arsénium pulv. . . . . .   130 centig.
Axonge . . . .   15 gr.

Frictionner la tumeur tous les trois jours.

Les exostoses anciennes doivent être combattues par la cautérisation actuelle.

Caractères. — Cette maladie, qui se montre par accès, présente les caractères suivants:

Au début, on constate tous les symptômes d'une ophthalmie simple; à une période plus avancée, on voit flotter dans la chambre antérieure de l'œil de petits flocons d'un jaune verdâtre, souvent striés de rouge; la cornée transparente est terne, la pupille contractée.

A cette période, il survient toujours un temps d'arrêt plus ou moins long dans le travail inflammatoire.

Survient ensuite la troisième période qui s'accuse par la dissolution dans l'humeur aqueuse des dépôts floconneux et l'œil reprend sa transparence.

Les accès reviennent ensuite à des intervalles plus ou moins éloignés, et chaque fois après leur disparition laissent dans les yeux des changements de formes qui, à la longue, entraînent la perte de la vue. C'est la fin du mal.

Jurisprudence. — Cette maladie compte au nombre des vices rédhibitoires. Le délai de la garantie est de trente jours.

Les signes qui permettent à l'expert de conclure à la périodicité de l'ophthalmie sont les suivants: 1° diminution du volume du globe de l'œil, qui s'enfonce dans l'orbite; 2° plissement de la paupière supérieure qui, au lieu de s'arrondir en arc de cercle régulier, semble comme cassée; 3° opacité de la cornée et contraction de la pupille; 4° opacité du cristallin.

Causes. — Cette affection, qui est héréditaire, reconnaît pour cause le séjour des animaux dans les pâturages bas et humides.

Traitement. — Le seul qui ait réussi à enrayer le mal est l'émigration.

FLUXION DE POITRINE (*V. Pneumonie*).

FOURBURE

La fourbure est l'inflammation générale du tissu réticulaire du pied.

Caractères. — Le pied douloureux ne se pose à plat qu'avec difficulté ; l'animal s'efforce de ne s'appuyer que sur le talon pour soustraire la pince à toute pression.

Cette douleur et cette gêne dans le poser du pied peut durer un temps plus ou moins long. L'animal évite les corps durs, tellement la plus légère compression provoque de la douleur.

Cette douleur s'explique par l'engorgement des vaisseaux du tissu réticulaire qui compriment les parties molles ; de là les désordres, les changements de formes qui surviennent dans la corne du sabot.

La fourbure peut envahir soit les deux pieds antérieurs, soit les deux postérieurs, soit les quatre à la fois.

Quand ce sont les pieds antérieurs qui sont atteints, les pieds postérieurs sont fortement engagés sous le corps ; l'animal paraît assis. Si ce sont, au contraire, les pieds postérieurs qui sont congestionnés, l'animal engage ceux du devant sous le corps pour leur faire supporter le plus de poids possible. Si, enfin, le cheval est fourbu des quatre pieds, tout déplacement devient impossible.

Causes. — La fatigue, un régime trop échauffant ou trop substantiel sont les causes qui, le plus souvent, déterminent la fourbure.

Traitement. — Une forte saignée à la jugulaire doit être immédiatement pratiquée; on pourra ensuite ajouter quelques saignées en pince. Les bains de pied de rivière, les cataplasmes de terre glaise fréquemment arrosés d'eau froide, les frictions irritantes sur les membres, sont des moyens qu'on doit mettre en usage en les accompagnant de purgations et de boissons diurétiques.

G

GALE

On a longtemps confondu la gale avec des maladies de la peau n'ayant aucun rapport avec elles, telles que les *dartres*, l'*eczéma*, etc.

La gale est une maladie due à des animalcules microscopiques appartenant à la classe des arachnides et désignés sous le nom d'acares.

De là indication de tuer immédiatement les parasites pour faire disparaître la maladie.

Traitement. — Si l'affection est récente et circonscrite, il suffit le plus souvent d'un traitement local pour la guérir; mais, si le mal est ancien, s'il a envahi l'organisme et altéré la constitution des animaux, il devient, dans ce cas, nécessaire de faire intervenir la médication interne. Le goudron, l'huile de cade, les lotions d'eau phéniquée, la pommade soufrée, sont des moyens qui réussissent assez bien à l'extérieur, mais il est indispensable, avant de s'en servir, de préparer la peau à les recevoir en la nettoyant convenablement par des lotions savonneuses ; l'administration des toniques à l'intérieur complétera le traitement.

GASTRITE

On donne ce nom à l'inflammation de la membrane muqueuse de l'estomac.

La gastrite est *aiguë* ou *chronique*.

GASTRITE AIGUË. — Elle s'accuse au début par de la tristesse, du dégoût pour les aliments et une soif excessivement vive ; la langue, rouge sur les bords, est revêtue d'un enduit pelliculaire blanchâtre, la bouche est chaude, les reins sont inflexibles. Dès que l'animal a ingéré quelque chose, il est inquiet, agité, tremblant ; la conjonctive est d'un rouge jaunâtre ; le pouls est petit et mou.

Causes. — Elles sont les mêmes que celles qui amènent l'inflammation intestinale (V. *Entérite*), à laquelle elle est toujours liée intimement.

Traitement. — Il est le même que celui de l'entérite.

GASTRITE CHRONIQUE (V. *Entérite chronique*).

GOURME

Cette maladie est propre aux jeunes chevaux.

On la considère aujourd'hui comme une maladie infectueuse, variable dans ses effets, mais toujours la même dans sa nature.

Caractères. — La forme sous laquelle elle se produit le plus généralement est la forme catarrhale avec accompagnement d'une tuméfaction des ganglions lymphatiques de l'auge. Ceux-ci sont chauds et douloureux, et l'inflammation se transmettant à tout le tissu conjonctif environnant, l'espace inter-maxillaire ne tarde pas à être complètement envahi.

En même temps, l'animal présente aux naseaux un jetage abondant et constitué par une matière muco-purulente bien liée. On entend une toux grasse, fréquente.

Cette maladie est d'ordinaire assez bénigne ; elle ne revêt un caractère plus grave que chez les chevaux plus avancés en âge.

Cependant il peut arriver que l'inflammation des premières voies respiratoires se complique d'angine, de bronchite et même de pneumonie.

On a constaté, dans certains cas, des ophthalmies purulentes.

Et puis, il peut arriver que les abcès, au lieu de rester circonscrits dans la région sous-maxillaire, s'étendent aux parotides et jusqu'aux lèvres.

Si la gourme n'offre aucun danger quand elle suit un cours normal ; si même elle peut être, en quelque sorte, considérée comme une affection salutaire, on doit tout craindre de ses irrégularités, car elles peuvent être suivies de maladies secondaires ou chroniques et même se terminer par la mort.

Causes. — On peut dire que la disposition à cette maladie spécifique est innée chez le cheval.

Les circonstances qui provoquent son éclosion sont: les changements de régime, l'évolution dentaire, l'émigration, etc.

Il est encore une cause qu'il ne faut pas perdre de vue, c'est la contagion qui s'exerce non-seulement sur les jeunes chevaux, mais encore sur les vieux.

Traitement. — On peut saigner l'animal légèrement tout à fait au début du mal. Mais il importe surtout de l'astreindre à une bonne hygiène : telle qu'une écurie bien chauffée, une nourriture peu abondante et rafraîchissante, des boissons adoucissantes, etc.

Si la respiration est difficile, on doit appliquer des vésicatoires sous la gorge.

Quant aux abcès de la ganache, on facilite leur maturité par des embrocations de pommade de peuplier et l'application d'une peau de mouton sous la gorge.

On a préconisé contre la gourme avec sécrétion abondante de mucosités la poudre ci-après :

Sulfure noir d'antimoine . . . . 180 gr.
Poudres de baies de genièvre et d'anis.   90 gr.
Mêlez.

H

HERNIES

Le traitement des hernies appartient exclusivement au vétérinaire.

Dans le cas de hernies inguinales, quand le taxis ne réussit pas, il faut débrider l'anneau inguinal et pratiquer la castration en ayant soin de recourir en même temps aux inhalations d'éther.

HÉMORRHAGIES

On combat les hémorrhagies internes par les boissons froides, acidulées, astringentes, par l'eau de Rabel et le perchlorure de fer.

Les compresses imbibées de perchlorure de fer, la cautérisation au fer rouge suffisent souvent pour arrêter les hémorrhagies superficielles.

Si de gros vaisseaux sont ouverts, tamponner ou essayer la ligature.

I

INDIGESTION

Cette maladie est toujours grave chez le cheval.

Caractères. — La bête est abattue, triste, s'éloigne de la mangeoire, refusant tout aliment et toute boisson. Puis, on la voit frapper du pied avec impatience, se camper en vain pour uriner, voûter inutilement les reins pour expulser des féces, se coucher,

BOUILLON BLANC

se relever, étendre la tête sur le cou, mouvement généralement suivi d'un bâillement.

Cet état peut s'aggraver, et l'indigestion se complique soit d'une congestion (v. *Congestion intestinale*), soit de vertige (v. ce mot).

Si les douleurs se prolongent, elles arrivent à un tel degré d'exagération que l'animal en vient à perdre tout instinct de conservation ; il se laisse tomber comme une masse, se relève et retombe immédiatement. Ces chutes, qu'il faut toujours éviter, peuvent déterminer la rupture de l'estomac.

Il survient souvent, dans le cours de l'indigestion, une tympanite plus ou moins accusée. Le cœcum rempli de gaz vient gonfler démesurément le flanc droit. On doit pratiquer la ponction à l'aide du trocart.

Traitement. — Il faut, sans tarder, frictionner le cheval avec de l'essence de térébenthine ou du vinaigre chaud ; le promener ensuite pour éviter des chutes ; stimuler l'estomac avec l'infusion suivante :

> Infusion aromatique. }
> Vin chaud. . . . . . } 500 gr.

Ponctionner le cœcum, s'il y a lieu, et administrer des lavements.

Quelques praticiens emploient le breuvage ci-après :

> Savon gris. . . . . 200 gr.
> Infusion de sauge. . . . . . 2,000 gr.

A prendre en deux fois.

J

JAVART

C'est ainsi qu'on désigne l'inflammation des cartilages latéraux de l'os du pied.

Cette inflammation s'accompagne souvent d'un ramollissement qui gagne la couronne au sein de laquelle s'établit une suppuration qui en se faisant jour donne naissance à une fistule au fond de laquelle se trouve l'ulcération du cartilage.

C'est le javart cartilagineux.

Symptômes. — Au début on constate que la couronne est dure et tuméfiée; le poil qui la recouvre se housse et laisse apercevoir quelques ouvertures par lesquelles s'échappe un pus fétide, contenant parfois quelques débris de tissus cartilagineux.

Lorsque le mal n'est pas très avancé, et lorsque les ulcérations n'ont pas encore détruit la substance du cartilage, on peut encore sentir celui-ci à l'aide de la sonde, mais si le mal est ancien, la sonde arrive généralement jusqu'à l'os.

Causes. — Les atteintes, les bleimes suppurées qu'on a négligé de traiter, les contusions, sont les causes les plus générales de cette maladie du pied.

Traitement. — Le traitement varie suivant que le javart n'est que superficiel, c'est-à-dire *cutané* ou *tendineux*, ou suivant qu'il est profond, c'est-à-dire *cartilagineux* ou *encorné*.

Si le mal est peu intense, on emploie les bains et les cataplasmes d'une manière continue. Si les douleurs paraissent violentes, on débride immédiatement pour donner issue au pus, et faciliter l'élimination des parties mortifiées, afin de prévenir la gangrène et le décollement de la peau.

On panse ensuite avec le basilicum ou l'onguent digestif.

Si le javart est cartilagineux, l'opération devient alors nécessaire.

Cette opération, qui est du ressort de l'homme spécial, consiste dans l'*excision* du cartilage et ensuite dans l'emploi d'injections particulières. Ce sont les injections de liqueur de Villate, qui comptent déjà de nombreux succès, auxquelles on doit donner la préférence.

M

MALANDRES

Ce sont des crevasses qui se produisent dans le pli du paturon des membres antérieurs. On désigne sous le nom de *solandres* celles qui affectent les membres postérieurs.

Traitement. — Tenir la région aussi proprement que possible et faire des applications de l'onguent suivant :

Essence de térébenthine.	25 gr.
Acide sulfurique.	4 »
Huile de laurier	80 »

Mêler d'abord l'acide et l'essence, puis ajouter l'huile.

On peut encore faire usage de cette lotion :

Sulfate de cuivre . . . . 60 gr.
Alun . . . . 80 »
Acide nitrique . . . . 40 »
Eau . . . . 30 »

Appliquer tous les jours sur la partie malade.

MAL DE GARROT

C'est le nom qu'on donne à une meurtrissure produite sur le garrot par une contusion ou la compression plus ou moins prolongée de la selle.

Traitement. — Au début lotionner la partie tuméfiée avec de l'eau très fraîche, fréquemment renouvelée. Si le mal est plus ancien et qu'il y ait production de pus, faciliter, par tous les moyens possibles, son écoulement en débridant largement la partie malade et en la traversant d'une mèche enduite d'onguent basilicum.

A chaque pansement déterger avec des injections de vin aromatique.

MAL DE TAUPE

Analogue à la précédente, cette affection a son siége entre les deux oreilles ou sur l'un des deux côtés de la nuque du cheval.

Traitement. — Le traitement à y opposer est le même que dans le mal de garrot.

MORVE

Encore connue sous le nom d'affection *farcino-mor-veuse*, la morve est une maladie générale, spécifique et remarquablement contagieuse par contact et par inoculation.

Cette maladie, qui revêt deux formes parfaitement caractérisées, prend le nom de farcin quand elle se décèle par des lésions apparentes portant principalement sur tout le système lymphatique. C'est la morve quand elle s'attaque aux muqueuses respiratoires et à l'organe pulmonaire.

Caractères. — La morve, qu'on pourrait de prime-abord confondre avec la gourme, se caractérise le plus généralement par un écoulement séreux qui s'échappe d'un naseau, plus rarement des deux, écoulement qui devient épais, verdâtre, purulent et adhère aux ailes autour desquelles il se concrète, par une tuméfaction de l'auge du côté par où l'écoulement nasal a lieu ; l'œil de ce côté est chassieux. Cette tuméfaction de l'auge est occasionnée par l'engorgement des ganglions qui constituent alors des tumeurs ovales, dures, indolentes, plus ou moins volumineuses, appliquées sur l'une des branches du maxillaire auquel elles paraissent adhérer.

A un degré plus avancé, la muqueuse pituitaire, blafarde et pâle, laisse apercevoir quelques érosions.

Enfin on constate sur la cloison nasale de petites vésicules contenant une sérosité jaunâtre qui laissent après elles de petites ulcérations appelées *chancres*.

La marche du mal est plus ou moins lente ; elle peut durer plusieurs mois. Parfois elle subit des temps d'arrêt : le jetage cesse, l'engorgement ganglionnaire semble se fondre, puis réapparaît une nouvelle poussée plus intense que celle qui a précédé.

Causes. — Cette affection, nous l'avons dit, est remarquablement contagieuse. Elle naît spontanément, et les causes qui la provoquent, bien que douteuses, sont généralement celles qui sont susceptibles de débiliter l'organisme, telles sont : la mauvaise nourriture, les logements insalubres, les fatigues excessives, etc.

Traitement. — La morve étant jusqu'à ce jour considérée comme incurable, il faut abattre immédiatement tout animal atteint de ce mal afin d'éviter la contagion, qui peut atteindre non-seulement le cheval, mais l'homme lui-même.

Mesures de police sanitaire. — On doit, lorsqu'une écurie a été habitée par un cheval morveux, la désinfecter immédiatement en lavant les murs, les râteliers, les bat-flancs, etc., avec de l'eau phéniquée. Ensuite on la blanchira à la chaux.

N

NERF-FÉRURE

La maladie qu'on désigne sous ce nom résulte d'une contusion sur le tendon fléchisseur du membre antérieur. Bientôt ce tendon s'engorge ainsi que les parties voisines et la boiterie survient.

Traitement. — Application de pommades résolutives et, en dernier lieu, cautérisation par le feu.

P

PNEUMONIE

Cette maladie, encore appelée *fluxion de poitrine*, est l'inflammation des poumons.

Caractères. — L'animal, triste, porte la tête basse. La bouche est sèche et chaude, les muqueuses des naseaux sont rouges, celle de l'œil est rouge, gonflée, et présente une petite teinte ictérique. Les flancs battent avec précipitation, un écoulement muqueux s'échappe des narines. Le cheval fait entendre une toux sèche.

Vers le quatrième ou le cinquième jour, ces symptômes s'aggravent, l'écoulement du nez devient plus épais et sanguinolent ; on dit qu'il est *rouillé* ; la toux devient plus grasse et s'accompagne d'expectoration ; puis surviennent des sueurs, de la diarrhée, le mal vient alors à résipiscence.

Mais il n'en est pas toujours ainsi : si le pouls devient plus faible, la respiration plus difficile, l'air expiré fétide, il est à craindre qu'il ne se forme des abcès dans le poumon.

Dans certains cas, le mal se termine par la gangrène.

Traitement. — Dès qu'on s'aperçoit que l'animal

est malade, on doit le tenir à l'écurie et le bien couvrir.

Ensuite on fait une saignée plus ou moins copieuse suivant la taille ou l'âge de l'animal, on applique un sinapisme sur la poitrine, un séton au poitrail.

A l'intérieur, on administre l'émétique à la dose 8 à 10 gr. par jour.

Certains auteurs préconisent l'électuaire suivant :

```
Calomel . . . . . . . . . . . . . . . . . . . . 8 gr.
Poudre de jusquiame. . . . . . . . . . . 60  »
Poudre de guimauve. . . . . . . . . . . 30  »
Miel. . . . . . . . . . . . . . . . . . . . . . . 9  »
```

PLEURÉSIE

C'est l'inflammation de l'enveloppe séreuse qui tapisse le thorax et enveloppe le poumon.

Cette maladie, que l'on peut confondre avec la précédente, s'en distingue par une plus grande gêne de la respiration et une plus grande violence de la douleur des parois thoraciques.

Traitement. — Son traitement est à peu près le même que celui de la pneumonie.

On a constaté, outre l'emploi des purgatifs drastiques, celui de l'essence de térébenthine.

POUSSE

La pousse, qui peut être le symptôme ou plutôt l'expression de plusieurs maladies des voies respiratoires, se traduit par un embarras de la respiration qui présente un caractère tout spécial et varie suivant l'intensité du mal.

Tantôt les phénomènes sont peu sensibles au repos et il est nécessaire pour les déceler de mettre l'animal en mouvement, tantôt — rarement, il est vrai — ils disparaissent avec l'exercice.

L'écartement des naseaux, le soulèvement des côtes, la secousse imprimée au flanc, désignée sous le nom de *coup de fouet*, sont les signes les plus ordinaires de ce mal.

Mais le symptôme caractéristique, celui sur lequel pour ainsi dire, s'appuie le vétérinaire nommé expert, c'est le mode suivant lequel se fait l'expiration qui se partage en deux temps bien marqués.

En outre, on constate une toux sèche et profonde, que l'on peut faire naître à volonté en comprimant la gorge.

Traitement. — On emploie généralement avec succès l'acide arsénieux en poudre, à la dose de 50 centigrammes qu'on peut augmenter progressivement jusqu'à celle de 2 gr.

T

TÉTANOS

Cette maladie, qu'on connaît encore sous le nom de *Mal de cerf,* est due à une contraction spasmodique des muscles.

C'est surtout les muscles de l'encolure et des mâchoires qui sont, chez le cheval, le siége de cette contracture.

Caractères. — Le malade prend alors une physionomie caractéristique : il tient la tête tendue sur l'encolure, qui, elle, est souvent repliée en arrière ; les mâchoires fortement contractées ne peuvent, même avec les efforts les plus énergiques, être séparées l'une de l'autre. Les paupières sont tantôt raides et tantôt tremblotantes et ne laissent entrevoir que le blanc de l'œil ; les narines sont dilatées et raidies ; les flancs battent ; la queue est élevée et immobile, les extrémités sont raides et écartées, on dirait que l'animal est porté sur quatre poteaux. Ce n'est qu'avec difficulté qu'il peut se mouvoir, qu'avec difficulté qu'il peut saisir ses aliments.

À une période plus avancée du mal il lui est impossible de se bouger, impossible de manger, le mal a gagné tout le système musculaire et le cheval succombe.

Causes. — Les causes qui provoquent le tétanos sont de deux sortes :

Les unes dépendent d'une cause topique telle que piqûre, coupure, etc. C'est le tétanos *traumatique*, les autres, d'une cause générale, un refroidissement, par exemple, c'est le tétanos *idiopathique*.

Traitement. — Cette maladie est incurable le plus souvent.

On peut dire qu'on a essayé, pour la combattre, tous les médicaments.

Ce qui a le mieux réussi, ce sont les inhalations d'éther soutenues de manière à faire tomber le malade dans une demi-anesthésie de plusieurs heures. Le professeur Lafosse conseille d'employer les petites saignées répétées, de larges vésicatoires appliqués le long de la colonne dorso-lombaire, des applications de pommade de cyanure de potassium sur les muscles des joues (Mayeters) et le cyanure en poudre sur la langue. Il conseille, en outre, de tenir les malades aussi chaudement que possible, de les envelopper dans des couvertures de laine, et enfin de les nourrir à l'aide de la seringue et de les empêcher de se coucher.

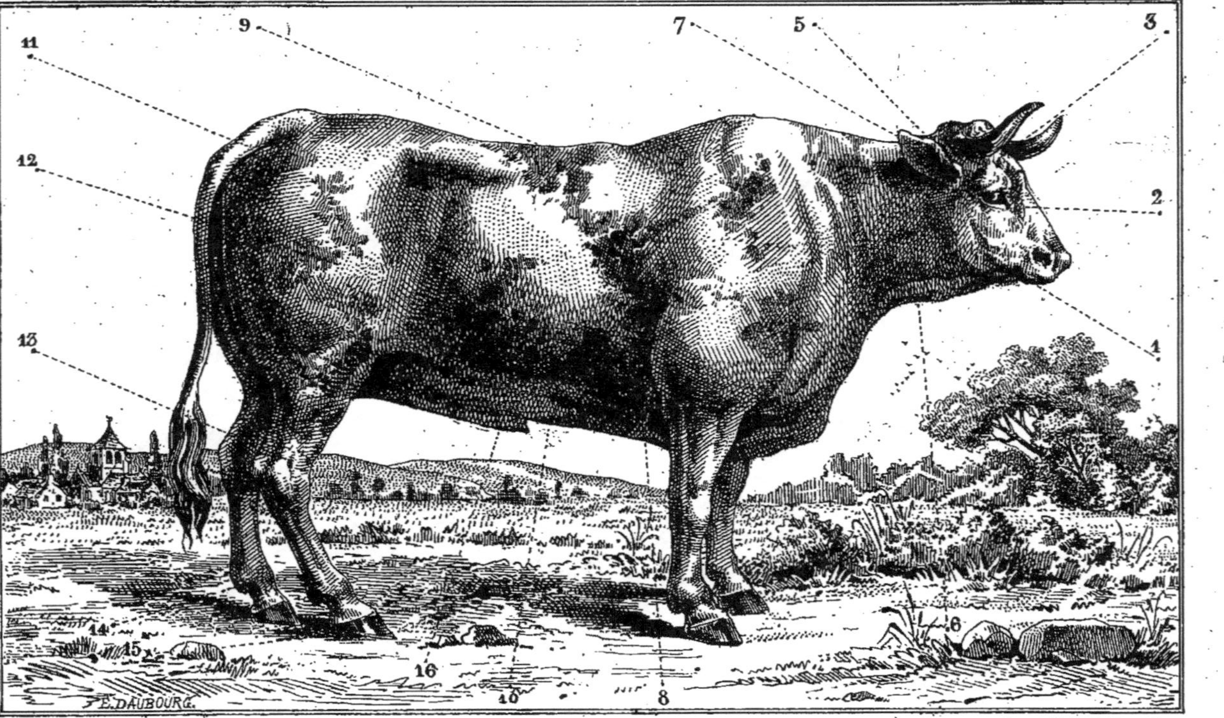

INDICATIONS DU SIÈGE DES MALADIES & DES VEINES OÙ ON DOIT SAIGNER LE BŒUF

LIVRE II

LE BŒUF

PREMIÈRE PARTIE

Histoire Naturelle

CHAPITRE Ier

DES BOVIDES. — Caractères, mœurs, régime.
Distribution géographique

« Le mot bœuf, — dit G. Cuvier, — désigne proprement le *taureau* châtré ; dans un sens plus étendu, il désigne l'espèce entière, dont le *taureau*, la *vache*, le *veau*, la *génisse* et le *bœuf* ne sont que différents états ; dans un sens plus étendu encore, il s'applique au genre entier qui comprend les espèces du *bœuf*, du *buffle*, du *Yak*, etc.

Le genre bœuf appartient à la famille des *bovides*.

Les bovides sont des ruminants grands, forts et lourds, caractérisés par des cornes plus ou moins lisses et creuses, par un museau large, aplati et à narines très écartées, appelé *mufle ;* par une queue longue et touffue à son extrémité, atteignant l'articulation du jarret ; par l'absence de fossettes lacrymales et de glandes ungueales, par un cou garni d'une peau lâche qu'on nomme *fanon.*

Le squelette est fort et lourd, le front large et plat ; les orbites sont très écartés, les saillies frontales qui servent de support aux cornes naissent des parties latérales et postérieures du crâne.

Les vertèbres cervicales sont courtes avec des apophyses épineuses très développées ; les vertèbres dorsales sont au nombre de 13 à 15 ; les vertèbres lombaires au nombre de 6 à 7 ; le sacrum est fermé par 4 ou 5 pièces soudées ; l'on compte de 15 à 19 vertèbres caudales.

Les incisives, qui n'existent qu'à la mâchoire supérieure, sont élargies en forme de pelle ; d'ordinaire les internes sont plus grandes que les externes. Les molaires sont au nombre de quatre paires ; les postérieures plus développées que les antérieures. — La forme de leur table varie suivant les espèces.

La cavité buccale est garnie de papilles nombreuses ; les glandes salivaires sont remarquablement développées.

A ces dispositions du système dentaire, il faut ajouter celle du système digestif. On sait, en effet, à quelles particularités les *ruminants* doivent leur nom :

« Animaux essentiellement herbivores, — dit Paul Gervais, — ils ont besoin d'une grande quantité de matières digestives ; et comme dans la vie sauvage ils sont exposés aux embûches ou aux attaques d'un grand nombre d'ennemis, il leur faut brouter précipitamment les matériaux de leur alimentation, pour fuir au plus vite les pâturages auxquels ils s'étaient rendus. »

Aussi l'estomac de ces animaux est-il plus compliqué que celui des autres mammifères. Il est fait de quatre parties, qu'on a considérées à tort comme autant d'estomacs distincts : la *panse*, le *bonnet*, le *feuillet* et la *caillette*. Dans le premier de ces compartiments vient s'ouvrir l'œsophage, ce dernier se continue avec l'intestin. La panse, qui est le plus grand, est divisée en deux portions par une bande musculaire. Elle constitue une sorte de réservoir provisoire dans lequel s'entassent les aliments au fur et à mesure qu'ils sont coupés. De là ceux-ci passent par petites fractions dans le bonnet où ils sont broyés par les parois gaufrées de cette seconde poche ; là ils se pénétrent plus encore du suc gastrique, se divisent en petites pelotes que la rumination fait remonter dans la bouche où elles sont de nouveau mâchées, insalivées et dégluties. On les voit alors glisser le long de l'œsophage d'où elles vont directement dans le troisième compartiment de l'estomac nommé *feuillet*, à cause des lames membraneuses qui le distinguent. Ces lames qui n'ont pas toutes la même hauteur sont disposées à la manière des feuillets d'un livre. Du feuillet les aliments passent dans la *caillette* qui est l'organe essentiel de la digestion et répond au cul-de-sac pylorique de l'estomac des autres mammifères. La rumination, pour s'effectuer, demande une position commode et un certain repos. Aussi, à l'état sauvage, la sentinelle du troupeau ne se met à ruminer que quand elle n'a plus à songer au salut de tous, quand elle a été relevée. On ne connaît guère que le chameau qui rumine en marchant.

Il semble que ce soit au ruminant que s'adresse cette sentence de l'école de Salerne :

> Au sortir d'un bon repas,
> Tiens-toi debout, tranquille, ou marche mille pas.

Quant aux liquides, ils passent directement dans le feuillet et dans la caillette sans s'arrêter dans la panse ni dans le bonnet.

Le cœcum est court, mais il existe constamment de même que la vésicule biliaire qui au contraire manque chez la plupart des autres ruminants : chameau, cerf, girafe, etc.

Le pied est *fourchu*, *bisulque* ou *bifide*. En arrière de chacun des deux doigts existe un autre doigt plus ou moins rudimentaire.

La direction des cornes varie suivant les espèces. — Chez quelques-unes, elles sont gonflées à la base, de manière à recouvrir le front; chez d'autres, — au contraire,— elles le laissent complètement découvert; enfin elles se recourbent en dehors ou en dedans, en avant ou en arrière, en haut ou en bas.

Les poils sont ordinairement courts et couchés, dans quelques cas, ils sont très longs, au moins sur certaines régions.

Les bovides habitent l'Europe, l'Afrique, l'Asie

centrale et méridionale et la partie septentrionale de l'Amérique du Nord.

« Les espèces sauvages, — dit Brehm, — habitent les endroits les plus divers, les forêts touffues aussi bien que les steppes nues et les déserts ; les unes vivent dans la plaine, les autres dans les montagnes, jusqu'à une altitude de 5,500 mètres au-dessus du niveau de la mer. Quelques-unes préfèrent les marais, les autres les lieux secs. Beaucoup mènent une vie errante ; le plus petit nombre est sédentaire. Les espèces des montagnes descendent en hiver dans les vallées. Celles qui habitent le Nord se dirigent à la même époque vers le Sud, chassées comme les premières par le manque de nourriture. »

Les bovides sont des animaux sociables ; on les voit partout en troupes nombreuses de plusieurs milliers d'individus.

Chaque troupeau est conduit par un chef choisi entre les plus forts et les plus expérimentés. Quoique lourds, ils peuvent se mouvoir avec rapidité. Ordinairement, ils ne vont qu'au pas, mais en cas de danger, ils prennent un galop précipité. De plus, tous nagent facilement et savent traverser sans encombre les cours d'eau les plus larges et les plus rapides.

Ils ne se mettent en mouvement que dans la journée, se reposant toute la nuit.

Ils ont tous les sens à peu près également développés ; celui de l'odorat est le plus parfait.

Leur intelligence est bornée.

Leur caractère est assez variable. Ils sont généralement doux avec les animaux dont ils n'ont rien à craindre ; mais, si on les excite ou les attaque, ils peuvent devenir terribles.

Bien qu'ils vivent tranquillement entre eux, on voit les mâles — à l'époque du rut — se livrer entre eux de terribles combats.

Leur voix est un mugissement plus ou moins sonore.

Quelques espèces exhalent une odeur de musc assez prononcée.

Ils se nourrissent de plantes : herbes, feuilles, jeunes pousses, rameaux, écorces, mousses, lichens, roseaux, etc., leur conviennent également. Ils sont friands de sel et ont besoin d'une assez grande quantité d'eau pour aider à la digestion des grandes masses alimentaires qu'ils emmagasinent dans leur estomac multiple. Ils aiment encore l'eau pour s'y vautrer ; c'est ainsi qu'on les voit souvent couchés des heures entières dans la vase d'un étang.

La femelle porte de neuf à douze mois et met bas un petit, très rarement deux.

Ce petit naît bien formé, et au bout de quelques jours seulement, est en état de suivre sa mère. Celle-ci déploie à son égard beaucoup de tendresse ; elle le nettoie, le lèche, le caresse avec amour et, en cas de danger, le défend avec courage. A huit mois, le petit est adulte et peut se reproduire.

La durée de la vie de ces animaux est de quarante-cinq ou cinquante ans.

Toutes les espèces sont susceptibles de s'apprivoiser ; toutes apprennent facilement à reconnaître leur maître et obéissent même à un enfant.

Les bovidés forment cinq espèces bien distinctes et bien caractérisées.

Ce sont :

1° L'*Ovibos*, qui tient le milieu entre le mouton et le bœuf. Il habite les régions du nord de l'Amérique septentrionale ;

2° Le *Yack*, à la toison riche et soyeuse, qui habite les sommets de l'Himalaya ;

3° Le *Buffle*, aux cornes élargies et renflées à la base de façon à former au-dessus des yeux une sorte de coiffure protectrice, qui vit au Cap et dans les forêts de l'intérieur de l'Afrique ;

4° Le *Bison*, dont la partie antérieure est plus développée que la postérieure et dont le garrot forme une sorte de bosse, qui vit en Europe et en Amérique ;

5° Le *Bœuf*, qui renferme les espèces les plus utiles à l'homme, encore qu'un certain nombre de celles-ci ne lui soient pas encore soumises.

CHAPITRE II

LES BŒUFS. — **Bœufs sauvages.** — **Bœufs errants ou redevenus sauvages.**

Les bœufs proprement dits ont le front plat et long, les cornes grandes, médiocrement développées à la base et s'insérant au niveau de la crête frontale.

On compte chez ces animaux 13 vertèbres dorsales ; 6 lombaires et 4 sacrées.

La langue est hérissée de papilles cornées.

Leur poil est court et assez épais.

Les bœufs peuvent être distingués en *bœufs sauvages* ou *errants*, en *bœufs redevenus sauvages* et en *bœufs domestiques*.

Nous allons rapidement passer en revue dans ce chapitre les espèces sauvages et redevenues sauvages. Le chapitre suivant traitera en détail des races domestiques.

I. BŒUFS SAUVAGES

Ce sont : le *bœuf gayal* (*bos frontalis*), le *bœuf gaur* (*bos gaurus*), et le *bœuf benteng* (*bos benteng*).

Le *bœuf gayal*, encore appelé *bœuf des jungles*, habite les montagnes boisées de l'Inde et de l'île de Ceylan à une altitude de 1,000 à 1,300 mètres au-dessus du niveau de la mer.

Il mesure 1 mètre 65 de hauteur au garrot.

Les cornes sont courtes, mais fortes à leur base ; elles se recourbent en demi-cercle d'abord en haut et en dehors, puis un peu en dedans ; leur partie inférieure est marquée de rugosités transversales, tandis que leur extrémité est lisse et arrondie.

Le pelage est court et épais, avec des poils raides et minces.

Mais, ce qui le distingue surtout, ce sont certaines particularités du squelette : il a quatorze paires de côtes au lieu de dix-sept ; cinq vertèbres lombaires, cinq sacrées et cinq caudales.

Les Indiens le chassent pour se procurer sa viande et sa peau. Cependant, il passe chez quelques tribus indoues pour un animal sacré et celles-là l'épargnent.

Dans ces derniers temps, les Anglais ont essayé de l'acclimater au Bengale, mais les tentatives n'ont pas été aussi satisfaisantes qu'on s'y attendait. Le gayal, qui ne se plaît que dans les contrées boisées et ombreuses, ne tarde pas à périr.

On l'a croisé avec le *zébu*, mais les détails manquent sur les résultats de ces croisements. La femelle porte neuf mois.

Le *bœuf gaur* ou *gour*. — Il a été souvent confondu avec le précédent ; mais, outre qu'il en diffère par le nombre des vertèbres, qui est tel qu'il suit : 13 vertèbres dorsales, 6 lombaires, 3 sacrées et 19 caudales ; il est en outre de plus grande taille et mesure 1 mètre 80 au garrot ; il a le frontal beaucoup plus excavé dans sa partie inférieure. La couleur de sa robe est noir brun, avec le front et les extrémités d'un blanc sale.

Il habite dans la province de Sergola le plateau
boisé de la montagne de Myn-Pâd, large de 24 milles
et long de 36, à une altitude de 600 mètres au-dessus
des plaines environnantes. On voit par là combien
son aire de dispersion est restreint.

On a essayé, mais en vain, de le domestiquer. Il
ne supporte pas la captivité; à peine privé de sa
liberté, il tombe malade et ne tarde pas à
succomber.

On a prétendu que la femelle portait douze mois;
mais cette assertion nous paraît erronée.

Le *bœuf benteng* habite au sud de l'Asie les montagnes boisées et quelques îles de la Sonde.

C'est celui qui ressemble le plus à notre bœuf domestique.

Il mesure 1 mètre 55 au garrot.

Il a le poil épais, court et raide; crépu au sommet de la tête. Sa couleur est brun noirâtre avec la
gorge blanchâtre et la touffe de la queue entièrement noire.

Il a 13 vertèbres dorsales, 6 lombaires, 4 sacrées
et 18 caudales.

Son genre de vie est peu connu. On sait seulement
qu'il s'accouple volontiers avec les autres espèces de
bœufs. « Aussi à Java — dit Brehm — a-t-on l'habitude de conduire dans les forêts des vaches de zébus,
apprivoisées, pour les y faire couvrir par les taureaux sauvages. »

Il s'apprivoise assez bien, mais il faut pour cela
qu'il soit pris tout à fait jeune.

2. BŒUFS ERRANTS OU REDEVENUS SAUVAGES

On peut les diviser suivant les contrées où on les rencontre :

A. *Bœufs errants de l'Europe.*

1º *Bœuf des steppes (Bos descrtorum).* — Il est originaire — d'après Fintzinger — des steppes de l'Asie centrale et de l'Europe orientale, d'où il aurait émigré vers l'ouest. On le rencontre depuis la Mongolie et la Tartarie jusque dans la Russie méridionale, la Bulgarie, la Hongrie, la Galicie, la Serbie, la Bosnie et le sud de l'Italie.

Il vit là à demi-sauvage, continuellement sans abri, en troupeaux plus ou moins considérables ; les bergers ne sont là que pour les surveiller et ne pas les laisser s'écarter et séparer les jeunes de leur mère lorsque ceux-ci sont arrivés à une certaine taille.

Ceux des Kalmoucks sont quelquefois employés à porter des fardeaux.

Ce bœuf présente les caractères suivants : il a la tête longue et mince, avec des cornes énormes et très écartées, le museau pointu, le fanon peu développé, le corps bas sur membres, la croupe saillante et la queue à insertion très basse. Celle-ci compte trois vertèbres de moins que dans les autres espèces.

On préfère la race hongroise à toutes les autres.

2º *Bœufs de la Camargue.* — Au seizième siècle,

— d'après Quiquevan de Beaujeu — la Camargue nourrissait près de seize mille bœufs errants. C'est à peine si on y rencontre aujourd'hui le vingtième de ce nombre.

« Ils sont — dit le baron de Rivière — plus vifs, plus sobres et plus intelligents que les bœufs domestiques et peuvent devenir, par des soins bien entendus, aussi doux, aussi forts que ceux des races les plus recherchées. »

On les rencontre dans les parties basses du Gard depuis St-Gilles jusqu'à Aigues-Mortes.

En tout temps ils sont exposés aux intempéries de l'hiver. On se contente chaque soir de les conduire dans un parc clôturé, mais sans couverture. Dès qu'un propriétaire a besoin d'un certain nombre de paires de bœufs pour son travail, il prévient leur gardien qui les lui amène et après quelques heures de travail, on les relâche pour en reprendre d'autres jusqu'à la fin du jour.

Pendant leur jeunesse, à ce que rapporte Villeneuve de Bargeron dans sa *Statistique des Bouches-du-Rhône*, les taureaux sont employés à certain spectacle qu'on appelle *ferrade* (1), spectacle qui donne lieu à des réunions nombreuses : « Plusieurs gardiens, souvent même des bourgeois remplis de courage, courent dans les marais à la poursuite de l'animal. Les meilleurs cavaliers, armés d'un long trident, l'attei-

(1) Sorte d'opération qui a lieu lorsqu'on veut dompter les jeunes taureaux pour leur imprimer la marque du propriétaire. (Note de l'A.).

gnent à la course, l'entourent en demi-cercle, le dirigent avec adresse jusque dans l'enceinte où l'attend le fer incandescent. »

Le bœuf camargue est de taille moyenne avec les jambes minces, il a le poil ras d'un noir de jais, les cornes blanches presque droites et rapprochées.

3° *Le bœuf d'Ecosse*. — Ce bœuf, très commun jadis en Angleterre, s'est vu petit à petit refouler en Ecosse au fur et à mesure que s'accroissait la population du Royaume-Uni. Ces bœufs sont aujourd'hui enfermés dans de vastes parcs appartenant à quelques grands seigneurs. Les plus célèbres sont ceux de Chilling-Lanscastle près de Berwich, sur le Tweed, dans le Northumberland, et celui de Cadrow près de Hamilton, dans le comté de Lanarck.

Là, abandonnés à eux-mêmes sous la surveillance de quelques gardiens, ces animaux passent la nuit dormant et se chauffant au soleil pendant le jour. Leurs maîtres mettent une certaine gloire à conserver dans toute sa pureté ce bétail errant, reste des temps reculés.

On pense que le bœuf écossais descend d'un bœuf primitivement sauvage, mais parqué depuis longtemps.

Il est blanc de lait sauf le museau, les cornes et les sabots. Ses cornes sont longues, minces, pointues et dirigées légèrement en dedans. La colonne vertébrale est composée ainsi qu'il suit : 13 vertèbres dorsales, 6 lombaires, 4 sacrées et 20 coccygiennes. Le poil est court et épais, excepté sur le cou et le sommet de la tête, où il est long et crépu. — Le taureau porte une faible crinière le long du cou.

4° *Le bœuf d'Espagne*. — Comme les précédents, il ne met pas, de l'année, le pied dans une étable.

Il est surtout destiné à figurer dans ces combats fameux, dont l'origine a pris naissance en Thessalie, qui se sont ensuite transportés à Rome, sous le nom de *venationes*, pour s'implanter en Espagne où ils constituent le divertissement favori de la population.

Bien que nous n'ayons pas le désir de nous appesantir sur ces jeux sanguinaires, nous sommes obligé de leur donner un instant d'attention.

Ces combats qui ont lieu dans de grands cirques dont quelques-uns, comme le *Coliseo de los tauros* de Madrid, peuvent contenir jusqu'à 10,000 spectateurs, exigent annuellement un certain nombre de taureaux. Car encore que le fier animal tue son principal assaillant, le *matador*, — ce qui d'ailleurs est fort rare, — encore qu'il soulève les applaudissements frénétiques de toute une salle criant : *Bravo, toro !* il n'en est pas moins condamné à périr sous le fer d'un second ou d'un troisième matador.

Le taureau d'Espagne n'est pas de grande taille, mais il est de belles proportions ; il a les cornes longues, pointues et recourbées en dehors.

On le rencontre surtout parqué en troupeaux nombreux sur les hautes montagnes de la Galicie, de la Castille et de l'Andalousie, à une altitude de 2,600 à 3,000 mètres au-dessus du niveau de la mer. Ce n'est qu'en hiver, quand la neige les chasse des sommets, qu'on les rencontre à de moindres hauteurs. Ils sont forts et courageux et savent parfaitement se défendre contre le loup et l'ours, qui, du reste, dans beaucoup de cas hésitent à les attaquer.

Ce n'est qu'avec l'aide de bœufs apprivoisés, — les pâtres étant à cheval, — qu'il est possible d'amener ces animaux errants vers l'arène où ils doivent trouver la mort. Ils ne supportent ni l'attache, ni les mauvais traitements, et c'est jouer sa vie que de chercher à enlever de vive force les sujets destinés à ces *tauromachies*.

B. *Bœufs errants de l'Amérique du Sud.*

Ceux-ci se rencontrent dans les pays de domination espagnole.

« En 1540, — dit Brehm, — les Espagnols amenèrent des taureaux dans les pampas. Ceux-ci trouvèrent ce climat, ce sol si propres à leur développement, qu'ils se délivrèrent en peu de temps de la domination de l'homme. Cent ans plus tard, ils peuplaient les pampas, en nombre tel, qu'on les chassait, comme les Peaux-Rouges chassent le bison. »

On les tuait pour leur peau, sans songer à utiliser leur chair, et chaque année avant que des guerres intestines eussent ravagé le territoire de la Plata, chaque année on expédiait de Buenos-Ayres jusqu'à 800,000 peaux de bœufs.

Nombre de ces animaux servent en outre aux combats de taureaux, car le goût pour ces jeux, intro-

duits en Amérique par les premiers colons, a été con-
servé par leurs descendants avec une ardeur non
moins égale.

Les caractères de ces animaux sont ceux du taureau
espagnol.

CHAPITRE III

Le Bœuf domestique — Races — Variétés

S'il fallait en croire Buffon, le bœuf domestique descendrait de l'aurochs, mais le grand naturaliste n'a pas tenu compte des nombreuses différences anatomiques qui séparent ces deux animaux.

Cuvier, lui, prétend que notre bœuf descend du *Bos primigenus* dont on rencontre les débris fossiles dans les tourbières de l'Angleterre, de la France et de l'Allemagne. Certes cette assertion est préférable, en ce sens que les différences dont nous venons de parler sont à peine sensibles. — Cependant, pour être vrai, il faut dire que les cornes du bœuf fossile sont différentes de celles du bœuf domestique.

D'autres auteurs lui assignent comme souche le *bos priscus* et aussi le *bos Pallasii.*

Mais ces diverses espèces possibles ne peuvent-elles descendre d'une même souche? Ceci n'a rien d'étonnant quand on sait ce que peut sur l'organisme la sélection naturelle agissant pendant des milliers d'âges, sélection qui par voie d'adaptation arrive souvent à produire entre descendants d'une même souche des différences plus considérables que celles que provoque la domesticité.

Quoi qu'il en soit, on peut affirmer que dès les

temps préhistoriques le précieux animal que nous étudions en ce moment se trouvait déjà sous la domination de l'homme — les traditions les plus reculées, les monuments les plus anciens en témoignent.

On connaît le culte des Egyptiens pour le bœuf Apis ; cette vénération n'est-elle pas la preuve que ce peuple estimait à sa véritable valeur l'utilité du bœuf? On trouve encore de nos jours dans certaines parties de l'Inde des traces de cette vénération ; et on assure que les Grecs de l'île de Chypre refusent de se nourrir de la chair de cet animal et regardent comme un anthropophage le laboureur qui ne craint pas de se nourrir des taureaux qui ont été les compagnons et les auxiliaires de ses travaux.

Athènes et Rome ont aussi rendu justice à ses premières qualités en le faisant figurer sur leurs médailles pour indiquer les cités où florissait l'agriculture.

Les caractères différentiels du bœuf domestique sont les suivants :

Les incisives, au nombre de huit et placées en *clavier* à l'extrémité de l'espèce de paleron arrondi par lequel se termine le maxillaire inférieur.

Les molaires sont au nombre de six à chaque côté de chaque mâchoire.

Le front est plat, plus long que large.

Le mufle est large et épais.

Les cornes varient beaucoup dans leur longueur et leur direction, elles arrivent même à acquérir parfois un développement extraordinaire.

Le fanon est long et pendant.

Le sternum porte une pièce antérieure à articulation mobile.

Les trous intervertébraux sont doubles.

. La vache n'a qu'une seule mamelle à quatre tetins. « Ces tetins — dit P. Gervais — sont disposés de manière que les deux d'un même côté ne sont distants l'un de l'autre que de .55 millimètres tandis que les deux postérieurs sont éloignés entre eux de 8 centimètres et les deux antérieurs de 12 centimètres ce qui indique la connexion de deux mamelles collatérales portant chacune deux mamelons. Cette distinction devient encore plus certaine à l'intérieur où l'on trouve deux glandes mammaires collatérales réunies par du tissu cellulaire, chaque glande mammaire présentant à sa partie inférieure deux cavités qui répondent chacune à un tetin et se terminent par un petit canal de 2 millimètres de diamètre. »

La couleur du poil est très variable — la peau est forte et élastique.

L'aire de dispersion du bœuf domestique est considérable, car l'espèce, après avoir passé sous la domination de l'homme, a été propagée par lui dans toutes les parties du monde, et s'est sensiblement modifiée sous l'influence du climat, du sol, de la nourriture, du régime et des travaux auxquels on soumet souvent cet animal. C'est dire que la détermination des espèces n'est pas toujours facile à établir.

Pour faciliter l'étude de toutes les nombreuses races et variétés qui peuplent le globe, nous adopterons comme pour le cheval un ordre absolument géographique.

RACES ASIATIQUES

Le zébu (bos indicus). — Bien qu'il y ait quelques différences anatomiques entre le zébu et le bœuf (le zébu a une vertèbre sacrée et trois vertèbres coccygiennes en moins), on a l'habitude, depuis Cuvier, de ranger ce dernier parmi les bœufs domestiques ; aussi bien du reste il s'accouple parfaitement avec toutes nos races et produit des métis féconds.

Le zébu habite le Bengale.

On le reconnaît à sa bosse qui surmonte le garrot, à ses cornes aplaties et très courtes, à son fanon qui est très développé, et à son pelage composé de poil court, sauf au sommet de la tête au front et sur la bosse. Il est ordinairement d'un brun roux ou d'un brun jaune.

Le zébu compte plusieurs races.

Les unes sont grandes et leur bosse pèse jusqu'à 25 kilogrammes ; les autres sont si petites qu'elles dépassent à peine la taille de nos cochons. A Surate, on en voit qui ont deux bosses. Mais parmi toutes ces races, celle des *Brahmines* est la plus connue.

C'est un animal très doux.

RACES AFRICAINES

Le bœuf à bosse d'Afrique (bos africanus), se distingue du précédent par ses jambes plus hautes et ses cornes plus fortes ; celles-ci, très rapprochées l'une de l'autre à la base, s'écartent et se dirigent en haut et légèrement en dehors.

ABSINTHE

Il est brun châtain avec les poils courts et fins.

On le rencontre surtout en Abyssinie et au Cap de Bonne-Espérance. Ils vivent là en troupeaux considérables comme autrefois sous les premiers peuples pasteurs, et ceux qui les élèvent se servent encore des procédés de leurs premiers ancêtres.

Ces troupeaux sont la seule richesse des nomades du Soudan et du Kordofahn — on n'estime l'homme qu'en raison du nombre de ses moutons et de ses bœufs; quelques propriétaires possèdent jusqu'à soixante mille têtes de bétail. Dans certains pays, quelques-uns de ces animaux sont utilisés comme bêtes de somme.

RACES EUROPÉENNES

« En Europe — dit H. Bouley (1) — on a formé plusieurs catégories ou divisions des races bovines:

« 1° *Bœuf de haut cru* propre au travail, habitant principalement les localités montagneuses; 2° *bœuf de nature* qui est la bête de vente, c'est-à-dire celle qu'on élève pour ses produits (laitage, fumier). »

Les Allemands divisent l'espèce bovine en trois grandes catégories:

1° *Bœuf de montagne* ou *suisse*, race qui, partie des Alpes comme point central, a peuplé la plus grande partie de l'Europe centrale, corps ramassé, court, trapu: membres forts, peu élevés; forte ossature, muscles vigoureux développés; tête courte,

____

(1) *Dict. lexicographique.*

front carré, cornes grosses à la base, énergie, vigueur.
A cette catégorie appartiennent les races *françaises*,
auvergnates, limousines, du Quercy, de la Gascogne,
de la Vendée, du Morvan, de la Franche-Comté, et
les races *étrangères* dites de Fribourg, du Tyrol, de la
Franconie, de Galloway, etc.

2° *Bœuf de vallée* ou *hollandais*, qui a peuplé les
riches pâturages des bords de la mer, depuis la Hollande jusqu'au Danemark ; qui est aussi la souche de
la race allemande et, selon toute probabilité, des
races normandes et anglaises ; ossature peu accentuée,
corps élevé et allongé, tête étroite, effilée, *aspect fé-
minin*, grande aptitude à l'engraissement et à la production du lait. Les races allemande, hollandaise,
normande, agenaise, choletaise, de Durham, etc., se
rangent dans cette catégorie.

3° *Bœuf de plaine* : caractères communs aux deux
premières catégories ; exemple : les races charollaise,
nivernaise, etc.

Ces divisions sont loin d'être rigoureuses, les
extrêmes seules correspondent assez bien à une or-
ganisation déterminée. Les progrès de l'agriculture,
les soins de la nourriture, les croisements, etc., mé-
langent et fondent chaque jour ces diverses catégories les unes dans les autres.

La classification des races selon les localités qui les
produisent, ont encore la préférence. D'après cette
idée, l'espèce bovine est rangée sous sept grandes
divisions, comme il suit : 1° les *races françaises* ; 2°

les *races suisses*; 3° les *races italiennes*; 4° les *races allemandes*; 5° les *races hollandaises*; 6° les *races danoises, norwégiennes et russes*; 7° les *races anglaises*.

C'est cette division que nous allons suivre.

A. — RACES FRANÇAISES

1° *La race normande* — qui se subdivise en *race cotentine* à robe brune striée de noir, et en *race du pays d'Auge* un peu moins haute : toutes deux sont excellentes sous le rapport de la boucherie et fournissent des vaches laitières renommées. Elle avait, dans ces dernières années encore, le privilége de fournir les bœufs gras que l'on promenait dans Paris pendant les derniers jours du carnaval.

2° *La race flamande* — qui est de très grande taille, s'engraisse avec facilité et donne du lait assez copieusement. — Elle est rouge brun avec quelques taches blanches à la tête et aux extrémités.

3° *La race charollaise* à poil rouge, quelquefois blanche comme lait; elle est bonne pour le labour, facile à engraisser et donne une viande excellente. Elle est grande, forte, rustique et énergique.

4° *La race nivernaise* bonne à la fois pour le travail et la boucherie.

5° *La race gasconne*, la plus grosse race des bœufs de haut cru : quelques individus atteignent le poids de 1,000 kilog., un peu inférieur à la race normande pour la qualité de la viande, elle lui est supérieure pour la bonté du suif, son pelage est de couleur brune.

6º *La race garonnaise* ou *agenaise*, excellente pour le travail mais qui donne peu de lait et fournit une viande médiocre. Elle est de couleur fauve clair, souvent marquée de brun à sa tête, *enfumée* — comme on dit dans le pays.

7º *La race tazadaise* qui présente beaucoup d'analogie avec la précédente, mais elle est plus près de terre et est de couleur brune.

8º *La race comtoise* donnant de bonnes bêtes de labour et dont les vaches fournissent un lait peu abondant mais excellent pour le fromage — elle se subdivise en *femeline* du Doubs et *tourrache* du Jura. La première est la race de plaine, la seconde la race de montagne, son poil, de couleur châtain clair, est désigné sous le nom de poil froment.

9º *La race limousine*, aussi de couleur grain de blé, est de haute taille, bien prise et d'une remarquable finesse. Elle est docile au travail et fournit beaucoup de chair et peu de suif.

10º *La race auvergnate* comprenant les bœufs de Salers, d'Aubrac et du *Mezu*, laborieuse, intelligente, docile, infatigable au labour et s'acclimatant partout, fournissant une viande assez estimée. Les animaux de cette race ont le poil court, luisant, d'un rouge vif sans tache. Quelques auteurs font de la variété d'*Aubrac* une race à part : sa robe est rarement de couleur simple, c'est ordinairement un mélange de teintes nuancées et fondues ensemble ; les animaux les plus estimés sont ceux qui ont la tête noire, *tête de Maure*.

11º 12º 13º *Les races parthenaise, choletaise* et

nantaise, remarquables par la bonne qualité de la chair et l'abondance du suif, cuir médiocre. Nulle autre robe n'est admise dans toute la race du Bocage que la robe froment exempte de taches blanches (Mis de Dampierre).

14° *La race bretonne*, compagne de la grande migration des Celtes, rappelle par sa petite taille le bœuf indien dont elle est issue. Elle est robuste et sobre ; elle donne d'excellentes vaches laitières et engraisse avec facilité, sa taille varie un peu suivant les différentes parties de la Bretagne où on la rencontre. Les vaches des plaines de Léon, Guinguamp, St-Brieuc ne ressemblent pas à celles du Morbihan. Tandis que les unes trouvent de gras pâturages dans les plaines du littoral, les autres n'ont que des bruyères pour toute nourriture.

B. — RACES SUISSES

Les races suisses sont toutes remarquables par l'abondance du lait qu'elles sécrètent. Ces races sont nombreuses, mais les plus estimées sont celles de Fribourg, de Berne, de Schwitz, et de la Suisse centrale. La race de Berne, la meilleure laitière de toutes, se rencontre fréquemment dans les départements du Doubs, du Jura et de la Haute-Saône, où on utilise son lait pour la fabrication des *fromages de gruyère* qui ne diffèrent en rien, du reste, des fromages suisses du même nom.

Toutes ces races, que l'on sépare généralement en deux grandes divisions : les *bœufs des montagnes*

et les *bœufs des vallées*, ont les caractères suivants:
tête courte, front large ; museau obtus ; cornes courtes, minces, portées en haut et en dehors ; cou court
et vigoureux, poitrine large, épaule et reins solides ;
poil épais, fin et luisant ; jambes courtes et fortes.

Leur robe est d'ordinaire d'un brun noir, luisant,
avec le dos fauve clair et le museau blanc.

C. — RACES ITALIENNES

De celles-ci nous avons peu de chose à dire, elles
comprennent : 1° la *race du Parmesan* ; 2° la *race de la
Romagne*, elles ressemblent assez pour la forme aux
bœufs de la Hongrie. Elles sont généralement de
robe grise avec de très longues cornes.

D. — RACES ALLEMANDES

Les races allemandes sont nombreuses. C'est ainsi
qu'on connaît les bœufs d'Ober-Hasli, d'Ober-Unterwald
Pinzgau, Ober-Inthal, Zillelthal, Mursthal, Haute-
Styrie, Wienervald, de Hongrie, de Galicie, de Bohême,
de Moravie, de Berkenfeld, du Voigtland, etc.

Dans le nord de l'Allemagne, les bœufs jouissent
pendant tout l'été d'une liberté plus ou moins
grande.

Dans les forêts de la Thuringe, chaque troupeau,
dit Brehm, a sa sonnerie harmonique qui fait la fierté
du berger. « Chaque année des gens spéciaux, des
accordeurs vont, au printemps, de village en village
pour mettre en ordre les sonnettes. Un troupeau doit
avoir au moins huit clochettes différentes, qui portent chacune un nom spécial. »

Les bœufs arrivent, — dit-on, — à connaître parfaitement la sonnerie de leur troupeau, ce qui leur permet de le rejoindre lorsqu'ils sont égarés.

Toutes ces différentes races paissent pendant tout l'été à l'air libre ; ce n'est qu'à la fin de l'automne qu'on les rentre dans les étables.

E. — RACES HOLLANDAISES

La race hollandaise est caractérisée par une tête longue à front large et à mufle étroit ; des cornes courtes, obtuses, dirigées en dehors et en avant (il est des sujets chez lesquels les cornes font absolument défaut); un cou long et mince, des fanons peu développés, un corps allongé, des jambes assez hautes et vigoureuses. La peau et le poil sont fins ; la robe est ordinairement pie, quelquefois toute noire ou toute blanche.

Elle est surtout renommée pour la production du lait. Ce n'est, après tout, qu'une variété améliorée de la race flandrine. On la rencontre aujourd'hui un peu partout, elle est surtout répandue dans nos départements du Nord. Elle consomme beaucoup de fourrage et son rendement n'est pas toujours en proportion de la nourriture qu'elle consomme.

On rencontre dans cette race des vaches qui donnent de douze à quinze litres de lait par jour, pendant six mois, sans interruption, après avoir vêlé.

F. — RACES DANOISES, NORWÉGIENNES ET RUSSES

Ces races sont fort peu intéressantes. Dans ces

pays, on laisse généralement les troupeaux rôder
librement tout le jour, sans s'inquiéter de leur amélioration ; le soir, on les rentre dans des étables malpropres et mal aérées.

Ces bœufs sont généralement mous, lymphatiques,
lourds et endormis, comme du reste tous les animaux
de ces contrées.

On distingue les races du Jutland, d'Angelu, de
Breitenburg, de l'Ukraine et de la Laponie.

G. — RACES ANGLAISES

L'Angleterre nous offre comme base de l'agriculture la plus perfectionnée une grande variété de
races fort remarquables. Ce sont : les races de
Durham, d'Hereford, de Devon, Sussex, d'Alderney,
de la Manche, d'Ayrshire, Angus, Alberdeen, de
Galloway, West-Highland, Kerry, etc.

Parmi celles-ci, la plus remarquable est sans contredit la race de Durham, race entièrement artificielle.
Cette race, qui date de la seconde moitié du siècle
dernier, est due à un éleveur fameux, Backewel, qui
démontra expérimentalement que par un choix judicieux de reproducteurs, dirigé constamment vers un
but déterminé, on pouvait porter au plus haut
degré de développement et fixer les qualités désirées
dans une race de bestiaux.

A cinquante ans de là, Collings, son émule, créait
la race de Durham à *courtes cornes*.

La tête et les pieds étant les parties qui chez les
animaux destinés à la boucherie ont le moins de

valeur, les Durham les plus parfaits n'ont une tête
que parce qu'ils ne peuvent se dispenser d'en avoir,
et leurs membres sont si minces et si grêles qu'on se
demande comment ils font pour soutenir cet énorme
corps (certains individus arrivent à peser plus de
3,000 livres).

Cette race ajoute à ses qualités une précocité remarquable et une disposition très prononcée à l'engraissement.

Il n'est donc pas étonnant que le Durham soit recherché comme reproducteur dans tous les pays bien
cultivés (de l'Europe.

On peut encore citer les races de Devon et d'Hereford, toutes deux races à longues cornes, si faciles
aussi à engraisser, et qui, dans certains cas, ont
lutté avec avantage contre le Durham.

La race de Devon est de couleur acajou foncé, sans
aucun mélange de blanc; celle d'Hereford est de couleur jaune.

La race d'Angus absolument dépourvue de cornes;
elle est de couleur noire; et celle d'Alderney qui descend de notre race normande.

En Ecosse, la race d'Ayrshire se distingue par la
perfection de ses formes, sa sobriété et l'excellence de
son lait; c'est la race la mieux appropriée aux
maigres pâturages des pentes de montagne.

Son pelage est d'un rouge clair ou fauve moucheté
de blanc.

Sa taille est à peine plus grande que celle de notre
vache bretonne.

____

DEUXIÈME PARTIE

Hygiène

—

CHAPITRE PREMIER

Étables — Stabulation permanente
Législation des Étables

I. *De l'étable.* — Le bœuf, en France, ne va au pâturage que pendant très peu de temps, il vit presque toute l'année à l'étable.

Une étable doit être chaude l'hiver, fraîche en été, et bien aérée en toute saison.

Faisons remarquer pourtant que les animaux de l'espèce bovine supportent plus facilement les températures élevées (jusqu'à 40°), qu'une température trop basse. Aussi bien la chaleur facilite l'engraissement et active la sécrétion du lait.

Les *portes* des étables doivent être larges (1^{m}60), et construites de manière à pouvoir indifféremment s'ouvrir en dedans et en dehors.

Les *fenêtres* seront nombreuses, — à 2 mètres d'intervalle les unes des autres, — et garnies de volets en bois que l'on ouvrira à volonté pour ménager l'entrée de l'air pur, des rayons du soleil et la sortie des gaz délétères et des miasmes.

Le *sol* de l'étable doit être fait autant que possible ou d'un lit de briques placées sur champ, ou d'une couche soit de béton, soit de ciment hydraulique, et même encore d'asphalte. Il présentera une pente insensible pour conduire les urines vers les rigoles qui aboutissent à la fosse au fumier ou à la citerne au purin. Sur une pente trop forte, les vaches seraient exposées à avorter, et l'inégale répartition du poids du corps sur les extrémités fatiguerait les animaux.

Le bœuf a besoin pour se reposer d'une litière abondante, car il ne se couche pas seulement pour se reposer et dormir, mais encore pour ruminer. C'est pourquoi il importe après chaque repas de ne laisser pénétrer personne dans l'étable, pour ne pas troubler les animaux dans l'exercice de la rumination.

Les aliments doivent être déposés dans des *auges* ou *mangeoires*, larges et peu profondes, placées à 0 m 40 seulement au-dessus du sol pour ne pas obliger les femelles pleines à faire des efforts pour atteindre leur nourriture.

Des séparations ménagées de distance en distance, et isolant chaque animal pour le rationner et empêcher le gaspillage, valent mieux qu'une auge commune. Ces séparations sont établies au moyen de poteaux en bois qui s'élèvent sur le bord antérieur de l'auge et entre lesquels le bœuf passe la tête pour prendre ses aliments, sans redouter la voracité ou les coups de cornes du voisin.

On donne généralement à chaque animal un espace de 2 m 70 de longueur sur 1 m 30 de largeur.

Il convient de laisser derrière les animaux un passage large d'au moins 1 ^m 30 pour la circulation et la facilité du service.

Dans la plupart des fermes, les employés que leurs occupations attachent aux étables, couchent dans le même endroit que les animaux auxquels ils donnent leurs soins. Non-seulement on ne regarde pas cette pratique comme vicieuse, mais on pense au contraire que certaines maladies, — celles de poitrine entre autres, — se guérissent par un séjour plus ou moins prolongé dans les étables. C'est là une croyance basée sur la seule routine et que doit répudier le bon sens. Il n'est pas difficile de comprendre que la personne qui couche dans un endroit rempli d'animaux, ne peut qu'y respirer un air vicié par la respiration de ces derniers, et l'on peut dire que la plupart des affections dont sont atteints les gens de la campagne, — écrouelles, accidents morbides du système lymphatique, etc., — sont presque toujours la conséquence de cette fâcheuse coutume. On ne le croit généralement pas parce que les symptômes provenant de cet état de choses sont longs à se manifester, à cause qu'il y a intermittence dans la situation et que l'air du jour peut, — dans une certaine mesure, — enrayer l'absorption des miasmes putrides de la nuit; mais, pour être tardive dans son apparition, l'influence de ces causes n'en est pas moins sensible.

II. *De la stabulation permanente.* — Le régime de la *stabulation permanente* qui consiste à entretenir le bétail d'une manière continue à l'étable, entraîne

des dépenses et des soins que la nourriture au pâturage n'exige pas ; mais le fumier, plus abondant et
meilleur, indemnise largement le cultivateur de cette
augmentation de sacrifices.

La stabulation permanente se recommande en
outre par d'autres avantages :

L'alimentation est plus régulière, et on peut la
diriger suivant les exigences de chaque bête ; les
animaux ne sont pas exposés aux ardeurs d'un soleil
brûlant et aux importunités incessantes des mouches,
toutes choses qui les empêchent de se livrer au repos
si nécessaire à la rumination et, partant, à la bonne
digestion ; enfin le bétail ne gaspille pas le fourrage
en le foulant aux pieds, en le souillant de ses excréments et en choisissant certaines plantes au détri-
ment de certaines autres.

Avec des étables bien construites et dont l'aération
est convenablement ménagée pour modifier la température comme il convient et suivant les exigences du
moment ; avec un bon système de pansage, avec
l'observance rigoureuse de tous les préceptes prescrits
par l'hygiène pour l'assainissement des étables; avec
des promenades fréquentes qui laissent les animaux
libres une partie du temps qui sépare les repas, le
bétail prospère mieux à l'étable qu'au pâturage.

Dans ce dernier régime, la meilleure partie des
engrais est perdue pour le cultivateur, l'urine seule
profite plus ou moins au sol de la prairie, mais comme
elle est répartie au hasard, elle brûle assez souvent
la place où elle tombe, et le bénéfice qu'on en retire
n'est jamais bien important. Quand à la partie solide

des excréments (*bouses*), elle se dessèche sans utilité pour le sol.

On a fait quelque objection au système de la stabulation permanente ; on lui reproche d'entraver, faute d'exercice suffisant, le développement et la santé du bétail, mais les bêtes bovines n'ont pas besoin d'un grand exercice pour vivre et prospérer. Leur premier soin, lorsqu'elles sont abandonnées à elles-mêmes au pâturage, est de manger et de se coucher immédiatement pour ruminer tout à leur aise. Quoi qu'il en soit, si l'on préfère mettre les bestiaux au pâturage, celui-ci ne doit être jamais pratiqué qu'au piquet.

III. *Législation des étables.*—Celui qui veut adosser une étable à un mur mitoyen est tenu de construire un contre-mur ayant l'épaisseur exigée par les usages et les règlements de la localité.

Ce sont les juges de paix qui prononcent sur les contestations relatives à cet objet, lorsque la propriété ou la mitoyenneté du mur n'est pas contestée (*Cod. Nap.; art. 674 ; Loi du 25 mai 1838*).

Si un propriétaire éprouve un préjudice par suite des amas de fumier ou des infiltrations provenant de l'étable d'un voisin, il peut demander que la cause en soit supprimée et réclamer en outre des dommages-intérêts.

Si les étables occasionnent des exhalaisons insalubres, les propriétaires peuvent être obligés, par des arrêtés municipaux, à les nettoyer et à les assainir. De plus, l'autorité municipale peut prescrire d'avance des mesures générales relatives à la propreté et à la salubrité des étables le long de la voie publique. Tous ces arrêtés sont obligatoires sous peine de 1 à 5 fr. d'amende (*Loi du 24 août 1790; cod. pén., art. 471*).

En cas de maladie contagieuse sur les bestiaux, le refus de recevoir les officiers publics et les experts qui viendraient visiter les étables, entraîne des peines correctionnelles. En outre, les étables doivent être aérées et purifiées, et il est défendu d'y recevoir d'autres animaux avant un délai suffisant pour faire disparaître l'infection.

CHAPITRE II

Nourriture. — Engraissement

La nourriture des animaux de l'espèce bovine varie suivant qu'elle s'adresse au bœuf de travail, ou à la vache laitière.

La nourriture des bœufs de travail doit leur être donnée chaque jour à heure fixe.

Pendant la saison des labours, des charrois et des travaux pénibles, on doit leur donner d'excellent foin, des racines, et une ration légère de graines concassées.

En hiver, comme ils restent surtout à l'étable, on ne leur donne guère que du foin et de la paille hachée.

La ration du bœuf de travail varie suivant sa taille et suivant son poids. On considère 3 % du poids de l'animal, comme une ration de foin sec suffisante pour l'entretenir en état. C'est ce qu'on appelle la *ration d'entretien.* S'il vient à travailler, on ajoute à cette quantité 2 %, c'est la *ration de travail.* Par conséquent en supposant un bœuf du poids de 400 kilog., sa ration est, d'après ces données, de 12 k. quand il reste à l'étable, et de 18 kilog. quand il travaille. Ce ne sont là, bien évidemment, que des chiffres approximatifs, tous les animaux n'ayant ni le même tempérament, ni le même appétit.

Quand on conduit les bœufs aux pâturages, il faut choisir de préférence ceux dont l'herbe est haute et fournie ; car, nous l'avons vu, la disposition de leur langue est telle qu'elle ne leur permet pas de brouter l'herbe qui est trop à ras de terre.

On sait combien l'alimentation influe non-seulement sur la quantité, mais encore sur la qualité du lait de la vache. On reconnaît au goût les bêtes qui sont nourries de tourteaux, de navets, de choux, etc.

Le lait des vaches mal nourries est blanc et maigre.

Pour produire du bon lait, il faut surtout employer le bon foin ou regain, le trèfle, la luzerne, les pommes de terre cuites, les carottes, les tourteaux d'huile, etc.

Les carottes colorent le beurre, les racines de persil lui donnent une saveur agréable : de même le thym, la sauge, le fenouil, le cumin et en général toutes les plantes aromatiques.

En été, une vache nourrie à l'étable consomme de 40 à 50 kilog. de fourrage vert : trèfle, sainfoin, ou luzerné.

Quant au pâturage, il ne convient aux vaches qu'autant que celles-ci peuvent y trouver une nourriture suffisante dans un espace équivalent à un hectare et demi.

Engraissement. — On commence l'engraissement pour les bœufs de labour dès que leurs dents commencent à s'user, pour les taureaux dès qu'ils sont épuisés, et pour les vaches laitières dès qu'elles ne donnent plus de bon lait, ce qui arrive pour les bœufs à 15 ans, pour les taureaux et les vaches à 10 ans.

Mais quand les bœufs sont spécialement destinés à l'engrais, on doit commencer plus tôt, vers 4 ou 5 ans par exemple.

Le bœuf qu'on veut engraisser doit avoir les os petits et le ventre ample ; il doit, en outre, être vif et gai, présenter toutes les apparences de la santé.

On distingue deux modes d'engraissement : celui d'hiver et celui d'été.

En hiver, le bœuf reste à l'étable et n'en sort que pour prendre un peu d'exercice dès qu'il fait beau temps.

On lui donne de bon foin dans lequel on mêle, au commencement, un tiers de paille d'orge ; en même temps on lui donne aussi des pommes de terre, des navets, des carottes bien hachés et roulés dans du son, puis dans de la farine d'avoine, de seigle et d'orge. Vers la fin, on lui donne des pelotes faites avec de la farine d'orge, pétries avec de l'eau tiède et du sel ; comme boisson, de l'eau blanche.

En été, après lui avoir fait boire de l'eau blanche, on le conduit de grand matin dans un bon pâturage, et on le ramène à l'étable dès que la chaleur commence à se faire sentir. On lui donne encore à boire et on le laisse ruminer à son aise pendant deux heures. Alors, on lui distribue une légère ration de luzerne qu'on met dans le râtelier avec des pois gris concassés ou des fèves de marais qu'on met dans l'auge. Ensuite, on le reconduit au pâturage jusqu'au soir. A son retour, il boit un seau d'eau demi-tiède, bien blanchie avec de la farine d'orge, et rentre à l'étable où il va s'étendre sur une litière bien fraîche.

CHAPITRE III

Reproduction — Elevage

Nous l'avons dit, à propos du cheval, le choix porté
à l'appareillement ne saurait être trop judicieux.

C'est par la sélection que les Anglais sont arrivés
à créer ces races de produit à juste titre tant remarquables.

« C'est le mode, — dit Grognier (1), — que suivit le
célèbre éleveur anglais Backewell. La race des bêtes
à cornes qu'il créa pour la boucherie se distingue par
la petitesse des os, le gros volume des chairs, la
rondeur du corps en forme de baril, la brièveté des
jambes ; d'après cette conformation, elle s'engraisse
plus facilement et avec plus d'économie. »

L'âge de l'étalon n'est pas indifférent. Car si l'on
veut obtenir des animaux de travail ou de boucherie,
le taureau ne devra pas avoir moins de deux ans ;
tandis que si on ne fait couvrir la vache que pour
avoir des veaux ou pour pousser à la sécrétion du
lait, on peut se servir de taureaux de deux ans et
même de 18 mois.

On reconnaît que la vache est apte à la reproduction quand elle est inquiète, agitée, tourmentée.
Son appétit diminue, de même que la sécrétion des

(1) *Maison rustique du XIXᵉ siècle.*

mamelles. La vue du mâle l'excite, elle le recherche. Souvent, dans le paroxysme de ses désirs, elle saute sur les autres vaches.

Quant au taureau, il s'agite, il bondit, attaquant les enclos, les arbres, labourant le sol de ses cornes, et mugit avec fureur.

Un bon taureau étalon doit être gros sans être trop pesant, l'œil noir, le regard clair et fixe, le front ouvert, la tête courte, les cornes fortes, les oreilles longues et velues, le mufle grand, le nez court, le cou gros et charnu, le fanon long et pendant jusqu'aux genoux, les reins courts et fermes, le dos droit, les jambes nerveuses, l'allure ferme et sûre, le caractère doux.

La vache, elle, doit avoir la peau souple, moelleuse, bien détachée, la charpente osseuse légère, le train de derrière large et bien développé, les jambes courtes et fines, peu de fanon, et si c'est une vache laitière, des veines mammaires grosses et ondulées s'avançant loin sous le ventre, un pis carré couvert d'une peau fine et douce, s'étendant aussi loin que possible sous le ventre et en arrière des cuisses, volumineux et dur au toucher quand il est gonflé, petit et flasque quand il est vide ; des trayons plutôt longs que courts.

Le plus souvent, quand les vaches pâturent, on laisse le taureau en liberté au milieu du troupeau. Mais comme il saillit alors les vaches au fur et à mesure qu'elles deviennent en chaleur, et autant de fois que ses forces le lui permettent, il se fatigue promptement, et si plusieurs vaches sont en chaleur en même temps, quelques-unes échappent à la saillie.

Il vaut mieux pratiquer la saillie à la main et ne laisser saillir qu'une fois la même vache.

On ne doit faire saillir une vache que deux mois, au moins, après la mise bas ; une saillie trop prématurée peut nuire à la santé de la vache, et même altérer son lait sous le rapport de la quantité et de la qualité.

La vache porte de neuf à dix mois.

On reconnaît immédiatement qu'elle est pleine par les dispositions qu'elle a à l'engraissement.

La vache est plus sujette à avorter que la jument, aussi doit-on prendre les plus grandes précautions pendant tout le temps de la gestation. Si elle est employée à la charrue ou au charroi, on devra la traiter avec ménagements, modérer son travail et même le suspendre complètement pendant les deux derniers mois qui précèdent la mise bas.

De même, si c'est une vache laitière, il faut cesser de la traire vers le septième mois.

On voit que le vêlage est proche, lorsque la vulve se gonfle et qu'il en sort des mucosités sanguinolentes. Puis arrive la poche des eaux qui crève et laisse échapper les liquides qu'elle renferme, et enfin, apparaissent successivement, quand les choses se passent naturellement, d'abord les membres de devant, puis la tête, le tronc, les épaules, et enfin le reste du corps qui tombe sur la litière en provoquant ordinairement la rupture du cordon ombilical ; si celui-ci ne se déchire pas, la mère le coupe à l'aide de ses dents.

Aussitôt après ce travail, on bouchonne la mère, on la couvre de couvertures et on lui donne à boire un peu d'eau de son tiédie. Si elle marque trop d'abattement, on lui fait prendre un litre de vin chaud additionné de même quantité d'eau.

Il y a deux manières d'élever les veaux. On peut les laisser téter ou les élever au baquet.

Le premier moyen, plus conforme aux lois de la nature, donne en même temps moins de peine ; mais il arrive souvent alors que la vache attachée à son veau refuse de se laisser traire.

Aussi emploie-t-on généralement le second moyen car s'il exige plus de soins, il est, par contre, plus économique ; on se sert pour cela d'un baquet de la contenance de cinq ou six litres, ou simplement d'un seau dans lequel on ne met, jusqu'à que le veau sache boire convenablement, que peu de lait à la fois. Ce lait doit être à la même température que s'il sortait du pis de la vache. Pour aider le jeune animal à boire, on met un doigt de la main droite (l'index ou le médius) dans sa bouche et on lui appuie en même temps la main gauche sur la tête de manière à lui plonger le mufle dans le liquide.

Autant que faire se peut il faut toujours donner au veau le lait de sa mère ; ce n'est que plus tard, quand l'estomac sera moins susceptible, qu'on pourra lui donner le lait d'une vache étrangère.

Pendant les 15 premiers jours on peut lui donner jusqu'à six litres de lait par jour ; pendant la seconde quinzaine, il peut en consommer huit, et dix au bout d'un mois. D'un mois à six semaines, on lui fait man-

ger une bouillie légère faite de farine de froment ou
de maïs délayée dans de l'eau tiède ; ou encore une
soupe faite avec du pain et du lait. Quelques éleveurs
donnent des œufs frais qu'ils cassent dans la bouche
du veau ; plus tard enfin, il peut manger une sorte
de purée faite avec des pommes de terre et des
carottes qu'on broie dans de l'eau tiède.

Si l'on préfère laisser téter le veau, on le met dès
qu'il est né devant sa mère, et au bout de deux ou
trois heures, il peut déjà se tenir sur ses jambes et
téter.

Pendant les dix premiers jours, on laisse au veau
tout le lait de sa mère ; mais comme une bonne laitière a toujours beaucoup plus de lait qu'il n'en faut
pour élever son nourrisson, il faut avoir le soin, dès
que celui-ci a convenablement tété, de traire la mère,
afin d'empêcher la diminution de la sécrétion lactée.

Quand on veut faire des élèves, il n'est pas indifférent de faire un choix entre les nouveaux nés. Il faut
écarter les premiers veaux d'une jeune vache, de
même que ceux d'une vache trop âgée, on doit préférer également ceux qui naissent au milieu de l'hiver ou au commencement du printemps : les premiers
trouvent, dès qu'ils commencent à manger, des pâturages pleins d'une herbe tendre et succulente ; les
seconds sont plus forts pour, quand vient l'hiver,
affronter ses rigueurs.

Le jeune veau se sèvre vers deux ou trois mois.

Il faut avoir soin de le tenir dans les meilleures
conditions d'hygiène, et de le garantir contre le froid
et l'humidité.

Quand arrive le moment du sevrage, on doit prendre de grandes précautions de façon que cette opération ait lieu, pour ainsi dire, insensiblement; autrement le veau privé brusquement de son lait maigrit, dépérit et quelquefois tombe gravement malade.

On doit en outre conduire ces jeunes animaux avec douceur, c'est le seul moyen de les rendre dociles et obéissants.

On les castre vers dix-huit mois ou deux ans, par le procédé du *bistournage*, non par amputation, mais par amputation et compression, ce qui laisse au jeune animal plus de vigueur et le rend plus utile pour l'attelage. Lorsqu'il a suffisamment travaillé, la castration est rendue complète par amputation après l'engraissement.

TROISIÈME PARTIE

Maladies du bœuf

PRÉLIMINAIRES

Signes généraux de l'état de santé — Signes généraux de l'état de maladie

I. *Signes généraux de l'état de santé*. — Le bœuf en bonne santé présente les signes suivants tirés de son attitude, de l'état de la peau, de l'appétit, de la digestion et de l'examen de la respiration et de la circulation.

Dès que le bœuf se lève, il exécute ce qu'on appelle des *pandiculations*, c'est-à-dire que, voûtant d'abord sa colonne vertébrale en contre-haut, il l'étend ensuite en sens inverse en étirant progressivement les membres antérieurs en avant, et les postérieurs en arrière ; puis, lorsqu'il se recouche, il replie les quatre membres sous la poitrine et le ventre, en sorte que tout le corps repose sur la litière par ces deux régions.

Les poils sont lisses, brillants et onctueux ; la peau

est souple et se détache facilement des parties sousjacentes ; les muqueuses apparentes sont rosées.

A l'heure du repas, l'animal fait entendre un beuglement plus ou moins prononcé, s'agite sur sa litière et promène fréquemment sa langue sur le mufle.

Dès qu'il a mangé, il se couche pour mâcher, insaliver et déglutir de nouveau les aliments qu'il vient d'ingérer — phénomène qui — nous l'avons dit — constitue la *rumination* et dont l'exécution régulière est toujours l'expression de la santé.

Ajoutons en outre que les mouvements respiratoires sont de 16 à 18 chez le bœuf adulte, et de 18 à 21 chez le veau; et que le nombre des pulsations données par la circulation artérielle est de 45 à 50.

L'exploration du pouls a lieu à l'artère glosso-fanale, à l'artère humérale et aux artères coccygiennes. C'est de préférence à cette région qu'on s'adresse. Pour cela on saisit la queue à sa base avec les deux mains les pouces en dessus, la pulpe des deux premiers doigts, pressant légèrement sur les artères qui rampent à la face inférieure de la queue de chaque côté des vertèbres coccygiennes.

II. *Signes généraux de l'état de maladie.* — Les troubles par lesquels s'affirme l'état morbide portent toujours sur ces deux grandes fonctions principales, qu'on appelle la digestion et la circulation, Ce sont elles, en effet, qui tiennent sous leur dépendance tout ce parallélisme des forces qui constitue la santé. A peine survient-il quelque dérangement dans les fonctions secondaires, qu'immédiatement celles-là se trouvent impressionnées.

On voit alors se produire l'inappétence, la diminution ou l'arrêt complet de la rumination ; en même temps les oreilles, les cornes, et souvent tout le corps, deviennent très chauds. La respiration s'accélère, le pouls bat avec une vitesse en rapport avec l'intensité de la *fièvre*. Car tous ces symptômes ne sont autre chose que l'expression de cet état particulier, connu sous le nom de fièvre, qui est toujours la première manifestation d'un trouble organique.

En outre, le bœuf persiste à rester dans la position décubitale, et si on le force à se lever, il n'exécute plus ces pandiculations dont il était question plus haut. Si l'on pince la colonne vertébrale, il fléchit brusquement, au point parfois de se laisser tomber.

Il faut alors examiner les muqueuses apparentes: d'abord celle de l'œil, en écartant les deux paupières, et en les chassant, à l'aide de l'index et du pouce, par une pression légère vers l'angle nasal de l'œil, de façon à projeter sur cet organe la troisième paupière ou corps clignotant ; ensuite celle du nez en soulevant les narines à l'aide des doigts, enfin les gencives et la langue en ouvrant la bouche et en écartant les lèvres. A l'état de fièvre, ces parties sont toujours beaucoup plus rouges qu'à l'état normal.

S'il arrive, au contraire, qu'elles soient plus pâles, avec un abaissement de la température générale et cela presque subitement, c'est là l'indice d'une lésion grave dans laquelle tout le sang a reflué de la périphérie vers un organe interne.

Dans le premier cas il faut, en attendant le vétérinaire — surtout si l'animal est jeune et vigoureux — mettre l'animal à la diète, et pratiquer une saignée de deux ou trois litres environ chez l'adulte. Les veines que l'on ouvre généralement chez l'animal qui nous occupe sont la *jugulaire* et la *sous-cutanée abdominale*. Les précautions à prendre sont les mêmes que chez le cheval, avec cette différence que la saignée peut être sans inconvénient un peu plus copieuse.

Dans le cas — au contraire — ou la chaleur de la peau est abaissée et ou les muqueuses apparentes ont perdu leur coloration rosée, on doit frictionner l'animal vigoureusement sur tout le corps à l'aide de bouchons de paille trempés dans du vinaigre chaud, et appliquer aux quatre membres des sinapismes de farine de moutarde délayée dans l'eau. On jette ensuite des couvertures sur le malade pour empêcher tout refroidissement.

———

Ceci dit sur les signes généraux de l'état de santé et de l'état de maladie, nous examinerons maintenant les signes propres à chaque affection en particulier.

Nous ne présenterons pas à nos lecteurs tous les divers états morbides du bœuf. Un certain nombre de maladies décrites dans le premier livre de cet ouvrage à propos du cheval, se montrant chez le bœuf sans qu'il y ait d'indications spéciales, nous nous contenterons d'indiquer les maladies de l'espèce.

Nous ne nous occuperons donc que de celles qui sont spécialement propres à l'espèce bovine. Seulement, au lieu de les grouper par appareil comme précédemment, — ce qui ici ne serait plus possible, — nous nous contenterons de les présenter par ordre alphabétique.

DES MALADIES

BRONCHITE VERMINEUSE

Ses caractères généraux sont les mêmes que ceux de la bronchite du cheval. — Nous ne les décrirons pas.

Disons seulement que la bronchite vermineuse du bœuf se distingue par la présence dans les matières rejetées, soit par la bouche, soit par les cavités nasales, de vers (strongles), qui souvent se montrent en quantité considérable.

Ces strongles appartiennent aux espèces : *strongle contourné* et *strongle micrure*.

Lorsqu'ils ne sont pas trop nombreux, les vers ne produisent pas de troubles très marqués, mais, s'ils viennent à se multiplier, ils sont une cause d'épuisement si profond que les animaux ne tardent pas à périr. Il arrive même que ces parasites occasionnent dans le poumon de graves lésions, telles que des abcès plus ou moins vastes, souvent en communication avec les bronches.

Traitement. — Dès qu'on s'aperçoit qu'une bête jette et tousse, il faut immédiatement examiner les matières rejetées, pour voir si on n'y rencontre pas ces strongles. On soumet alors les malades à un régime substantiel. L'administration des toniques amers et ferrugineux : quinquina en poudre (de 25 à 30 gr.), gentiane (de 35 à 40 gr.), carbonate de fer (de 6 à 10 gr.) que l'on mélange avec du miel, produit au début de bons résultats. On complétera cette médication par des fumigations de goudron, d'huile empyreumatique, de baies de genièvre, d'essence de térébenthine. — Ces fumigations se font en projetant ces substances sur une pelle rougie au feu et l'on fait respirer les vapeurs qui se dégagent en ayant soin d'envelopper la tête des animaux avec une couverture.

On a beaucoup vanté l'emploi des injections dans les narines avec la mixture suivante :

> Ether sulfurique. . . . . 60 gr.
> Goudron ou essence de térébenthine. 15 gr.
> Mêlez.

Injecter dans chaque narine à la dose de deux cuillerées à café.

Causes. — Cette maladie est due à des influences générales : la fréquentation des pâturages, le passage subit d'un climat où l'air est froid et sec dans une contrée chaude et humide, et d'une nourriture sèche et substantielle à un régime d'herbes aqueuses et peu nutritives. Toutes ces causes, en débilitant l'organisme, sont propres au développement des entozoaires bronchiques.

CALCULS

I. Calculs biliaires. — Les calculs biliaires sont fréquents chez le bœuf. On les rencontre très souvent sur des animaux abattus pour la boucherie, sans qu'ils aient provoqué des désordres apparents pendant la vie.

Cependant, Charlot, les a vus, dans certains cas, déterminer quelques troubles fonctionnels.

L'animal porte la tête basse ; sa peau est sèche, crépissante, les urines sont rares et se diversifient, les muqueuses jaunâtres, le mufle est sec, la rumination est suspendue.

Il fait entendre de temps en temps des beuglements, en tournant la tête vers l'hypocondre droit qui est douloureux à la pression.

Le malade se couche de préférence sur le côté gauche.

Ces symptômes, il est vrai, peuvent tout aussi bien être l'expression de l'hépastite, mais comme ils se montrent pendant un temps souvent très long et par intermittence, on peut les considérer comme étant plutôt caractéristiques des calculs biliaires.

Causes. — « D'après Van Swiéten, — ces calculs se formeraient surtout en hiver, lorsque les animaux se nourrissent d'aliments secs. — Le régime du vert, au printemps, aurait la propriété de les fondre et de les entraîner dans les voies digestives, d'où ils peuvent être évacués. »

Traitement. — Durande conseille d'employer pour dissoudre ces calculs le mélange ci-après :

Essence de térébenthine.	10 gr.
Ether sulfurique.	20 gr.
Bouillon de pissenlit.	Q. S.

Mêlez.

On emploie également les pilules suivantes :

Savon blanc	15 gr.
Gomme ammoniaque.	
Extrait d'absinthe.	8 gr.
Poudre de guimauve et de miel.	Q. S.

II. Calculs urinaires. — Nul animal n'est plus sujet que le bœuf aux calculs de la vessie et aux calculs de l'urètre.

Les premiers n'occasionnent, en général, que des troubles légers.

« Les seuls phénomènes appréciables, — dit Lafosse, — sont parfois le rétrécissement du jet de l'urine, ou bien son interruption avant que l'émission soit achevée, une plus grande fréquence de cet acte, phénomènes importants qui restent souvent inaperçus par le bouvier ou que ce dernier ne signale pas toujours à l'attention du maître. »

Alors le mal s'aggrave et on voit apparaître tous les signes de la rétention d'urine.

La physionomie du bœuf prend une expression de souffrance, il trépigne, regarde son flanc, tend la

SOUCI DES CHAMPS

queue, se couche, se relève, se place pour uriner, suspend sa respiration, contracte les muscles de l'abdomen ; tout est vain.

On constate en même temps ces convulsions des muscles accélérateurs qui font dire que la bête *bat du nerf*.

Rien n'est plus grave que cet état, car la vessie peut arriver à se rupturer.

Traitement. — Il faut, si le mal n'est qu'à son début, soumettre l'animal à un régime convenable, c'est-à-dire éviter de lui donner des aliments et des boissons dans lesquels se trouvent des substances propres à favoriser le développement des calculs : tels sont les fourrages provenant de terrains calcaires, et les eaux des puits creusés dans des terrains marneux et gypseux.

' La tisane alcoolisée suivante peut être employée avec succès dès les premiers jours :

Décoction de graine de lin. . . . 1,000 gr.
Bicarbonate de soude . . . . . . 2 gr.
Miel ou mélasse . . . . 100 gr.

Mêlez.

Mais à un degré plus avancé du mal, il n'y a plus guère qu'une intervention chirurgicale qui puisse être employée efficacement.

C'est la *cystotomie* et la *lithotritie*, opérations qui ne pourront être pratiquées que par le vétérinaire.

Hâtons-nous de dire que chez le bœuf les calculs de la vessie sont en général peu volumineux pour s'arrêter dans cet organe. Dans la presque totalité des cas, il franchit le col de la vessie et s'arrête dans l'urètre.

Calculs urétraux. — L'urètre du bœuf va en se rétrécissant d'arrière en avant et se recourbe en S, en arrière des bourses, par le fait de la contraction des muscles suspenseurs ; aussi c'est toujours dans cette partie recourbée que s'arrête le calcul dès qu'il est engagé dans l'urètre.

Les symptômes sont à peu près les mêmes que dans le calcul vésical avec cette différence pourtant qu'il existe un gonflement du pénis dû à la dilatation du canal, gonflement qui s'accompagne d'un engorgement du périnée et d'une douleur très vive à la pression de l'S, au point où est arrêté le calcul.

Traitement. — En pareil cas, il ne peut être que chirurgical.

CATARRHE DES CORNES

« Cet affection, — dit A. Sanson (1), — débute par un état aigu, dont le premier symptôme est ordinairement une petite hémorrhagie nasale, qui se répète pendant plusieurs jours. L'animal témoigne de la nonchalance ; mais vers le cinquième ou le sixième jour, après la manifestation de ces premiers signes, il cesse d'abord de ruminer, puis de manger, puis il tient la tête basse et appuyée sur quelque objet à sa portée. Les oreilles sont pendantes, la tête est penchée

____

(1) *Notions usuelles de médecine vétérinaire.*

d'un côté ou de l'autre, et de ce côté-là, la corne est brûlante et l'œil presque fermé. »

Ces symptômes se manifestent lorsque le mal n'atteint qu'une seule corne, mais s'il vient à siéger sur les deux, l'animal porte la tête en bas, les deux yeux complètement fermés.

Quelquefois les premiers symptômes de la maladie passent inaperçus : l'animal perd l'appétit et maigrit; son poil devient terne et piqué, sa peau se dessèche, les yeux ternes semblent s'enfoncer dans l'orbite, sans qu'on puisse savoir exactement la cause de ces marques de dépérissement général. On doit chercher si l'animal ne fait pas entendre de temps en temps quelques éternuements et examiner les cavités nasales, pour s'assurer si elles ne sont pas le siége d'un léger jetage.

Ce jetage qui provient du sinus frontal communiquant avec le sinus de la boîte osseuse des cornes et avec la cavité nasale correspondante, est jaunâtre, plus ou moins clair et d'odeur repoussante.

Quand on percute la partie supérieure de la tête qui sert d'assise aux cornes, ainsi que la base de celles-ci, l'animal cherche à se soustraire immédiatement à cette exploration, en rejetant brusquement la tête de côté ou en arrière, suivant que le catarrhe occupe l'une des cornes ou les deux à la fois.

Quelquefois, le mal passe à l'état chronique, et l'animal devient inutilisable quand il est employé au travail.

Causes. — Cette affection attaque généralement

les animaux qui sont restés la tête trop longtemps exposée aux ardeurs du soleil, ou encore ceux qui ont reçu des coups ou des heurts violents sur la tête.

L'attelage avec le joug double, surtout quand cet instrument déplorable est ajusté et mal fixé, doit être considéré — d'après M. Sanson — comme la cause la plus fréquente de la maladie. Il conseille de renoncer à son emploi, pour y substituer l'usage du joug simple et indépendant, dont le modèle le plus convenable a été confectionné sur les indications du baron Augier.

Traitement. — Le repos, les affusions d'eau froide sur le front et la saignée — quand l'animal est d'un tempérament pléthorique — sont les meilleurs moyens d'arrêter le mal à son début.

Si le catharre est chronique, on devra appeler le vétérinaire pour procéder à l'amputation de la corne pour donner issue à la matière purulente et tarir sa sécrétion à l'aide d'injections appropriées.

CORYZA

I. Coriza ulcéreux. — Cette maladie présente les caractères suivants: l'animal porte la tête basse, l'œil est injecté et larmoyant, le mufle sec et légèrement tuméfié en même temps que les ailes du nez et la lèvre supérieure. La marche est pénible et le malade va le nez au vent, les narines largement dilatées et laissant apercevoir la pituitaire injectée. On constate en même temps un écoulement muqueux qui se concrète au pourtour des narines.

Quelquefois le mal se termine au bout de trois ou quatre jours par un épistaxis plus ou moins intense.

Mais le plus souvent tous ces symptômes s'accentuent et se compliquent de la façon suivante : la tête semble plus pesante, et l'animal l'appuie parfois contre la crèche ou le râtelier, la respiration devient sifflante, et l'on voit la bouche s'entr'ouvrir pour aider au passage de l'air, le jetage augmente, et les lèvres, le mufle et la pituitaire se couvrent de petites ampoules, auxquelles succèdent bientôt des ulcérations à bords rouges et à fond grisâtre.

Cette forme est très grave, mais elle n'est pss toujours mortelle.

Traitement. — Il faut tout d'abord saigner le malade, et appliquer des sinapismes aux fesses et au plat des cuisses, et injecter dans les cavités nasales la solution suivante :

Eau . . . . 500 gr.
Alun . . . . 8 gr.
Infusion de tan . . . . 10 gr.

On appliquera en outre sur les ulcérations intérieures de la suie de cheminée délayée dans du vinaigre.

Pour régime, un peu d'eau additionnée de son, de farine d'orge ou de seigle, de paille, dans lequel on pourra jeter 25 ou 30 grammes d'émétique à titre de contre-stimulant.

S'il y a collection des sinus, le vétérinaire fera la trépanation.

II. *Coryza gangréneux*. — Cette variété du coryza est encore plus grave que celle qui précède :

Caractères. — Les caractères du coryza gangréneux sont au début ceux du coryza ulcéreux. Mais l'état de stupeur dans lequel tombe l'animal obligé d'appuyer sa tête sur la mangeoire, s'accompagne de mouvements convulsifs et de soubresants dans les tendons. La pituitaire rouge et épaissie est parsemée de taches pétéchiales qui ne tardent pas à présenter le caractère gangréneux ; l'air expiré est fétide et le jetage de couleur verdâtre est mêlé de sang et de débris de la muqueuse ; l'œil se trouble et les larmes semblent corroder la peau : l'engorgement du nez devient considérable, il gagne les ganglions lymphatiques de l'auge, le fanon et tissu conjonctif qui entoure la gorge ; la respiration devient de plus en plus difficile.

De larges ulcérations couvrent bientôt la muqueuse et détruisent la cloison médiane du nez et les cornets, le jetage, qui n'est plus qu'un putrilage, est infect. L'œil devient plus opaque, et la cornée s'ulcère et se perfore ; l'épiderme du mufle se détache, les cornes tombent, enfin l'animal éprouve quelques convulsions et meurt.

Cette terrible affection peut enlever les animaux en quatre ou cinq jours.

Traitement. — Le traitement, on le voit, doit être prompt : saignée et sinapismes, injection de vinaigre sternutatoire pour exciter la muqueuse et provoquer le jetage.

Dès qu'apparaît la gangrène : injection d'ammoniaque, étendue d'eau dans les naseaux et dans la bouche, pointe de feu dans les engorgements.

Il faut surtout éviter l'emploi des sétons et des trochisques qui provoquent souvent des plaies gangréneuses.

CORPS ÉTRANGERS DANS L'ŒSOPHAGE

Il n'est pas rare de rencontrer des corps étrangers arrêtés dans l'œsophage d'un bœuf. Ces corps sont extrêmement variés; c'est d'ordinaire : des pommes de terre, des poires, des navets, des tronçons de choux, etc. — Mais on a encore : un morceau d'écorce de pin (PEYROU), un gant de peau de Suède (SOLOZ), une couleuvre morte (DANDRIEU), des clous, des aiguilles, des fragments d'os, etc.

Caractères. — L'animal cherche d'abord à rejeter ces corps; il tousse, fait des efforts, salive, et enfin ne parvenant pas à se débarrasser d'eux, présente une respiration gênée, suffocante, à tel point parfois que l'asphyxie devient imminente. En même temps, on voit se produire un météorisme des plus intenses.

Traitement. — Le traitement consiste à extraire le corps étranger ou à provoquer sa déglutition définitive.

Pour l'extraire on peut se servir de l'*extirpateur* imaginé par M. Dubois. Si cette opération est impossible, et si le corps est assez mou pour pouvoir être écrasé, on essaie de le briser en comprimant l'œsophage, mais de façon à ne pas blesser cet organe. Si le corps ne se prête pas à cette division, il faut essayer du *refoulement* à l'aide de la sonde œsophagienne, ou à son défaut, à l'aide d'une baguette flexible et solide, dont l'extrémité est entourée d'une petite pelote. M. Grisformanche a inventé un renflement de poussoir assez semblable à un cul de bouteille qui présente l'avantage de mieux s'adapter au corps, qui le plus souvent est sphérique. Si cette dernière manœuvre reste infructueuse, le vétérinaire appelé pratiquera l'œsophagotomie.

DIARRHÉE (Voir *Entérite diarrhéique*)

DYSSENTERIE (Voir *Entérite dyssentérique*)

FIÈVRE APHTHEUSE *(Cocotte)*

La fièvre aphtheuse, plus communément connue sous le nom de *Cocotte*, est une maladie épizootique et contagieuse, qui, pour ne pas être très grave, n'en porte pas moins à l'agriculture de sérieux préjudices.

Caractères. — Elle se manifeste par le développement à l'intérieur des lèvres, sur les bords de la langue, et plus tard sur les mamelles et jusque entre les onglons de petites ampoules *(aphthes)*, isolées ou confluentes, qui parfois s'étendent jusqu'à la gorge, aux bronches et à l'intestin.

Cette éruption est précédée d'un état fébrile qui s'exprime par de la tristesse et de l'inappétence ; le mufle et la bouche sont secs et chauds, celle-ci laisse échapper une bave abondante et visqueuse, elle exhale en même temps une odeur fétide ; on constate en outre des tremblements des muscles des membres.

Si l'éruption vient à attaquer les onglons, on voit alors l'animal piétiner sur place avec plus ou moins d'impatience.

C'est surtout l'espace interdigite à la jonction de la peau avec la couronne qui est le siége de l'éruption.

Sur les mamelles, les vésicules affectent une disposition particulière ; les trayons en sont le plus souvent le siége. Fréquemment, il s'en trouve une en forme de cercle autour de l'orifice du mamelon (HUZARD).

Les symptômes fébriles disparaissent aussitôt après l'éruption des vésicules, qui généralement a lieu au bout de 48 heures.

C'est là la deuxième période du mal : la pellicule épidermique de l'ampoule se rupture ; il s'en écoule librement un liquide épais et blanchâtre, et il reste un petit ulcère superficiel à bords taillés à pic, très rouge. — Le fond de cette ulcération est grisâtre, il est formé par une exsudation épaisse et pultacée, laquelle se durcit et forme une véritable croûte qui ne tarde pas à tomber.

C'est dans la bouche que commence la déchirure des ampoules, et cela presque aussitôt leur apparition, à cause des frottements continuels de la langue. — Il s'écoule à ce moment une salive filante striée de sang. Les autres, celles de l'espace interdigite et des mamelles, ne s'ouvrent pas toujours d'elles-mêmes ; dans ce cas, elles se flétrissent et se dessèchent par la résorption du liquide qu'elles contenaient.

C'est vers le huitième jour environ que se fait la cicatrisation des plaques ulcéreuses qui succèdent à la rupture des ampoules.

Complications. — La cocotte peut présenter quelques complications, telles sont : la *chute des onglons* et même la *nécrose de la dernière phalange*, et la *mammite* qu'on reconnaît à de petits noyaux plus ou moins durs qui souvent sont suivis d'abcès.

Elle présente en outre uue forme assez grave, appelée par M. Zindel forme catarrhale; celle-ci se remarque de préférence sur les veaux et se caractérise par une diarrhée séreuse qui fait mourir ces jeunes animaux du troisième au cinquième jour de la maladie.

Causes. — Jusqu'à présent les causes de cette maladie sont restées inexpliquées. — « Il est à présumer, — dit Lafosse, — qu'on ne sera éclairé sur ce point qu'après avoir découvert le mode de génération de l'élément contagieux, qu'il se forme de toutes pièces aux dépens des éléments dont se compose l'organisme, ou bien qu'il provienne d'un germe ou d'un ferment venant du dehors. »

Contagion. — La contagion, qui pendant longtemps avait été contestée, est aujourd'hui généralement admise.

Elle peut s'effectuer par différentes voies :

Par les fourrages imprégnés de salive virulente (KNOLL, LAFOSSE); par les abreuvoirs ; par l'air lui-même qui peut servir de véhicule au *contagium*, dans la cohabitation; par le passage sur les mêmes routes ; enfin par l'inoculation de la salive et du liquide contenu dans les ampoules (SALOZ, FALIE, CLERC, LAFOSSE, etc.).

Elle est en outre contagieuse au mouton, à la chèvre et au porc, et réciproquement.

En ce qui concerne l'homme, les avis sont partagés. — Hertwig, Marin, Villam, Cooper, Emery, etc., affirment qu'elle est contagieuse à l'espèce humaine; Toggia, Leviat, Rayer, Bouquet et Magne croient à son innocuité. Quoi qu'il en soit, elle se traduit alors sous une forme tellement bénigne qu'il n'y a pas lieu de prendre à son égard des mesures sérieuses.

Traitement. — Il faut se garder avant tout de pratiquer des saignées et d'administrer des breuvages excitants « qui ont le grave inconvénient d'aggraver le mal et de rendre difficile l'éruption des vésicules » (REYNAL).

Au début, on lotionnera toutes les parties malades avec cette décoction :

> Mauve. . . . . 60 gr.
> Bourrache . . . . 60 gr.
> Graine de lin. . . . . 60 gr.
> Eau commune. . . . . 4 litres.

Mêlez.

A une période plus avancée avec cette autre :

> Décoction d'orge . . . . . 1 litre.
> Miel de bonne qualité. . . 125 gr.

Délayer le miel dans la décoction et ajouter une cuillerée de vinaigre, — lotionner les parties malades comme ci-dessus.

Enfin si les ulcères revêtent une couleur blafarde, employer cette infusion :

Sauge. . . . . 125 gr.
Menthe. . . . . 125 gr.
Eau commune. . . . . . 2 litres.
Vin. . . . . 1 litre.

Faites infuser les plantes aromatiques et ajoutez le vin.

« Le renouvellement de la litière, les soins de propreté, les lotions astringentes (avec l'extrait de saturne étendu d'eau), guérissent ordinairement les phlyctènes de l'espace interdigité (REYNAL). »

Mesures de police sanitaire. — La maladie étant de nature contagieuse, les propriétaires sont forcés de déclarer leurs bêtes malades à l'autorité compétente

Mais comme la fièvre aphtheuse est, somme toute, une affection très bénigne, les mesures à prendre porteront seulement sur la *séquestration*, l'*interdiction des foires et marchés* et enfin la désignation d'*abreuvoirs* spécialement affectés aux animaux atteints.

La viande des animaux atteints et le lait pourront être livrés sans péril à la consommation. — Mais on devra prendre la précaution de faire bouillir le lait.

FIÈVRE CHARBONNEUSE

La fièvre charbonneuse du bœuf a la plus grande analogie avec celle du cheval ; mais elle affecte de préférence chez le premier la forme foudroyante.

D'après Lafosse, cette maladie s'observe communément dans le Lauvaugais, au printemps et à l'automne.

Les caractères de cette maladie chez le bœuf sont les suivants : tremblement de tout le corps, convulsions, rougeur violacée des conjonctives, sécheresse du mufle, gonflement de la rate pendant les paroxysmes, engorgement des ganglions sous-cutanés, emphytème de toute la région du dos et des lombes.

Dans quelques cas on voit apparaître sur la peau, — comme chez le cheval, — des tumeurs qui parfois deviennent gangréneuses. Bien souvent ces tumeurs, qui siégent ordinairement à l'encolure, aux côtes et aux flancs, ne forment pas saillie au-dessus de la peau, même elles désorganisent les tissus sous-jacents sans que cette membrane soit soulevée ; seulement elle se refroidit et se dessèche, et si on la perce, elle laisse échapper des gaz fétides et quelques gouttes d'un liquide rougeâtre.

C'est à cette variété du charbon que Chabert donnait le nom de *charbon blanc*. Elle est des plus redoutables.

Traitement. — M. Caussé employait l'huile phosphorée à la dose de 40 ou 50 gouttes dans un litre de décoction de graine de lin.

On préconise aujourd'hui l'injection d'une solution d'acide phénique au centième.

Lafosse conseille comme traitement externe les frictions irritantes de vinaigre chaud sur tout le corps, les sétons animés avec l'essence de térébenthine et les trochisques qu'on placera de préférence au fanon.

On frictionnera en outre les tumeurs avec le liniment ammoniacal au tiers afin d'aider au sphacèle, et ensuite on pansera la plaie avec la liqueur de Labarraque. Si la gangrène est déclarée, il faut pratiquer deux incisions en croix très profondes, et enlever chacun des quartiers qu'on incise à la base en les tenant au sommet avec de fortes pinces, et on cautérise ensuite au fer rouge.

Mesures de police sanitaire. — L'*isolement* et la *déclaration* des animaux malades, tel est le premier devoir des propriétaires, qui auront ensuite à obéir aux prescriptions de l'autorité qui suivent: la *séquestration*, la *défense de vendre* aucun animal au boucher, l'*abattage* des bêtes reconnues incurables, l'*enfouissement* de leurs cadavres à 200 mètres des habitations dans des fosses de 3 mètres de profondeur, après que les peaux auront été tailladées ; la *défense de livrer à la consommation* la chair ou le lait des animaux morts, et enfin la *désinfection* des étables.

FIÈVRE VITULAIRE

Cette affection, exclusive à la vache, se produit souvent le lendemain ou le surlendemain du part.

Caractères.— La bête reste couchée, la tête appuyée sur une épaule, sans qu'on puisse parvenir à la faire lever. En même temps on voit le corps parcouru de frissons et de tremblements ; les yeux semblent frappés de cécité amaurotique; les mamelles sont gonflées, la bête se plaint, gémit.

Cette maladie — dit M. Sanson — qui se montre surtout sur les bêtes les plus robustes, les mieux nourries et qui étaient, vers la fin de la gestation, en meilleur état, a été considérée par la plupart des vétérinaires comme une paralysie du train postérieur. Il y a là une erreur ; car, avec une sensibilité exagérée ou plutôt avec une excitabilité exagérée de cette région, les malades conservent la faculté de mouvoir leurs membres, et quelques-unes mêmes les agitent constamment. Ce qui est certain seulement, c'est qu'elles sont dans l'impossibilité de se relever, et c'est ce qui a fait donner à la maladie le nom de *collapsus* du part.

Une étude particulière, que nous avons faite de cette affection, nous autorise à penser qu'elle est due à un trouble produit par le refroidissement subit du corps après la parturition. Le sang qui engorge la matrice, à ce moment, est brusquement chassé dans les organes voisins qu'il congestionne, et principalement dans la moelle épinière. De là le symptôme principal de la maladie, l'impossibilité de se relever et les vives souffrances qui se manifestent.

Traitement. — Il importe de prendre tout d'abord toutes les précautions nécessaires pour garantir des courants d'air les vaches qui viennent de mettre bas, et qui par le fait sont obligées de demeurer à l'étable pendant un temps plus ou moins long.

Ensuite il faut pratiquer une large saignée de

quatre à cinq litres suivant la taille, faire des fo-
mentations chaudes, des fumigations sur le ventre
et administrer toutes les deux heures, suivant le
conseil d'un vétérinaire allemand, M. Kautz, le
mélange suivant :

Sulfate de soude . . . . 100 gr.
Sel de nitre. . . . . 10 gr.
Graine de lin . . . . 1000 gr.

En même temps on donnera des lavements d'huile
de lin, et on fera de vigoureuses frictions sur toute
l'étendue du dos et des lombes.

S'il restait dans la matrice — ce qui est rare — quelques débris placentaires en décomposition, on ferait
des injections utérines désinfectantes (solution d'acide
phénique au centième).

Si la bête se relève, il faut pendant quelques jours
la soumettre à un régime rafraîchissant.

GASTRO-ENTÉRITE

C'est l'inflammation de la muqueuse de la caillette
et de l'intestin grêle.

Caractères. — Au début, on constate un abattement
général avec raideur des reins, le mufle est sec, la
conjonctive légèrement jaunâtre, la rumination rare.
On constate, en outre, un léger météorisme. Parfois,
l'animal se plaint pendant qu'il est couché, et fait
entendre des éructations plus fréquentes qu'à l'état
normal.

Lorsque le mal est intense, la sécheresse du mufle
s'exagère et sa surface se fendille, la rumination

cesse, le météorisme est plus marqué, et les éructations se changent en vomissements. Le vomissement est un signe caractéristique de l'inflammation de la caillette (FLOURENS). On a observé dans quelques cas des accès de délire si intenses qu'on pouvait croire les animaux enragés (GAULET, FERTAL).

Traitement. — Lorsque la maladie est légère, mettre d'abord l'animal à la diète, et administrer à grandes gorgées si l'inflammation est dans le rumen, à petites gorgées si elle réside dans la caillette, des breuvages de décoction d'orge, de racines de guimauve, de graine de lin édulcorées avec du miel.

Si la maladie revêt un type plus grave, saigner et employer les révulsifs (sinapismes sur les membres); en même temps, faire prendre une infusion de jusquiame.

Causes. — Les causes tiennent le plus souvent à une mauvaise alimentation. Les tiges de maïs, les pailles, le trèfle incarnat desséché, les feuilles d'arbres, les fougères, toutes substances dures, fibreuses et peu nutritives ; les colchiques, les renoncules, les ellébores, les euphorbes, etc., plantes essentiellement irritantes par les principes qu'elles renferment ; les boissons ingérées trop froides sont regardées comme pouvant souvent provoquer la maladie qui nous occupe.

Il arrive quelquefois qu'elle passe à l'état chronique.

GASTRO-ENTÉRITE CHRONIQUE. — On la reconnaît aux symptômes suivants : les malades lèchent les murs, leur appétit se déprave; on les voit manger de la terre, du plâtre, du bois, des excréments, etc. Le bœuf fait entendre en outre une toux sèche, et la dyspepsie s'accentue de plus en plus.

Traitement. — Il est le plus souvent infructueux; mieux vaut en pareil cas sacrifier la bête.

ENTÉRITE DIARRHÉIQUE. *(Diarrhée — flux — court de ventre).* — Elle est caractérisée par des évacuations alvines abondantes et nombreuses lancées par jets, salissant la queue et les membres postérieurs, accompagnées de quelques douleurs dans le ventre, avec gonflement et tension, malaise général, dégoût, perte d'appétit, faiblesse proportionnée à la quantité des matières rejetées.

Mais c'est surtout chez les veaux qu'est fréquente cette affection.

Causes. — Chez l'adulte, le passage du régime sec au régime vert, l'emploi de fourrages moisis et avariés, les pâturages dans les prés humides, bas et marécageux.

Chez le veau, où elle est très grave et souvent mortelle, elle attaque généralement les animaux qu'on soumet à l'engrais artificiel quelques jours après la naissance (DELAFOND); elle succède ordinairement à l'indigestion laiteuse, ou à la constipation (LAFOSSE).

Traitement. — Les bouillies de farine, les boissons gommeuses, suffisent le plus souvent pour l'arrêter. Chez les veaux, Delafond conseille les lavements d'eau de riz, de têtes de pavots, un chaque heure. On peut en même temps donner un breuvage fait d'un verre de lait, d'un jaune d'œuf et d'une cuillerée à café de laudanum. On a conseillé le sulfate de soude (Gelle). Les Anglais se servent du breuvage suivant: rhubarbe, 2 grammes; huile de ricin, 56 grammes; gingembre, 90 grammes, dans un verre de lait ou de gruau.

Entérite diarrhéique chronique. — Elle présente, d'après Lafosse, les caractères suivants:

« Des matières muqueuses et mousseuses sont parfois rejetées en petites quantités avec épreinte ; avant leur évacuation, l'anus se dilate et se resserre, l'air entre dans le rectum pour en sortir ensuite, dans les deux cas, en faisant un bruit prolongé que l'on peut assez justement comparer à celui de certains instruments à vent. — L'affection est désignée, dans les campagnes du Midi, sous les noms d'*artignes* ou *ordures*. »

Au bout d'un certain temps, l'animal maigrit, s'affaiblit sensiblement, et ne tarde pas à périr.

Traitement. — Cette affection est rebelle. « Plusieurs fois — ajoute Lafosse — nous l'avons combattue avec succès par les moyens suivants : breuvages de riz, de tilleul, avec addition d'émétique et de laudanum; lavements froids additionnés d'eau sédative, d'eau-de-vie camphrée. »

Entérite dyssentérique. — Elle s'annonce par un frisson suivi de chaleur et par des coliques qui paraissent faire souffrir l'animal. Après des efforts longtemps inutiles, il rend une matière glaireuse et sanguinolente, et une fièvre souvent très ardente s'empare de lui.

Lorsque le mal se borne à ces symptômes, la dyssenterie est bénigne — mais elle est toujours grave chez les veaux.

Traitement. — On commence par mettre l'animal à la diète, puis on lui donne des lavements émollients (au son et à la graine de lin), en même temps on lui fait boire de l'eau de riz, à laquelle on ajoute de la gomme arabique (30 grammes par litre); quand les accidents sont diminués, on le purge légèrement. — Mais il peut arriver que la maladie prenne une forme plus grave : l'animal rend le sang en nature, il éprouve des tranchées, le mufle est sec et gercé, sèche aussi la bouche, et le malade tombe dans un état de prostration considérable. Cette forme de la dyssenterie est très grave, car —au dire de quelques auteurs — elle est contagieuse, on fera donc bien de prendre immédiatement ses précautions et d'appeler le vétérinaire.

Causes. — Les boissons malsaines, les aliments échauffants, la malpropreté, le mauvais air en sont les causes les plus fréquentes.

GOURME

La gourme attaque les jeunes animaux de l'espèce bovine pendant les quatre ou cinq premières années de leur existence, à l'époque surtout de l'évolution des molaires persistantes (LAFOSSE).

Caractères. — La gourme du bœuf se caractérise par la présence d'*abcès froids* siégeant ordinairement autour de la tête, sur les joues, à la naissance du fanon et, dans quelques cas, en arrière de l'épaule— dans les endroits, du reste, ou existent des ganglions lymphatiques.

Ils se développent lentement, ils n'arrivent quelquefois à leur complet développement qu'au bout de quelques mois et même d'une année. Alors ils deviennent moins durs, et même fluctuants. Ils peuvent rester en cet état pendant un temps plus ou moins long, mais alors ils déterminent souvent l'atrophie des parties qu'ils compriment; les muscles, les glandes diminuent de volume, et les os quelquefois, sous l'effet de cette pression continuelle, dévient de leur direction. — Il arrive aussi que ces tumeurs entravent notablement certaines fonctions, c'est ainsi qu'elles empêchent parfois la déglutition ou gênent la respiration.

Traitement. — Il faut, dès qu'elles se produisent, hâter la formation du pus, soit par des frictions excitantes (avec le liniment ammonical au tiers), soit en les recouvrant de pommades ou onguent maturatif (onguent fondant de Girard). Ensuite donner écoulement au pus en pratiquant — d'après le conseil de Bourgelat— la cautérisation sous-cutanée.

INDIGESTION

İNDIGESTION SIMPLE (*météorisation simple, boblonne-ment*). — On constate tout d'abord un léger météoris-me qui bientôt s'augmente. En touchant le rumen, on constate qu'il se laisse déprimer, ce qui indique qu'il ne contient pas une trop grande quantité d'aliments. La rumination est suspendue, l'animal refuse de manger.

Cette forme de l'indigestion est bénigne, car elle disparaît le plus souvent sans traitement, le météo-risme disparaît après de nombreuses éructations.

Causes. — Elle se produit assez souvent lorsque les animaux mangent à jeun des fourrages verts : luzerne, trèfle des prés, choux, sorgho, etc.

İNDIGESTION AVEC SURCHARGE D'ALIMENTS (*météorisa-tion grave*). — Cette forme est beaucoup plus grave que la précédente.

Caractères. — Les animaux sont inquiets ; toute leur physionomie exprime la souffrance : ils tendent la tête, les yeux sortis de l'orbite, les naseaux dilatés, et la bouche entr'ouverte pour faciliter la respiration. L'abdomen est fortement météorisé, les flancs sont fortement soulevés, le gauche surtout ; en appliquant la main sur le rumen, on sent qu'il est distendu dans sa partie inférieure par une masse pâteuse plus ou moins considérable, et par des gaz dans sa partie supérieure.

De plus, les animaux s'agitent, se couchent, se relèvent et se frappent le ventre avec les membres postérieurs.

La marche de cette affection est rapide, car en peu de temps la météorisation prend de telles proportions, que l'asphysie devient imminente. Il faut donc intervenir au plus vite.

Traitement. — Il faut immédiatement donner issue aux gaz contenus dans la panse. Si le météorisme n'est pas trop prononcé, on administrera de l'ammoniaque (30 grammes pour un litre d'eau). M. Sanson préconise l'emploi de l'eau salée : « On a toujours du sel à sa disposition. Il suffit d'en faire dissoudre une bonne poignée dans un litre d'eau froide que l'on administre en une seule fois au bœuf ou à la vache météorisés. » On a conseillé aussi, pour arrêter les progrès du météorisme, l'application sur le corps de draps mouillés.

Ces divers moyens peuvent être employés, lorsque l'asphysie n'est pas imminente, mais si le danger est pressant, il faut recourir immédiatement à la ponction du rumen. On se sert pour cela du trocart qu'on plonge dans le flanc gauche à une égale distance de la dernière côte, de l'angle de la hanche et des apophyses transverses des vertèbres lombaires. On laisse la canule que l'on maintient à l'aide de sangles qui font le tour du ventre, jusqu'à ce que les gaz aient cessé de se dégager.

A défaut de trocart, on peut se servir d'un simple couteau à lame effilée pour percer la panse, et l'on peut remplacer le tube du trocart par un tube de roseau ou de sureau.

Il faut se garder d'approcher des gaz qui s'échappent des corps en ignition afin d'éviter leur combustion (1).

Les gaz évacués, la rumination se rétablit.

On retire le tube et on abandonne ensuite la plaie à elle-même. Des soins de propreté suffisent pour amener la cicatrisation.

Mais il peut arriver que les matières alimentaires s'engagent dans le tube en même temps que les gaz, il faut chercher à les refouler à l'aide d'un mandrin ; si on n'y peut arriver, le vétérinaire se trouvera dans la nécessité de faire la gastrotomie.

Causes. — Les causes de l'indigestion avec surcharge d'aliments sont les mêmes que celles de l'indigestion simple avec cette différence toutefois, qu'il y a eu une ingestion rapide d'une grande quantité d'aliments à la fois.

Indigestion laiteuse. — Celle-ci, qui se montre fréquemment, est propre aux veaux à la mamelle.

Les veaux bâillent, refusent de téter, vomissent du lait coagulé, et présentent de la constipation ou de

(1) La composition de ces gaz est, d'après l'analyse de Lasfargue,

Sur 100 :

Acide carbonique.	29 gr.
Oxigène	14 gr. 70 m.
Hydrogène carboné	6 gr.
Azote.	50 gr. 30 m.

la diarrhée. Les flancs sont tendus, et les malades sont en proie à de violentes coliques.

Lorsque cette maladie se prolonge, elle amène toujours la mort des jeunes animaux.

Traitement. — Les infusions de tilleul, de camomille, additionnées d'un peu de magnésie calcaire, réussissent toujours, au début, à enrayer la maladie.

LIMACE

Cette maladie — sorte de furoncle — qu'on désigne encore sous le nom d'*arsure* interdigitée, consiste dans l'inflammation de la peau et du tissu conjonctif de l'espace interdigite. L'inflammation se termine toujours par la formation et la chute d'un bourbillon.

D'abord on remarque une légère inflammation avec gonflement de la peau de l'entre-deux des onglons. Il se forme ensuite des crevasses qui dégénèrent en ulcères après l'élimination du bourbillon.

Le bœuf atteint de limace au pied antérieur porte ce membre en avant; si c'est un pied postérieur qui est affecté, l'animal le rapproche du centre de gravité pour soustraire, dans les deux cas, la partie malade à la pression.

Causes. — La malpropreté, les boues, les piqûres, le séjour de graviers ou d'autres corps étrangers entre les onglons peuvent occasionner cette maladie, très fréquente chez le bœuf de travail et surtout chez le bœuf soumis au régime de la stabulation permanente.

Traitement.— Au début employer les cataplasmes, émollients jusqu'à la formation du bourbillon; on débride alors et on retire ce dernier avec des pinces. On remplace alors les émollients par des astringents tels que décoction d'écorce de chêne ou dissolution d'alun. Si ces moyens n'amènent pas la chute de l'escarre qui doit précéder la cicatrisation, on se sert de l'onguent égyptiac, ou encore du fer rouge. Quand on a obtenu cette séparation, on panse la plaie avec un plumasseau d'étoupes imbibé de teinture d'aloès, qu'on place entre ses onglons, et on maintient ceux-ci rapprochés au moyen d'un bandage.

MAL DE BROU (*pissement de sang*)

Cette affection—qui est loin d'être rare dans l'espèce bovine — apparaît généralement au printemps.

Caractères. — Les symptômes par lesquels elle se manifeste à son début sont ceux de toutes les maladies aiguës : tristesse, nonchalance, peau sèche, poil hérissé, frissons — les reins sont voûtés, les membres engagés sous le corps, l'urine est rare, sanguinolente et son émission se fait avec difficulté et douleur.

A une période plus avancée, les yeux sont rouges, enfoncés dans l'orbite, le mufle se fendille, le ventre subit comme une sorte de rétraction, la respiration est accélérée et plaintive, et l'urine a l'aspect du sang pur.

Enfin, la défécation ainsi que la mixtion se suspendent complètement, la respiration, plus entrecoupée.

de gémissements, devient plus haletante, et l'animal meurt.

Causes. — Cette affection est due à l'alimentation; elle est provoquée, suivant certains auteurs, par l'ingestion des plantes qui poussent sur un sol imperméable ; suivant d'autres, à une alimentation trop exclusive de bourgeons contenant des principes irritants tels que : tanin, acide gallique, résine, etc.

Quoi qu'il en soit cette maladie est essentiellement caractérisée par une altération du sang.

Traitement. — Il doit être avant tout prophylactique, c'est-à-dire qu'on devra s'efforcer de faire disparaître les causes auxquelles on l'attribue. Si le terrain est trop sec on peut, comme on l'a fait avec succès dans certaines localités, essayer du drainage ; si on croit que la maladie provienne de l'alimentation par les bourgeons, attendre leur épanouissement complet avant d'envoyer le bétail au pacage.

Une fois le mal déclaré, pratiquer au début une légère saignée, et administrer des boissons rafraîchissantes, telles que les décoctions d'orge ou de graine de lin, édulcorées avec du miel, et additionnées de 60 grammes de crême de tartre soluble.

Ensuite on continuera ce traitement par l'administration d'infusions de plantes aromatiques, et un peu plus tard par l'emploi des toniques.

NON-DÉLIVRANCE

Cette maladie est assez fréquente chez les jeunes vaches ou chez celles qui vêlent pour la première fois.

Il arrive alors que le délivre, au lieu d'être expulsé immédiatement après le veau, reste adhérent à la matrice.

S'il y reste au-delà d'un certain temps, il se putréfie et détermine alors par sa présence des accidents d'infection septique.

Symptômes. — La vache est triste et ne mange plus ; ses poils se hérissent, et on la voit prise de temps en temps de frissons généraux.

Un peu plus tard, la tristesse et l'amaigrissement s'accentuent, la bête continue à refuser toute nourriture, la température générale s'abaisse considérablement, et la mort ne tarde pas à survenir.

Traitement. — Il est donc nécessaire de ne pas laisser se prolonger un pareil état de choses, et même de déterminer la sortie du délivre avant qu'aucun accident se manifeste.

Voici comment on opère généralement : on attache au cordon qui sort de la vulve un poids d'abord faible, dont on augmente le lendemain la force, et en même temps on tire doucement et sans saccader sur le cordon, pour aider les contractions de la matrice. Si au bout de quarante-huit heures le délivre n'est pas extrait, il sera bon de faire appeler le vétérinaire.

PÉRIPNEUMONIE CONTAGIEUSE

Cette maladie, qui est éminemment contagieuse, se caractérise par une inflammation des poumons accompagnée d'une exhudation de matière plastique

organisable au sein du tissu cellulaire interlobulaire
et d'un épanchement de sérosité et de lymphe plastique dans les plèvres.

Symptômes. — Les débuts du mal ne sont pas
toujours facilement saisissables. Cependant, en exa-
minant l'animal avec attention, on voit qu'il met
plus de temps à manger et à ruminer et qu'il n'a plus
jamais aucun élan |de gaité au sortir de l'étable.
Puis la peau se sèche et devient plus adhérente
aux parties sous-jacentes. La muqueuse des gencives
a pris une teinte d'un lilas pâle (LAFARGE). Enfin la
bête tousse, mais cette toux est si faible qu'on l'entend à peine.

L'auscultation et la percussion mettront bien vite
le vétérinaire à même de reconnaître les progrès de
la maladie.

A une période plus avancée, la respiration devient
laborieuse, râlante même ; la toux provoque le rejet
d'un jetage de matière plastique exsude, d'une
odeur fétide.

Marche. — Malgré toute sa gravité, cette maladie
n'est pas incurable, il arrive qu'elle se guérit à l'aide
d'un traitement convenable et même spontanément.

Causes. — En dehors de la *contagion*, il n'e
guère facile d'expliquer la production de cette r
doutable affection. Tout porte à croire qu'elle est
due, comme beaucoup d'affections contagieuses, à un
agent jusqu'alors inconnu.

Les circonstances qui favorisent la contagion
sont, d'après M. Verrier de Provins *(communication*

faite à la société de médecine vétérinaire pratique,
juillet 79) :

1° La vente clandestine des animaux contaminés ;

2° Les ventes ordinaires faites par les marchands
de bestiaux ;

3° L'insalubrité des moyens de transports, c'est-à-
dire des wagons de chemin de fer ;

4° Le transport avec ou sans autorisation d'animaux infectés ;

5° Le bétail de provenance étrangère ;

6° La promiscuité occasionnée par le service des
taureaux reproducteurs ;

7° L'insuffisance des mesures de précaution lors
de l'abattage d'animaux malades ou simplement
suspects ;

8° L'inoculation préventive non suivie de séquestration ;

9° Le danger des fumiers pénétrés de déjections des
malades ;

10° L'inconvénient des visiteurs inutiles ;

11° Le danger des vachers voyageurs ;

12° Les vétérinaires eux-mêmes qui peuvent être
également des agents de contagion.

Traitement. — Si on a bien saisi l'invasion du
mal, il faut, dit le professeur Lafosse « se hâter
de frotter vigoureusement la poitrine avec de l'eau
de moutarde et de la recouvrir d'enveloppes chaudes.
Si les couvertures manquent, une bonne couche de
foin ou de litière entourée d'un drap de lit, de sacs de
toile peut les remplacer. »

Puis, on donne l'émétique en breuvage à la dose de 1 à 8 grammes par litre d'eau.

Pour régime, on donne seulement de l'eau blanchie, des bouillons d'herbes et quelques poignées de fourrage.

Mais on fera bien avant tout de recourir aux moyens préventifs. Celui auquel on donne la préférence est l'inoculation de la maladie elle-même.

Inoculation. — Cette opération se fait avec de la sérosité citrine qui s'écoule d'une coupe faite dans l'épaisseur d'un poumon malade.

Cette sérosité est introduite à l'aide de la lancette sous l'épiderme de la face antérieure de l'extrémité de la queue. Quelquefois il se forme en cette région, à la suite de l'opération, un engorgement plus ou moins considérable, qu'on devra débrider immédiatement, pour éviter toute conséquence fâcheuse.

PHTHISIE PULMONAIRE *(Pommelière)*

Cette affection qui est on ne peut plus fréquente chez les animaux qui vivent à la stabulation permanente, est assez insidieuse dans ses débuts.

Caractères. — Tout d'abord, bien que sous le coup des premières attaques du mal, les animaux conservent toutes les apparences de la santé ; on remarque même, dans quelques cas, une certaine propension à l'engraissement.

Mais dès que la maladie a pris possession complète de l'animal, elle se décèle par une toux sèche et profonde qui s'exalte sous l'influence du froid ou des gaz irritants de l'étable. Puis apparaît aux narines un jetage muqueux mêlé de grumeaux épais. La colonne vertébrale devient sensible en arrière du garrot.

A cette période, l'auscultation apprendra au praticien — qu'on fera bien de faire appeler dès qu'apparaîtra la toux — la nature de la maladie.

Enfin, le *facies* change, l'animal languit tristement, les yeux s'encavent, les narines se dilatent pour aider à la respiration ; le poil s'allonge, se hérisse, la peau devient sèche, le plus léger travail fatigue la bête et provoque des sueurs ; l'appétit diminue, la digestion est laborieuse et l'on observe des alternatives de diarrhée et de constipation.

Chez les femelles, la sécrétion lactée se tarit et les mamelles se flétrissent.

On constate en outre en différents points des engorgements ganglionnaires, et l'on voit même dans quelques cas se dessiner des tumeurs dures sur les articulations des membres.

Mais tous ces symptômes marchent lentement, il faut à la maladie de cinq à six mois, quelquefois bien davantage pour faire son évolution ; elle se termine toujours par la mort au bout d'un temps plus ou moins long.

Causes. — Les logements mal aérés, ou dont l'air est vicié par les émanations du fumier ; une alimentation insuffisante ou de mauvaise qualité, les arrêts de transpiration sont les causes les plus communes de la *pommelière*.

Nature. — Cette maladie est de nature tuberculeuse. Se basant sur ce fait, certains auteurs admettent la contagion. Celle-ci n'est pas encore entièrement prouvée, mais au point de vue de l'hygiène publique, il est préférable d'admettre cette façon, et conséquemment d'écarter de l'alimentation le lait d'animaux ayant succombé à la phthisie pulmonaire.

Traitement. — Cette affection étant incurable, mieux vaut ne pas tenter de la traiter.

LIVRE III

LE MOUTON

PREMIÈRE PARTIE

CHAPITRE PREMIER

**Caractères — Mœurs — Habitudes — Régime
Distribution géographique**

Comme le bœuf, le mouton *(ovis)*, appartient à l'ordre des ruminants.

Le genre *ovis* comprend un certain nombre d'espèces que nous examinerons plus loin.

Les caractères spécifiques du mouton sont les suivants : Un front plat, des cornes anguleuses triangulaires à rugosités transversales, contournées en spirales, des fossettes lacrymales très développées.

On compte dans le squelette 12 vertèbres lombaires, 6 lombaires sacrées et de 3 à 22 coccygiennes.

Les moutons ont le corps mince, les jambes hautes et grêles, la queue courte, la tête légèrement arrondie en avant, les oreilles grandes, le poil laineux ou crépu.

Ce sont des animaux essentiellement montagnards. Ils habitent l'Europe, l'Asie centrale, le nord de l'Afrique et l'Amérique septentrionale. « Chaque groupe de montagnes, — dit Brehm, — a ses espèces ou ses races, qui diffèrent surtout par la conformation des cornes. »

C'est qu'en effet on trouve, suivant les espèces, de grandes variations dans la direction de ces appendices. Chez les uns, la corne droite se dirige à droite, la gauche à gauche, les pointes convergeant en arrière ; chez les autres, la corne droite est contournée à gauche et la corne gauche à droite.

Nous avons dit que les moutons étaient essentiellement montagnards ; c'est qu'en effet, ils peuvent atteindre les plus hautes régions et dépasser la limite des neiges jusqu'à une altitude de 6,600 mètres.

Ils recherchent les bruyères, les pâturages herbeux, montant en hiver au sommet des montagnes, pour redescendre, en été, dans les plaines.

Le mouton est sobre. Il se laisse bien aller à la gourmandise, s'il a le choix des aliments, mais si la nourriture est rare, il sait se contenter d'écorces d'arbres.

« Chez aucun autre animal, le renne excepté, — rapporte Brehm, — on ne voit aussi bien que chez les ovinés l'influence dégradante de l'esclavage. Le mouton domestique n'est que l'ombre du mouton sauvage. La chèvre garde son caractère indépendant, même dans la domesticité ; le mouton devient un esclave dénué de toute volonté. »

En effet gai, vif, agile, et toujours en mouvement, le mouton sauvage sait éviter le danger et s'y soustraire s'il ne se juge pas assez fort pour y résister.

« Les moutons domestiques, — poursuit l'auteur de la *Vie des animaux*, — ne peuvent être agréables que pour l'éleveur, auquel leurs riches toisons promettent un gain abondant ; pour tout autre, ce sont des créatures insupportables. Tout en eux révèle le manque de caractère. Le bélier le plus fort fuit devant le plus petit chien. Un animal inoffensif effraie un troupeau entier ; tous suivent aveuglément leur guide quel qu'il soit ; ils se jettent à sa suite dans un précipice, dans les flots les plus impétueux, quoiqu'ils soient assurés d'y trouver la mort. Aucun animal n'est plus facile à garder, à dompter que le mouton domestique. Il semble heureux quand une autre créature se charge pour lui de tous soins. Aussi ne nous étonnerons-nous pas s'il est paisible, doux, tranquille, inoffensif, exempt de passions ; sa vie intellectuelle n'est que bêtise et stupidité. Dans les pays du sud où les ovinés sont plus abandonnés à eux-mêmes que chez nous, leur intelligence est plus développée ; ils sont plus indépendants, plus hardis, plus courageux ; ils combattent avec d'autres animaux. »

Chez les ovinés la multiplication est assez rapide.

La gestation est de vingt à vingt-cinq semaines et la femelle met bas de un à trois petits, rarement quatre. Autant, à l'état sauvage, la mère s'occupe de ses petits, et en cas de danger les défend avec courage ; autant, à l'état domestique, elle paraît pleine d'indifférence. C'est d'un œil stupide et sans manifester même l'envie de les suivre, qu'elle regarde l'homme qui lui ravit ses jeunes.

Les ovinés sauvages s'apprivoisent tous avec facilité et se reproduisent parfaitement en captivité. En quelques jours, ils s'habituent aux personnes qui les soignent et reçoivent leurs caresses avec plaisir.

CHAPITRE II

Moutons sauvages. — Moutons domestiques
Races

I. — LES MOUTONS SAUVAGES

Les moutons sauvages sont désignés sous le nom de *Mouflons*.

Ceux-ci diffèrent des moutons proprement dits par l'épaisseur, la rudesse de leurs poils et la brièveté de leur queue. Ils ne vivent guère que dans les montagnes de l'ancien continent et de l'Amérique septentrionale.

On en connaît plusieurs variétés :

1° Le *Mouflon à manchettes* — qui semble intermédiaire aux chèvres et aux moutons.

Il porte une forte crinière, qui du cou tombe sur la poitrine et jusqu'aux genoux. Ses cornes dirigées en haut et en arrière sont longues, comprimées supérieurement, et marquées d'un sillon profond à leur face externe.

Son poil est celui de la chèvre. Il est roux fauve sur le dos et blanchâtre sur le ventre et la face interne des membres.

Il ne vit pas en troupeaux mais isolé, « ce n'est qu'au moment du rut — dit le docteur Buvry, dans la relation de son voyage en Afrique — que quelques femelles, ayant à leur tête un bélier, se réunissent pour un certain temps. Les béliers, durant cette époque, se livrent des combats acharnés. Au dire des habitants, on ne saurait ce qu'il faut le plus admirer de la persévérance avec laquelle ils restent fort long-temps la tête baissée, appuyés l'un contre l'autre, de la fureur de l'élan avec lequel ils fondent l'un sur l'autre, de la solidité de leurs cornes, avec lesquelles ils portent des coups à briser, croirait-on, le crâne d'un éléphant. »

Le mouflon à manchettes habite surtout l'Atlas, et Geoffroy Saint-Hilaire l'a rencontré au Caire. On l'a également trouvé dans la vallée du Nil et sur le le Mont Sinaï. Il n'est pas rare dans la province de Constantine, où il habite le versant sud des monta-gnes de l'Aurès.

Il est très sobre, se nourrit en été de plantes alpi-nes, et en hiver de lichens et d'herbes sèches.

Les Arabes le chassent pour sa viande qui — dit-on — ressemble à celle du cerf, pour sa laine dont ils confectionnent des tapis, et pour son cuir qui sert à faire du marocain.

2° *Le Mouflon d'Europe*. — Celui-ci est plus trapu et plus ramassé que le précédent. Il a les poils courts et épais. La tête est gris cendré avec des cornes très longues (chez le mâle) qui sont épaisses à la base où elles se touchent presque, s'écartent et se recourbent obliquement en dehors, et il vit en troupes de huit à dix individus conduites par un mâle, se nourrissant pendant les belles saisons des plantes qui croissent dans les vallées, et pendant la saison froide de lichens et d'herbes sèches.

Il habite la grande Tartarie jusqu'en Chine et dans les Indes.

« Les jeunes argalis — dit Brehm — peuvent s'apprivoiser, mais il est très difficile de les conserver et de les faire voyager. Jusqu'ici on n'en a jamais vu en Europe. Il serait cependant facile de les y nourrir et sans aucun doute on les acclimaterait bien vite dans les Alpes. »

3° Le *Mouflon de l'Amérique du Nord*. — Désigné sous le nom de *Big-Horn*, c'est-à-dire *Cornes épaisses*, ressemble beaucoup à l'argali.

C'est un missionnaire, le P. Picollo, qui en donna la première description en 1697. « Nous trouvâmes — dit-il — deux espèces d'animaux inconnus et nous les avons appelés moutons, parce qu'ils leur ressemblaient un peu. Une d'elles à la taille d'un veau d'un ou deux ans ; il a la tête du cerf, et de longues cornes semblables à celles du bélier. La queue et le poil sont mouchetés, mais plus courts que ceux du cerf, les sabots sont grands, ronds, fendus comme ceux du bœuf. J'en ai mangé, sa viande est très tendre et très succulente. Les autres moutons, qui sont noirs ou blancs, diffèrent peu des nôtres, ils sont plus grands, ont une toison plus abondante, leur laine est très bonne, on la file et on la tisse. »

Le mouflon de l'Amérique du Nord est ramassé et vigoureux. Les cornes très rapprochées à leur base sont larges, couvertes de rugosités transversales dirigées d'abord en dehors et en avant, puis recourbées presque circulairement pour se terminer en une pointe qui se porte en haut et en dehors.

Son pelage ondulé et dur est d'un brun sale avec la ligne du dos plus en bas en forme de faucille. Le poil du dos est roux fauve, celui de la croupe, du bord de la queue, du ventre et des membres est blanc.

Il est commun dans les montagnes de la Corse et de la Sardaigne. Autrefois il habitait la Grèce et les îles Baléares, où il vit en troupeaux plus ou moins nombreux sous la conduite d'un vieux et fort bélier. Ces troupeaux se séparent au moment du rut et chaque mâle emmène avec lui les femelles qu'il a conquises.

Ils s'apprivoisent facilement et se croisent avec les moutons domestiques.

4° Le *Mouflon argali*. — Celui-ci est le plus grand de tous.

Son poil long et raide recouvre un duvet fin et épais. La couleur de ce poil varie suivant les saisons. Roux sur toute la partie supérieure du corps avec les cuisses, la queue et le museau blancs pendant l'hiver, l'argali devient pendant l'été d'un brun gris sombre foncé, les cuisses et les fesses blanchâtres, la tête d'un gris cendré clair. Ce pelage se fonce en hiver.

Richardson et Audabon, qui ont étudié le big-horn, l'ont rencontré à l'ouest des Montagnes-Rocheuses, depuis le 68° jusqu'au 40° de latitude nord au milieu

des contrées les plus sauvages et les plus impraticables, surtout dans cette partie des Montagnes-
Rocheuses que les chasseurs français du Canada ont
baptisée du nom de *mauvaises terres*.

Jusqu'ici nul chasseur n'a pu prendre vivant un
de ces animaux. Le prince de Wied rapporte qu'un
colon anglais, M. M'Cenzie, promit, pour se procurer
un big-horn, les plus belles récompenses sans qu'au_
cun chasseur, même des plus habiles, parvînt à les
toucher.

Sa chair ressemblé à celle du mouton ; quant à sa
peau qui est très douce et très souple, elle sert aux
Indiens à se faire des chemises.

II. — LES MOUTONS DOMESTIQUES

« Les moutons domestiques, — dit M. P. Gervai, —
dans son *Histoire naturelle des mammifères*, sont des
animaux qu'on ne connaît nulle part à l'état sauvage.
Leurs caractères principaux consistent dans la longueur de leur queue, qui descend habituellement jusqu'au talon, et dans la nature pleine des axes osseux
de leurs cornes, qui sont plus écartées à leur base et
plus en spirale que celle des mouflons. Certains moutons manquent de cornes, même dans le sexe mâle. »

Quelques naturalistes, — ajoute Brehm, — croient
que le mouton domestique ne descend pas des ovinés
sauvages ; les autres pensent que son espèce primi-
tive est éteinte depuis des temps immémoriaux. La
plupart n'admettent qu'une espèce souche qui serait,
pour les uns, l'argali ; pour les autres, le mouflon
d'Europe ou le mouflon à manchettes. »

S'il en est ainsi, il faut avouer que le type primitif a été profondément modifié par la domesticité. Car, au lieu d'avoir les formes sveltes et légères du mouflon, le mouton domestique est, au contraire, épais, lourd et lent.

Aussi bien, il en est de ce dernier comme de tous nos autres animaux domestiques, nul ne sait absolument quelle est leur origine. Mais répétons cependant que si ceux-ci ont des points de parenté avec les mouflons, il y a lieu de s'étonner qu'ils n'aient pas avec eux des rapports plus étroits que les caractères communs à la famille.

« Tous les ovinés sauvages aujourd'hui connus, — dit Fitzinger, — sont remarquables par leur queue courte ; tandis que parmi les moutons domestiques, très peu présentent ce caractère. On ne peut expliquer cela par des influences extérieures ; on ne comprendrait pas comment elles pourraient avoir amené une augmentation du nombre des vertèbres. »

Si donc on examine les choses sans idée de système, on est pour ainsi dire forcé d'admettre que le mouton descend de plusieurs espèces-souches, semblable sur ce point à tous les autres animaux domestiques.

Le mouton, élevé aujourd'hui sur toutes les terres habitées, constitue une multitude de races qui se distinguent par des caractères qui n'ont rien de fixe puisqu'ils s'appuient sur la taille, la forme générale du corps et des membres, la disposition des cornes et enfin la qualité de la laine.

Nous suivrons pour le mouton la classification que nous avons prise pour les autres animaux dont il est parlé dans cet ouvrage, et nous examinerons successivement les races, au point de vue de leur distribution géographique.

1° RACES EXTRA-EUROPÉENNES

Il en est deux parmi celles-ci que nous devons spécialement mentionner. Ce sont : le mouton à *longues jambes* et le mouton à *large queue*.

Le *mouton à longues jambes* (*ovis longipes*), est, ainsi que l'indique son nom, remarquable par la longueur de ses jambes. Il a le poil long et grossier, la tête fortement busquée et des cornes qui contournent les oreilles.

Il est originaire des côtes de Guinée.

C'est cette race qui, importée en Europe par les Hollandais, a donné naissance à *la race du Texel* ou *race flandrine*.

Le *mouton à large queue* (*O. laticaudata*), se distingue par le développement extraordinaire de sa queue qui est formée d'une masse de graisse telle, qu'au dire de certains auteurs dignes de foi, on est obligé d'atteler ces animaux à une sorte de brouette qui sert uniquement à supporter leur queue.

On le rencontre en Asie, dans la Russie méridionale, en Egypte, en Arabie et dans le nord de l'Afrique.

2° RACES EUROPÉENNES

Nous diviserons celles-ci en *races françaises* et en *races étrangères*.

Races françaises

Celles-ci sont généralement classées d'après la qualité de leur laine, parce que cette division facilite particulièrement les races sous le rapport industriel.

On distingue les *races à laine grossière*, les *races à laine commune*, les *races à laine intermédiaire*, et enfin les *races à laine fine*.

Races à laines grossières. — Dans celles-ci, la laine grosse, longue, dure et raide est presque toujours disposée en mèches pointues et pendantes. Elle ne sert guère qu'à faire des matelas communs et des étoffes grossières.

Ces races habitent en général les plaines très fertiles et un peu humides et les hautes montagnes.

Telles sont les races : *flamande, picarde, angevine, bretonne, vendéenne, bourbonnaise, pyrénéenne, alpestre*, etc.

Races à laine commune. — Celles-ci fournissent une laine assez grosse, mais légèrement ondulée et contournée ; elle sert à faire des matelas et de bonnes étoffes ordinaires.

Les races qui fournissent cette laine sont propres au midi de la France.

Ce sont : la race *roussillonnaise* qui descend des *mérinos*, autrefois introduits par les Maures en Espagne ; la *provençale* qu'on rencontre dans les plaines de la Crau et de la Camargue ; la *race du Rouergue*, propre à l'Aveyron. Puis dans le centre de la France, les *races du Poitou, du Berri et de la Sologne*.

A cette classe appartiennent encore les races dites
métis anglo-français, qui sont issues des croisements
des races indigènes avec les béliers anglais (*Dishley,
New-Kent, Southdown,* etc.).

Les races à laine intermédiaire. — Celles-ci sont
dues aux croisements des mérinos avec les races indigènes et les races anglaises.

Elles ont la laine plus longue que celle des mérinos
mais moins fine, elle est en même temps très douce.
Elle sert à confectionner la draperie et un grand
nombre d'étoffes de fantaisie.

On-désigne les animaux qui composent cette catégorie, sous le nom de *métis* ou *métis-mérinos* et on les
distingue, suivant les pays où on les élève, sous les
épithètes de *beaucerons, champenois, soissonnais,* etc.

Les *races à laine fine* comprennent la race *mérinos*
avec ses variétés. Leur laine, remarquablement fine
et souple, sert à la confection des draps de laine et
des tissus de fantaisie supérieurs.

Le mérinos qui, nous l'avons dit, constitue le type
de cette classe est de taille variable, mais avec le
corps trapu, les membres forts, la tête grosse, les
cornes fortes, anguleuses et enroulées en spires rapprochées. Elles manquent quelquefois, ce qui est une
qualité.

« La toison, dit A. Sanson, toujours formée de filaments fins et très nombreux, à inflexions très rapprochées, d'une longueur variable, en mèches volumineuses et plus ou moins tassées, imprégnées d'un
suint onctueux, recouvre parfois toute la surface du
corps et va jusqu'aux pieds. »

« Cet animal est d'origine extra-européenne. Il a été introduit, d'abord par les Romains, puis par les Maures, mais il ne paraît avoir acquis que vers le XIe siècle tous les caractères qui le rendent si remarquable. Il a été connu de bonne heure dans le Béarn et le Roussillon, mais son importation dans nos provinces du Nord ne date que du dernier siècle. Un premier troupeau fut introduit, en 1766, par Daubenton, qui le plaça dans son domaine de Montbard, en Bourgogne. En 1786, un autre troupeau fut donné par le roi d'Espagne à Louis XVI, qui créa, pour le recevoir, la bergerie de Rambouillet. D'autres introductions semblables eurent lieu par la suite, surtout à partir de 1796, où le traité de Bâle imposa à l'Espagne l'obligation de livrer annuellement à la France, pendant cinq ans, un troupeau de 100 béliers et de 1,000 brebis (*Encyclopédie de* DUPINEY DE VORREPIERRE). »

Le mérinos est aujourd'hui acclimaté chez nous, il s'y est même amélioré. Aussi bien, du reste, on le rencontre partout, car tous les gouvernements en ont successivement doté leur pays.

Il est encore une autre catégorie reconnue par certains auteurs, et désignée sous le nom de *race à laine extra-fine*, c'est celle de *Naz*, qui tire son nom du domaine où elle s'est développée, près de Gex (Ain), où elle a été l'objet des plus grands soins de la part de Girod, de l'Ain, et de Perrault, de Jotemps.

RACES ÉTRANGÈRES

Les races étrangères, comme les races françaises, multipliées par de nombreux croisements tendent chaque jour à s'accroître. Nous ne citerons que les *races anglaises*, et parmi celles-ci : Les races *Diskley*, *New-Kent*, *Southdown*, *Cotteswold*, parce qu'elles servent encore chaque jour à l'amélioration de nos races indigènes.

Le *Diskley*, encore connu sous le nom de *New-Leiscester*, a été créé de 1755 à 1786 par le célèbre éleveur Bakewell. Elle est surtout remarquable par l'absence des cornes, la minceur des os et l'aptitude à prendre de la graisse, mais sa laine est grossière et peu abondante.

Le *New-Kent* ressemble au précédent, il habite les parties basses des comtés de Kent et de Sussex. Sa laine droite et grossière est très longue.

Le *Southdown* qui date de la fin du siècle dernier, a été créé par un fermier du nom d'Ellmann, dans le comté de Sussex. Il s'engraisse facilement. Sa toison est courte, frisée et assez tassée.

Le *Cotteswold* habite les collines du Glocestershire. Sa toison abondante et blanche est disposée en mèches pointues et bouclées.

Citons maintenant pour finir :

Les *races hollandaises*, dont la plus estimée est celle des moutons du Texel ;

Les *races autrichiennes* qui comprennent, entre autres, la *race électorale* et la *race negretti* ;

Les *races danoises* qui fournissent les *polders du Holstein* et les moutons marshras ;

Les *races suisses*, parmi lesquelles on peut citer les moutons du canton des Grisons.

———

CHAPITRE III

Habitations

BERGERIES — PARCS

Deux modes d'habitations sont généralement adoptés pour le mouton : l'un, clos et couvert, s'appelle la *bergerie*; l'autre, temporaire et usité seulement dans certaines régions, est désigné sous le nom de *Parc*.

Bergeries. — « Il importe — dit A. Sanson — d'assurer avant tout aux moutons l'espace et la lumière, en aussi grande quantité que possible, dans la mesure de ce qui est compatible avec le maintien d'une température douce en été et fraîche en hiver. »

Dans une bergerie, convenablement tenue, on doit établir des séparations pour mettre à part les béliers, les mères avec leurs agneaux et les brebis malades. Si l'espace manque, il est préférable, alors, de construire une bergerie annexe qu'on adosse en appentis à la bergerie principale.

Il est un point sur lequel on doit également insister, c'est l'aération; souvent on pratique au niveau du sol un certain nombre d'ouvertures destinées à établir un courant d'air, pour aider à l'expulsion de l'acide carbonique qui se trouve toujours en certaine quantité dans les parties basses. Mais, comme trop d'air pourrait être parfois nuisible, le berger doit avoir soin, quand il est nécessaire, de boucher quelques-uns de ces trous: s'il fait trop chaud il fermera ceux du midi, et ceux du nord si la température est trop basse.

Les portes d'une bergerie doivent être coupées dans le milieu, large de 1ᵐ60, et s'ouvrir en dehors pour la sortie du troupeau, et en dedans pour sa rentrée. On évite ainsi les accidents que peut déterminer le foulement des mères pleines et les toisons ne sont pas déchirées.

On peut aussi établir un seuil de 0ᵐ40 à 0ᵐ50 de hauteur, lequel ne peut être franchi qu'au moyen d'un petit pont sans rampes, ne livrant passage qu'à deux brebis de front. Le troupeau comprend bientôt qu'il serait inutile de s'y précipiter en plus grand nombre et chaque animal attend son tour de sortie plus lent, il est vrai, mais exempt d'accidents. (*Dictionnaire de la vie à la campagne*).

Le mouton étant un animal généralement délicat, on ne saurait prendre trop de précaution pour la propreté des bergeries; en outre l'urine et les excréments peuvent altérer les toisons, les pourrir et en diminuer la valeur. On doit donc enlever le fumier tous les huit jours en hiver et tous les quinze jours en été. On le remplace par de la paille fraîche.

On aura également le soin de laver fréquemment les auges et les râteliers, et blanchir de temps en temps les murs à la chaux.

Parcs. — Ce n'est guère que dans la belle saison

qu'on fait parquer les moutons. La durée pendant laquelle les animaux sont laissés au *parcage* dépend de l'état athmosphérique de la saison. En temps de pluie ce mode de stabulation non seulement nuit à l'état de santé des moutons, mais encore nuit au sol par le piétinement continu de ces animaux.

Le parc se compose d'une enceinte mobile fermée par des claies. C'est moins, on le comprend, un moyen de mettre le troupeau à l'abri que de fumer la terre.

L'étendue du parc varie selon le nombre des moutons qu'on y veut enfermer. Il ne doit pas être très étendu pour que les animaux ne soient pas trop enclin à se tasser sur un de ses points ; ce qui, par conséquent, priverait le sol d'une fumure qui, autant que possible, doit être également appliquée sur tous les points.

Un mètre carré par chaque bête est un espace suffisant.

Quand on veut donner une forte fumure en un point quelconque du sol, on laisse le troupeau parquer pendant deux nuits de suite à la même place, si l'on ne veut qu'une fumure légère on change les bêtes une fois de place pendant la nuit.

Les moutons ne doivent être parqués qu'aux approches de la nuit, et le matin il faut, pour éviter les météorisations, ne les faire sortir que lorsque la rosée est dissipée, et avant de les mettre en mouvement on leur laissera le temps nécessaire pour se vider afin de ne rien perdre de la fumure.

Dans certaines régions on soumet les bêtes à laine au parcage *continu*.

L'expérience a constaté que la laine des moutons est d'autant plus blanche qu'on laisse ces animaux plus longtemps exposés à l'action de l'air. C'est ce qui fait que certains éleveurs soumettent leurs troupeaux au parcage continu. Mais ce mode d'habitation n'est pas sans inconvénients, parce que les animaux exposés à toutes les intempéries sont susceptibles de contracter des affections plus ou moins graves du côté des voies respiratoires. Aussi a-t-on imaginé de les abriter sous des hangars mobiles. Voici, d'après le *Dictionnaire de la vie à la campagne*, comment sont constitués ces abris :

« On coupe en novembre ou en décembre des baliveaux de 0ᵐ20 à 0ᵐ25 de diamètre, dont on fait des colonnes de 3 mètres de haut et qu'on laisse revêtus de leur écorce. Ces colonnes sont assises sur des dés de pierre de 0ᵐ35, et retiennent des chevrons en rondins qui retiennent un toit de jonc, de chaume où de roseaux. On ferme le bas jusqu'à la hauteur d'un mètre, avec des planches, en réservant une entrée au milieu. Ce hangar se place dans une prairie formant huit ou dix herbages que l'on fait parcourir successivement aux troupeaux, et qu'on sépare entre eux par des haies vives. Le parcage continu, ainsi appliqué, dispense d'une bergerie, engraisse les terres sans perte de fumier, et garantit les troupeaux de la gale et des épidémies qui les attaquent souvent dans les bergeries, malgré les précautions prises pour renouveler l'air. »

CHAPITRE IV

Nourriture — Engraissement

La meilleure nourriture des moutons est celle des pâturages, surtout lorsque le pâturage est sur un terrain sec et un peu en pente.

Dans les pays où le climat est assez clément pour permettre aux animaux de rester toute l'année au pâturage et de passer, suivant les saisons, de la montagne à la plaine et de la plaine à la montagne, le pâturage suffit à nourrir les troupeaux. Mais, dans la plus grande partie de la France, ils ne vont aux pâturages que pendant la belle saison et ils passent l'hiver à la bergerie où ils sont nourris de fourrages récoltés exprès pour eux.

Dans les pays de grande culture, ces pâturages naturels ne peuvent suffire à la nourriture des moutons qu'après qu'on a opéré l'enlèvement des récoltes; pendant le reste de l'année il faut suppléer à l'insuffisance de la nourriture que les animaux peuvent trouver dans les prairies artificielles.

A la bergerie, on nourrit le mouton avec des fourrages secs, tels que: la luzerne, le trèfle, le foin des prairies naturelles, la paille des céréales, les tiges de légumineuses, des racines, des grains, du son, de tourteau, etc.

Une botte de fourrage de 5 kil. suffit par jour à 5 moutons de moyenne taille, sans qu'il soit nécessaire de leur donner d'autre nourriture. On peut remplacer la botte de fourrage, soit par 2 kilog. 1/2 de tourteau de lin, ou par 10 kil. de pommes de terre, ou encore par 18 kil. de carottes, 25 kil. de navets, 2 kil. de seigle, 3 kil. d'avoine, 1 kil. 1/2 de blé ou de fèverolles, etc.

Il faut ajouter, que si le foin et la paille peuvent être donnés seuls aux moutons pendant toute la mauvaise saison, il n'en est pas ainsi des racines qui constituent une alimentation trop aqueuse, ni des grains qui sont trop excitants.

Le mieux, si on le peut, est de varier l'alimentation, en faisant alterner les différentes substances dont on dispose.

Il faut avoir le soin, avant de les mettre dans la mangeoire, de laver les racines et de les couper par morceaux ; de même on doit prendre la précaution de hacher la paille et de concasser les grains secs.

Si les animaux sont nourris à la bergerie, il faut mettre à leur disposition des baquets peu profonds, remplis d'eau pour qu'ils puissent s'y désaltérer.

Quelques éleveurs, pendant les temps humides, mettent dans l'eau de la boisson un peu de sulfate de fer, dans la proportion d'un gramme par litre d'eau, et pendant les grandes chaleurs, ils remplacent le sulfate de fer par une égale proportion d'acide sulfurique.

Une substance qui est très salutaire aux moutons, c'est le sel. On peut le donner de différentes manières, soit en aspergeant le fourrage avec de l'eau saturée de sel, soit en suspendant dans la bergerie un morceau de sel gemme ou un nouet rempli de sel gris que les moutons viennent lécher.

Lorsqu'on veut soumettre les moutons à *l'engraissement*, on doit alors modifier, dans une certaine mesure, leur alimentation.

Il y a trois modes d'engraissement :

1° A *l'herbe* seulement. On tient les animaux nuit et jour dans un bon pâturage, après la moisson faite, bien entendu, où ils se nourrissent des épis oubliés ou des herbes qui croissent parmi les céréales.

2° A *l'herbe unie au grain*. — On fait comme précédemment, et on achève l'engraissement dans la bergerie, en donnant en assez grande quantité, de l'avoine, de l'orge, des féveroles, des pommes de terre, etc.

3° *Au grain* seulement. — On donne d'abord aux animaux du foin et des racines, plus tard on ajoute à ce régime des tourteaux de lin ou de colza, et enfin on finit l'engraissement avec des graines de vesce ou des résidus de brasserie ou de distillerie.

Pendant tout ce temps les animaux doivent être abondamment pourvus d'eau.

L'engraissement, quand il est bien conduit, ne doit pas durer plus de six semaines à deux mois.

CHAPITRE V

Reproduction — Élevage

« La première question à se poser, — dit A. Sanson, — en ce qui concerne la reproduction des moutons, est celle de savoir quel est le moment le plus favorable pour effectuer la fécondation des brebis. Ce moment est déterminé par l'époque reconnue comme étant la plus avantageuse pour la naissance des agneaux.

« L'expérience des meilleurs éleveurs a établi qu'il y avait grand bénéfice à devancer à cet égard les conditions naturelles dans lesquelles l'agnelage se produit au printemps, et à faire naître les agneaux le plus tôt possible, en hiver. Nous considérons comme superflu désormais de discuter la question. »

C'est donc au mois de juillet que doit commencer la lutte pour finir au plus tard en août.

On sait que la question du choix des reproducteurs est de haute importance ; aussi les éleveurs doivent-ils s'attacher à n'appeler à la reproduction que les individus mâles ou femelles bien constitués et de bonne santé.

Un bon bélier a la tête grosse, le nez camus, les naseaux courts et étroits, le front large, élevé et arrondi, les yeux noirs, grands et vifs, les oreilles grandes et couvertes de laine, les cornes fortes et bien recourbées, l'encolure large, le ventre grand, mais ni gros, ni pendant ; la queue longue et forte à sa racine ; sa toison, doit non-seulement réunir toutes les qualités des meilleures laines de son espèce, mais encore, et c'est là un point qui a son importance, elle doit être régulièrement répartie sur toute la surface du corps.

Le bélier peut être employé à la lutte dès l'âge de 15 mois, et on peut l'utiliser aussi jusqu'à la 5ᵉ année. Quoique le bélier puisse suffire à un nombre considérable de brebis, il faut, si on veut avoir des agneaux vigoureux, ne lui donner que 30 ou 40 femelles. Mais pour cela il est quelques précautions à prendre au préalable. Quinze jours environ avant la monte on tiendra l'étalon soigneusement séparé des brebis, et on ajoutera à sa ration ordinaire de l'avoine, de l'orge, des pois concassés ou tout autre aliment substantiel. Après la saison de la monte on mettra le bélier à un régime, à la fois fortifiant et rafraîchissant, pour qu'il puisse réparer ses forces et revenir à l'embonpoint.

On évitera avec le plus grand soin les combats entre béliers, car dans la fureur du rut ils sont capables de se blesser plus ou moins grièvement.

La brebis, elle, doit avoir l'œil éveillé, la démarche vive et alerte, le dos et le ventre suffisamment développés, le cou gros et droit, la laine longue, soyeuse et blanche : on estime peu les brebis grises où celles dont la laine est *jarreuse,* c'est-à-dire mêlée d'un poil dur appelé *Jarre*.

La brebis ne doit pas être livrée à la reproduction

avant deux ans accomplis. C'est de 3 à 6 ans qu'elle donne les plus vigoureux produits, après 6 ans elle doit être réformée.

La brebis porte 5 mois.

Pendant la gestation elle exige une nourriture abondante et substantielle, sans être trop forte ni trop excitante. Ensuite il faut prendre certains soins pour éviter toutes les causes susceptibles de la faire avorter, telles que la peur, les froissements en rentrant ou en sortant de la bergerie, les orages, le séjour dans un pâturage humide, etc.

Quand elle est sur le point de mettre bas il faut la laisser à la bergerie.

Généralement le part se fait naturellement et sans le secours de l'homme. Elle donne ordinairement deux agneaux. Après sa délivrance elle doit, pour réparer ses forces et pouvoir allaiter ses jeunes, recevoir un supplément de nourriture en avoine ou farine de légumes.

On la laissera une quinzaine de jours avec ses petits, après quoi elle pourra aller chaque jour pendant quelques heures au pâturage, les agneaux demeurant pendant ce temps à la bergerie.

Tout le temps que dure l'allaitement il faut veiller à ce que les agneaux tettent bien. S'ils souffrent du froid, il faut les envelopper de couvertures chaudes et les coucher près d'un feu doux. L'agneau tette pendant quatre mois; dans les derniers jours de l'allaitement on peut l'habituer à manger un peu d'herbe fraîche. Dès l'âge de quatre mois il peut aller vivre au pâturage avec le reste du troupeau.

Pendant le premier hiver les agneaux ne doivent être nourris à la bergerie que de foin de regain, de racines coupées, et cela dans la proportion de 4 % de leur poids.

Il peut arriver qu'un agneau soit privé de sa mère dès sa naissance. Si l'on n'a pas une autre brebis à lui donner comme nourrice, on peut l'élever au biberon, ou au moyen d'une éponge ou d'un linge allongé en forme de pis que l'on trempe dans du lait tiède de brebis, de chèvre ou de vache, et de temps en temps dans de l'eau tiède chargée de farine d'orge.

Pendant tout ce temps on tient le nourrisson chaudement couché dans un panier garni de plumes.

Les agneaux qu'on destine à la boucherie doivent avoir de 3 à 4 semaines au moins et 2 mois au plus.

Quand on les garde pour les élever, on leur fait subir le plus souvent l'opération de la castration. On la pratique vers le sixième mois.

Elle peut se faire soit par le *fouettage*, par les *casseaux* ou par les *pinces*, mais le meilleur mode est le suivant : on incite les bourses, et l'on tord ensuite l'un après l'autre, et jusqu'à ce qu'ils se rompent, les cordons testiculaires, en prenant le soin de borner la torsion à l'aide du pouce et de l'index qui pincent fortement le cordon au-dessus du point à tordre.

Il est encore une autre opération, mais celle-ci se fait vers l'âge de 1 à 2 mois, que les éleveurs préconisent, c'est l'amputation de la queue. Cette opération, qui est des plus simples, se fait à l'aide des ciseaux.

CHAPITRE VI

Administration du troupeau

L'administration du troupeau étant confiée au soin du berger, on comprend de quelle importance est le choix de ce dernier, car le dépérissement ou l'état prospère du troupeau dépend le plus souvent de lui seul.

Car si l'œil du maître peut surveiller le reste du personnel, il lui est impossible d'exercer la même surveillance à l'égard du berger ; il faut qu'il ait en lui, en ses capacités, la plus entière confiance.

Malheureusement, c'est chose difficile que de se procurer un bon berger. On doit prendre autant que possible celui qui, depuis son enfance, a montré du goût pour cette profession et a déjà servi en qualité d'aide-berger.

« Le chef d'une grande ferme à mouton ne doit pas négliger de donner au moins un aide à son berger, dès que le troupeau dépasse le chiffre de 400 têtes ; c'est tout ce qu'un berger peut bien soigner ; l'aide, avec le temps et la pratique, sera à son tour un bon berger. (*Dict. de la Vie pratique* de BELEZE). »

« Indépendamment des mérites personnels du berger, — dit A. Sanson, — le contrat qui le lie à l'exploitation exerce, par sa nature, une influence considérable. C'est toujours une utile pratique d'éviter qu'en aucun cas l'antagonisme existe entre le devoir et l'intérêt. La vertu est belle, mais la morale veut qu'on la mette le moins possible à l'épreuve, et la bonne administration le veut encore plus. C'est une loi de justice aussi que chacun profite du bien qu'il fait. »

On ne peut mieux dire et nous recommandons ces lignes si sages aux intéressés.

C'est pourquoi, il est toujours juste d'accorder au berger, en dehors de son salaire fixe, une légère part éventuelle sur la vente des laines, des moutons gras et des agneaux. De cette façon, il s'établit entre le propriétaire du troupeau et celui qui est chargé de l'administrer, une sorte de communauté d'intérêt qui ne peut qu'être profitable à tous.

Ce qu'on doit répudier, c'est la coutume propre à certains pays, qui permet au berger d'avoir au milieu du troupeau quelques bêtes à lui ; quelle que soit sa probité, son attention, ses soins se porteront plus particulièrement sur les animaux qui lui appartiennent.

Un bon berger doit savoir compter à peu près la somme de journées de vivre que son troupeau peut trouver sur un pâturage, afin de ne pas le laisser paître à l'aventure, ce qui fait que les animaux gâtent plus d'herbe qu'ils n'en mangent.

Il doit en outre avoir quelques notions de médecine ovine, afin de pouvoir, en cas d'indisposition, d'accidents ou de maladies de quelques-unes de ses bêtes, prendre des mesures ou user des moyens nécessaires pour y porter remède en attendant le vétérinaire.

Le berger a dans le chien un utile auxiliaire. Il est parmi l'espèce canine une race qui, par son intelligence, sa finesse et aussi sa vigueur, semble avoir été spécialement créée pour cette fonction de gardien du troupeau : c'est le chien de la Brie. C'est donc celui-ci que nous recommandons, en ayant soin de choisir un animal dont le dressage ait été fait avec soin.

Pour assurer à chaque bête à laine son individualité dans le troupeau, on lui fait subir l'opération de la marque. Cette marque est un numéro d'ordre que l'on inscrit sur les oreilles à l'aide d'un instrument spécial qui fait comme une sorte de tatouage. Puis, à côté du numéro d'ordre, on peut également inscrire d'autres numéros, tels que ceux du père et de la mère, de manière à rappeler ainsi la parenté de la bête.

Du reste, dans un troupeau bien administré, il est nécessaire d'avoir deux registres spéciaux, l'un pour les agneaux tant qu'ils sont encore avec leurs mères, et l'autre sur lequel ils doivent figurer immédiatement après le sevrage ; ce dernier porte le nom de *registre matricule*.

Le registre des agneaux comprend : 1° le numéro du père ; 2° celui de la mère ; 3° le jour de la saillie ; 4° celui de la naissance ; 5° le numéro de l'agneau ; 6° son sexe ; 7° les observations particulières auxquelles il a pu donner lieu.

Le registre matricule contient : 1° le numéro matricule ; 2° la race ; 3° le sexe ; 4° la date de la naissance ; 5° le poids de l'animal après le sevrage ;

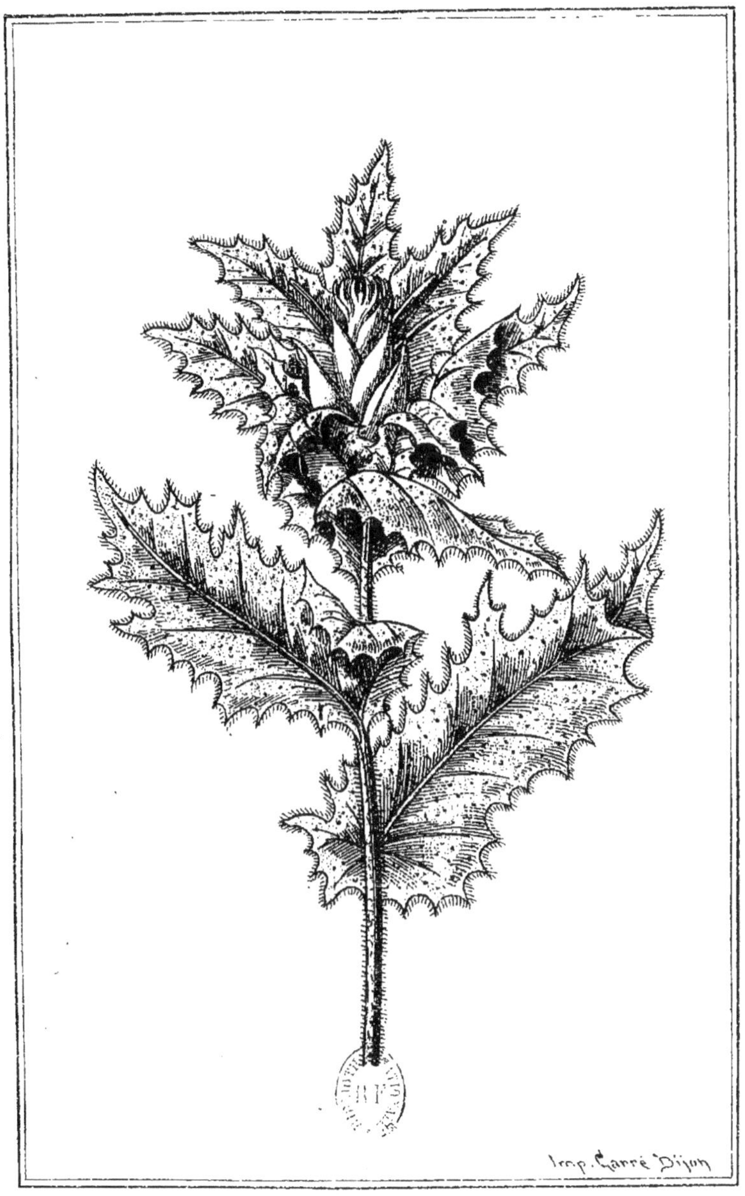

CHARDON BÉNIT

6º les numéros des père et mère ; 7º les particularités de conformation et de toison ; 8º les époques de la tonte ; 9º le poids de la toison ; 10º les dates de la lutte ; 11º la date de sortie du troupeau ; 12º le rendement ; 13º enfin les observations particulières.

On comprend l'utilité que doivent rendre de pareils registres, puisque, dans ce cas, rien n'est plus laissé au hasard ou à la routine.

CHAPITRE VII

Utilisation du Mouton — de la laine —
de la tonte

Il y a un demi-siècle l'utilité du mouton était plus grande qu'aujourd'hui. Car, à notre époque, dans un pays comme le nôtre, l'entretien des moutons ne rapporte plus beaucoup.

La toison des brebis a pendant longtemps servi à vêtir les premiers peuples, puis la laine tissée succéda à la peau brute et, de nos jours, la toile, le coton et la soie remplacent la laine dans beaucoup de vêtements ; aussi le mouton de nos jours est-il spécialement élevé en vue de l'alimentation, pour sa chair et aussi pour son lait.

Nous avons dit dans un chapitre précédent quelles sont les différentes méthodes à l'aide desquelles on pratique l'engraissement des moutons. Du lait, nous ne dirons que peu de choses : le lait de la brebis, à cause de sa saveur qui rappelle légèrement celle du suif, n'est point utilisé comme aliment ; on ne s'en sert guère que pour la préparation des fromages.

Quant à la laine, sa valeur varie suivant ses qualités. La meilleure laine est celle qui réunit à la finesse la souplesse, la force, l'élasticité, la douceur.

La longueur et sa couleur blanche contribuent encore à sa perfection.

La laine présente des qualités qui varient suivant les races, suivant les parties du corps où on l'examine, et suivant aussi le régime alimentaire.

Les plus estimées sont les *laines mérinos*; viennent ensuite les *laines métis*, et enfin les *laines communes*, qu'on distingue encore en *laines crépues* et en *laines lisses*.

La toison se compose de diverses parties :

1° La *mère laine*, qui se trouve autour du cou, sur le haut des épaules, sur le dos et sur les parties latérales du corps.

2° La *laine moyenne*, qui se trouve sur la croupe, le bas des flancs et le ventre ;

3° Enfin la *laine inférieure*, qui se recueille sur la partie basse des épaules, des cuisses, des fesses et de la queue.

Nous avons dit que la qualité de la laine peut varier suivant le régime alimentaire des animaux ; c'est ainsi qu'un régime trop substantiel et trop abondant fait perdre à la laine qui s'allonge et grossit sa finesse, sa souplesse et son élasticité. Au contraire, si le mouton est mal ou insuffisamment nourri, la laine devient courte, sèche, et sans force.

De même aussi, l'influence du milieu est à prendre en considération. Un séjour prolongé dans des pâturages humides grossit la laine, qui perd son élasticité, tandis qu'une exposition trop longue à la chaleur la dessèche et lui ôte sa douceur et sa souplesse.

Le brin de la laine du mouton est toujours enduit d'une matière grasse désignée sous le nom de *suint*.

Lorsqu'on a affaire à des animaux à laine grossière, on lave généralement la toison avant de la livrer au commerce, tandis que si cette dernière provient d'animaux à laine fine, on la vend sans lui faire subir aucun lavage.

Quand on veut laver une toison, — opération qui se fait généralement au moment des fortes chaleurs parce que le suint, qui se détache plus facilement, se dissout mieux dans l'eau, — on la bat à l'aide de baguettes, puis on la met dans des paniers d'osier qu'on plonge dans l'eau; là, on l'agite pendant un certain temps avec des bâtons, et elle devient suffisamment propre pour la vente. Il y reste, il est vrai, une certaine quantité de suint qui ne peut s'enlever qu'au savon, mais c'est là une opération de *desuintage* qui regarde le fabricant de tissus de laine.

C'est à l'aide de la tonte qu'on débarrasse le mouton de sa toison.

La tonte ne se pratique généralement qu'une fois par an et à l'approche des grandes chaleurs, vers le 15 juin dans le centre de la France, vers le 15 juillet dans le nord.

La tonte n'est pas sans influence sur la finesse de la laine; un mouton qu'on ne tondrait que tous les deux ans aurait une laine plus longue mais moins fine.

Voici comment on procède à cette opération :

Le tondeur attache d'abord les pieds de devant

puis ceux de derrière de l'animal et le tond en le
tenant à terre entre ses jambes. Il coupe la laine le
plus près possible de la peau sans la blesser et sans
y laisser de sillons. Dès que la toison est coupée, il
la plie en plaçant au milieu la laine de dernière qualité et la lie avec du jonc ou de la ficelle.

« Aussitôt que les moutons sont tondus, — dit le
Dictionnaire de la vie pratique, — il faut mettre dans
leurs aliments un peu plus de sel que de coutume,
afin de faire monter le suint plus vite et aussi afin
qu'ils aient la force de supporter l'ardeur du soleil,
qui, en mai et en juin, est presque toujours brûlant.

DEUXIÈME PARTIE

Des Maladies du Mouton

Nous avons abrégé ce chapitre de toutes les maladies qu'on rencontre à la fois sur les espèces bovine et ovine. Restent donc, seules décrites ici, les maladies propres au mouton.

CLAVELÉE

Cette maladie, qu'on désigne encore sous le nom de *picotte* ou de *petite vérole* du mouton, est une maladie éminemment contagieuse, caractérisée par l'éruption de gros boutons arrondis, ressemblant à la tête d'un clou (d'où le nom de la maladie), qui bientôt s'aplatissent vers leur centre, produisent de la suppuration, se dessèchent et font place à une croûte qui laisse après elle une cicatrice blanchâtre.

Symptômes. — La maladie s'affirme tout au début par quelques manifestations fébriles. Bientôt on voit apparaître en assez grand nombre, sur divers points du corps et particulièrement à la tête, à la face interne des cuisses et dans toutes les parties peu

pourvues de laine, de petites taches rouges, sur lesquelles s'élèvent vers le quatrième jour de petits
boutons, remplis d'un liquide clair et limpide d'abord,
trouble et purulent ensuite. Un peu plus tard, cette
pustule se flétrit et se sèche, l'épiderme perd sa transparence, s'épaissit jusqu'à former une croûte brunâtre
qui tombe et que remplace un tissu de cicatrisation.

En dehors de ces symptômes locaux, on constate
encore les suivants : les yeux sont rouges et lar-
moyants, le nez laisse échapper un jetage muco-
purulent et de la bouche tombe une salive visqueuse
et filante.

La fièvre est souvent excessive.

Elle ne tombe que lorsque les pustules sont arrivées
à maturité.

Traitement. — A proprement parler, il n'y a guère
de traitement à prescrire contre cette maladie, les
soins hygiéniques suffisent ordinairement à la combattre.

Dans tous les cas, il est nécessaire de surveiller
l'éruption de très près.

On administrera les excitants généraux, si elle se
fait trop attendre, tandis qu'on emploiera au contraire
les tempérants, si sa manifestation devenait trop
intense ; c'est ainsi qu'on emploiera avec avantage
le sel de nitre jeté dans les abreuvoirs.

« Jamais un troupeau tout entier, — dit M. A.
Sanson, — n'est atteint de la clavelée à la fois. Cette
maladie se montre, comme on dit, par *bouffées*, ce
qui la fait durer longtemps et augmente d'autant la

chance pour les troupeaux voisins. Une mesure qui permet de borner sa durée complète à l'accomplissement de ses diverses périodes d'incubation, d'éruption et de desquamation sur chaque sujet isolé, offre donc les plus grands avantages, surtout si elle y joint celui de maintenir la maladie sous sa forme la plus bénigne. »

Or, cette mesure c'est l'inoculation ou *clavelisation* en masse de tous les animaux susceptibles d'être atteints.

« Des statistiques, — poursuit A. Sanson, — établies sur un nombre énorme d'observations ont démontré depuis longtemps que, tandis que la mortalité, par suite de la clavelée naturelle, était au minimum de 20 o/o et atteignait parfois les deux tiers et même la presque totalité du troupeau, dans le cas de clavelée inoculée, elle n'a jamais dépassé 2 o/o. Cela suffit pour juger la question, sans tenir compte même des pertes causées par l'intensité plus grande des souffrances occasionnées par la maladie aux bêtes qui guérissent, soit ensuite de leur amaigrissement, de la perte de leur lait, des avortements ou de l'altération de leur laine, et aussi du surcroît de travail et des empêchements nécessités par les précautions d'isolement dont le troupeau doit être l'objet, tant que durent les phases de la marche générale de l'épizootie.

« *La Clavelisation est donc à tous les points de vue une opération essentiellement économique et rationnelle aussi bien pour la police sanitaire que pour l'intérêt privé.* »

On ne peut que se rallier à ces sages conseils, aussi engageons-nous fortement les propriétaires de troupeaux menacés de l'invasion de la clavelée à faire pratiquer cette opération sur tous les animaux.

CACHENIE AQUEUSE OU POURRITURE

Très fréquente chez le mouton, cette affection attaque, comme on sait, les moutons des localités humides ou marécageuses.

Caractères.—On la reconnaît de suite aux symptômes suivants : tristesse et [accablement général, absence de coloration de la peau des membranes muqueuses. L'animal malade, quand on le saisit par un membre postérieur, ne cherche à se dégager que mollement ; en marche il reste toujours à l'arrière du troupeau.

Le pouls est faible, l'appétit disparaît, la rumination est supprimée, la laine est ébouriffée, terne et cassante, et l'on voit apparaître chaque soir sous la ganache une tumeur d'apparence gastreuse, appelée vulgairement *bouteille*, qui disparaît pendant la nuit.

Puis, les membres s'engagent, le ventre et la poitrine se remplissent de sérosités, la diarrhée survient, et peu de temps après la mort.

Causes. -- Cette maladie qui, considérée à juste titre comme le fléau de l'espèce ovine, à raison de sa fréquence, de sa marche rapide et de sa terminaison presque toujours funeste, reconnaît pour causes : l'usage de fourrages avariés, d'aliments verts et surtout très aqueux, le défaut d'air respirable et surtout l'excès d'humidité dans l'air.

Traitement. — Tous les soins doivent tendre à prévenir cette maladie, indépendamment de la stricte observation des préceptes de l'hygiène. On administrera le sel dans les boissons, et on le mélangera aux aliments ; on évitera en outre les lieux humides ou marécageux, le bord des fossés, des étangs ou des cours d'eaux, ou tout au moins on n'y conduira les moutons que sur le haut du jour après les avoir fait pâturer, au préalable, sur des lieux secs : voilà pour le traitement préservatif.

Comme traitement curatif, on a préconisé les astringants minéraux et végétaux, ainsi que les préparations ferrugineuses (CHABERT), l'administration du vin de quinquina (DUPUY), la farine de lupin et la suie de cheminée (RAYNAUD), un breuvage composé de gentiane, un verre additionné de 2 grammes de sulfate de fer et de 2 grammes d'huile empyreumatique (LAFOSSE), l'essence de térébenthine, donnée à la dose d'une cuillerée dans l'eau tous les trois jours (ARTHUR YONG).

Mais à dire vrai, aussitôt que les premiers indices de la pourriture se manifestent dans une bergerie, il est de l'intérêt des propriétaires d'engraisser les animaux sur lesquels on les remarque pour les livrer à la boucherie ; car, en admettant qu'on arrive à une guérison, le traitement exigera pour chaque tête une dépense supérieure à sa valeur vénale.

Cette affection n'est pas contagieuse, mais elle règne le plus souvent épizootiquement.

Comme toutes ces causes de débilitation générale facilitent le développement dans l'organisme de nombreux helminthes, quelques auteurs n'ont vu dans cette maladie qu'une affection vermineuse. Mais c'est prendre là l'effet pour la cause.

FOURCHET

Cette maladie qu'on observe assez communément chez le mouton est due à l'inflammation suppurative du petit canal qui est situé à la partie supérieure de l'espace qui sépare les deux onglons. La matière sebacée que secrète ce canal ne tarde pas à s'y accumuler, et bientôt se change en une secrétion émuco-purulente.

Cette maladie est caractérisée au début par la rougeur, la tuméfaction et la douleur de cette région.

Le mouton boite souvent même fortement.

Causes. — Le fourchet est généralement attribué à l'introduction accidentelle d'un corps étranger dans le canal; cependant il doit reconnaître parfois une autre cause, car on l'a vu sévir sur tout un troupeau, et les animaux étaient atteints des quatre pieds à la fois.

Traitement. — Il faut arrêter cette inflammation dès le début.Le berger devra donc, dès qu'il voit un animal boiter, examiner avec soin le pied de l'animal; car, si l'on ne l'arrête immédiatement, le mal se propage jusqu'à la couronne de l'onglon et souvent de telle façon qu'il peut amener sa chute.

Le traitement consiste, au début, en soin de propreté, en bains et en cataplasmes émollients. Dès que la suppuration est établie, ce que l'on constate à l'aide du doigt en constatant une légère fluctuation, il faut donner issue à ce liquide en débridant l'abcès à l'aide d'un bistouri ou même simplement d'un canif. On nettoie ensuite la plaie convenablement et on la panse avec de l'étoupe imbibée de teinture d'aloès.

Mais si la cicatrisation tarde à se montrer, c'est qu'alors la plaie devient ulcéreuse et le vétérinaire appelé fera l'extirpation de ce canal et pansera la plaie avec l'onguent égyptiac.

MUGUET

Cette maladie, désignée encore sous le nom de *chancre*, ne se rencontre guère que sur les agneaux, principalement sur ceux qui sont de constitution délicate.

Symptômes. — Le muguet est caractérisé au début par de légers mouvements fébriles, et la bouche est chaude et rouge; si on l'examine avec soin on voit la face interne des lèvres et la langue piquetées de points jaunâtres qu'on prenait autrefois pour des fausses membranes et qui ne sont autre chose qu'un produit de nature éryptogamique qui se développe sur la muqueuse.

« Ce produit paraît par élévations côniques de 25 millimètres de diamètre, chaque cône est pourvu d'individus munis de racines, de branches et de sporules.

« Les racines s'implantent dans les cellules de l'épithélium ; elles sont cylindriques, transparentes, ayant 1/400 de millimètre de diamètre ; en se développant, elles perforent toute la série des cellules qui composent l'épithélium pour arriver à la surface libre de la muqueuse (Gruby). »

En résumé, le muguet est formé par des èryptogames du genre *sporotrichium* déposés à la surface de la muqueuse buccole sous forme de petites plaques d'un blanc jaunâtre.

Ces productions gênent beaucoup les agneaux pour téter aussi, à tout instant, les voit-on prendre le mamelon qu'ils abandonnent aussitôt.

Traitement. — Dès que le mal est constaté, il faut se hâter de le faire disparaître au moyen de gargarismes d'eau salée ou encore à l'aide d'une dissolution d'alun ou de borax.

On a encore conseillé le collutoire suivant :

> Glycérine . . . . 30 gr.
> Borate de soude . . . . . . 10 gr.
> Alun. . . . . 5 gr.

On trempe dans ce collutoire un tampon de vieux linge fixé au bout d'une petite baguette et on le promène sur les parties malades.

Il faut en outre tenir les agneaux dans un endroit sec et leur faire boire du lait pour suppléer à celui qu'ils ne peuvent téter.

SANG DE RATE (*mal de sang*)

Cette maladie se montre surtout dans les localités où la culture se fait en grand et où les moutons reçoivent une nourriture abondante et substantielle.

Nous n'avons pas à prendre part ici dans les discussions qu'a soulevé cette redoutable affection, à savoir s'il faut la considérer comme étant de nature charbonneuse, ou comme ayant son entité à elle. Nous conseillerons seulement de prendre à son égard toutes précautions susceptibles d'éviter la contagion si elle existe.

Causes. — Cette maladie se manifeste principalement pendant l'été aux jours d'orage ou de grande chaleur.

Elle s'attaque surtout aux troupeaux nourris pendant longtemps de fourrages secs et de grains, et qui parquent pendant l'été, exposés à l'ardeur du soleil. C'est ainsi qu'elle est fréquente dans la Beauce, où elle fait chaque année des ravages considérables.

Caractères. — Elle se produit subitement : l'animal le plus vif devient tout à coup immobile et se met à trembler sur ses membres, puis on le voit rendre du sang par les urines et par le nez, et enfin tomber comme une masse pour ne plus se relever.

Traitement. — Tout remède est inutile : dès qu'un mouton se trouve atteint, il faut chercher à préserver les autres. Il n'y a pas un moment à perdre, il faut saigner ceux qui restent, et les faire émigrer immédiatement, si faire se peut, dans des pâturages frais et humides. En même temps il faut leur donner des boissons aiguisées de sel de nitre et de sel marin, ou simplement d'eau vinaigrée. Le professeur Sanson préconise, comme pour la fièvre charbonneuse, d'administrer de l'eau phéniquée au centième (10 gr. d'acide phénique par litre d'eau).

Pour prévenir l'invasion du sang de rate dans les contrées qui la favorisent, Roche-Lubin conseille aux cultivateurs de bien régler la nourriture de leurs troupeaux, de la varier, de donner une ration de betteraves pendant l'hivernage, et de saigner de temps en temps, pendant la belle saison, les sujets les plus vigoureux ; enfin de mettre autant que possible les animaux à l'abri des chaleurs caniculaires.

TOURNIS (*Tournoiement, Vertige*).

Cette maladie] qui est due à la présence dans le cerveau d'un ver vésiculaire *(cœnurus cerebralis)*, est généralement considérée comme incurable.

Caractères. — Elle se reconnaît aux symptômes suivants : l'animal qui en est atteint a une marche incertaine et chancelante ; tantôt il devance le troupeau, tantôt il semble le suivre avec peine, ou bien il le quitte et il se perd ; il tourne d'un seul côté, quelquefois assez longtemps de suite ; lève le nez en l'air, tombe, se relève et retombe encore.

« Souvent, — dit le professeur Lafosse, — une seule ou les deux oreilles sont tombantes, l'axe visuel d'un seul ou des deux yeux, s'incline vers le sol ou se dresse dans tout autre direction. Ces modifications bornées à un seul côté correspondent à celui vers lequel la tête penche. »

Tout annonce que les facultés intellectuelles ont éprouvé une perturbation plus ou moins profonde.

Plus tard, l'animal perd l'appétit et reste couché, étendu, stupide ; peu à peu il dépérit et meurt dans le marasme.

M. Reynal, sur plus de soixante cas, a constaté que dans les deux tiers le tournoiement se fait du côté correspondant au cœnure, lorsque ce ver est placé à la surface ou dans l'épaisseur des couches qui forment le plafond des ventricules latéraux.

Causes. — Le ver vésiculaire ou *cœnure cérébral* est une des phases de développement d'un tœnia ou ver rubané qui habite l'intestin du chien ; d'où il suit que la présence de ce cœnure dans le cerveau du mouton est due à l'ingestion par celui-ci des anneaux de ce ver, rendus par le chien avec ses excréments, et fixés sur les fourrages qui servent à l'alimentation des troupeaux. Ces anneaux contiennent des embryons qui, arrivés à un développement plus parfait *(proscolet)*, cheminent à travers les tissus au moyen des crochets qui leurs servent d'organes de progression, s'introduisent dans le système circulatoire, et enfin arrivent dans le cerveau où se fait leur transformation en vésicule ou cœnure cérébral.

Ajoutons que ces migrations de l'helminthe se font avec d'autant plus de facilité que l'animal qui l'héberge est d'une constitution plus ou moins robuste.

Traitement. — En premier lieu il faut améliorer

l'hygiène des troupeaux afin d'éviter toute cause d'affaiblissement.

Les tentatives de traitement qui ont été faites consistent dans la ponction du crâne et de l'hydatide, au moyen d'un petit poinçon de la grosseur d'une plume à écrire (Reboul). Ce patricien ne considère pas l'extraction du cœnure comme une condition essentielle de réussite.

D'autres ponctionnent avec un trocart et aspirent le liquide avec une seringue (Rein et Reuter). On a préconisé la trépanation et l'excision du ver avec les pinces (Chabert), ou avec les barbes d'une plume (Rigol, Langlois). Enfin on s'est encore servi de l'injection de teinture de myrrhe après avoir perforé l'os avec un trocart (Gerike), et de la cautérisation superficielle du crâne à l'aide du fer rouge (Nervac).

Comme les moutons qui sont atteints de cette affection ne perdent rien de leur valeur, que leur cuir et leur toison ne subissent aucune dépréciation, que leur viande est saine et de bonne qualité, il est préférable, dès qu'on s'aperçoit de la maladie, de ne pas perdre son temps à les traiter et de les livrer immédiatement au boucher.

TREMBLANTE

On désigne sous ce nom et encore sous celui de *prurigo lombaire*, une maladie signalée pour la première fois par Tessier en 1810 et caractérisée par un prurit violent de la région lombaire et des mouvements convulsifs.

Caractères. — Au début le mouton porte l'oreille basse et la colonne vertébrale voûtée en contre haut. Les mouvements sont gênés, le train de derrière chancelle et le corps est agité de tremblements convulsifs intermittents. Dans quelques cas la région des 10 lombaires devient le siége d'un prurit si violent que l'animal se gratte et se mort tant et si fort qu'il finit par tomber épuisé.

L'appétit persiste quoique diminué, mais au fur et à mesure que le mal s'accentue et que les accès se multiplient, il survient un affaiblissement progressif qui met les malades dans l'impossibilité de se tenir debout, et l'animal ne tarde pas à succomber.

Une particularité remarquable, c'est que le prurit dont nous parlons plus haut ne s'accompagne d'aucune exanthemie. En tondant la peau de très près, dans les points où l'animal se gratte, on aperçoit seulement de petites plaques recouvertes de matières furfuracées (Lafosse).

Causes. — « L'apparition de la tremblante, en France et autres contrées, ayant coïncidé avec l'introduction des mérinos, on en a conclu que cette race y était spécialement prédisposée, ce qui tend à corroborer encore sa manifestation sur les produits issus de cette race croisée avec les indigènes. Toutefois, il est bien certain, aujourd'hui, que la tremblante s'est montrée dans des troupeaux français purs de tout croisement (Lafosse, J. Cauvet). »

Traitement. — M. J. Cauvet prétend avoir subitement arrêté la tremblante en administrant aux animaux atteints :

> Valériane. . . . . 1 gr.
> Camphre. . . . . 20 centigr.

en pilules, pendant 8 jours consécutifs.

LIVRE IV

LE PORC

PREMIÈRE PARTIE

CHAPITRE PREMIER

Caractères — Mœurs — Régime — Distribution géographique — Espèces sauvages

Le cochon proprement dit ou porc forme le genre type de la famille des *Suidés.*

Les suidés ont 44 dents : 6 incisives en haut et autant en bas ; les canines au nombre de deux à chaque mâchoire sont entièrement développées et recourbées toutes les quatre vers le haut et l'atéralement, on leur donne le nom de *boutoirs* ou *défenses*; aussi bien du reste elles sont l'arme la plus terrible de ces animaux. Les molaires sont au nombre de quatorze aux deux mâchoires, — elles sont multituberculeuses.

Le tronc est déprimé latéralement, les jambes sont minces et élancées, les doigts au nombre de quatre à chaque pied sont disposés par paires; les deux du milieu appuient seuls à terre et supportent le poids du corps.

Une particularité remarquable est celle qui a trait aux muscles labiaux, qui sont excessivement développés, surtout à la mâchoire supérieure (groin), ce qui permet à l'animal de fouir le sol avec facilité.

Les suidés, en outre, ont les glandes salivaires très développées; l'estomac est arrondi, le cœcum très volumineux, et l'estomac dix fois aussi long que le corps.

Ils habitent toutes les parties du monde excepté la Nouvelle-Hollande.

« Ils se tiennent, — dit Brehm, — dans les grandes forêts humides et marécageuses de la plaine et de la montagne, dans les fourrés, les buissons, les prairies à hautes herbes. Tous recherchent le voisinage de l'eau; ils se gîtent dans les marais, au bord des rivières et des lacs; se vautrent dans la vase et se reposent soit dans la fange, soit dans l'eau. »

Ils vivent en petites troupes.

Leurs habitudes sont nocturnes ; ils ne voguent que la nuit.

Leurs mouvements sont faciles ; leur marche est rapide et ils nagent avec aisance.

Ils ont surtout l'ouïe et l'odorat très développés, mais la vue, le goût et le toucher paraissent assez obtus.

Leur voix est un grognement particulier.

Ils sont omnivores dans toute l'acception du mot. « Tout ce qui est mangeable, — dit Brehm, — leur est bon. »

Ils s'apprivoisent facilement, mais repassent avec la même facilité à l'état sauvage. C'est ainsi que le sanglier s'habitue aussi vite à vivre sous un toit à porc que ce dernier animal, s'il est jeune, mis en liberté, ressemble au bout de quelques années à un sanglier.

Aussi bien, du reste, celui-ci est considéré par tous les naturalistes comme l'ancêtre sauvage de toutes nos races domestiques.

Il était autrefois très répandu en Europe, mais il commence à y devenir rare; on ne le voit plus guère en certaine abondance qu'en Pologne, en Galicie, en Hongrie, dans la Russie méridionale, en Croatie, en Grèce et en Espagne. Il est encore assez commun en Asie et dans le nord de l'Afrique.

Parmi les espèces les plus connues on peut citer :

Le sanglier de l'Inde, qui est plus petit que notre cochon domestique.

Le sanglier du Japon, encore appelé *sanglier à barbe blanche*, qui est l'ancêtre de la petite race domestique que l'on connaît sous le nom de *cochon chinois*.

Le sanglier des Papous, qui est le plus élégant de tous.

Le sanglier à oreilles en pinceau, qui habite l'Afrique.

Le sanglier à masque, qui est originaire de Madagascar.

Le sanglier des buissons, qu'on rencontre dans le sud et l'ouest de l'Afrique.

Toutes ces espèces reproduisent entre elles.

La saison du rut, qui peut être de cinq ou six jours à cinq ou six semaines, commence à la fin de novembre. Quelques femelles mettent bas deux fois l'an ; on pense qu'elles proviennent de cochons domestiques redevenus sauvages.

A l'approche de la saison des amours les mâles se livrent des combats acharnés, et la conquête de la laie reste toujours au plus fort ; s'ils sont de même force, et que le combat demeure sans issue, ils finissent par accepter la situation et se supportent l'un l'autre.

La laie met bas au bout de dix-huit à vingt semaines de quatre à six petits.

« Elle s'est préparée dans un fourré solitaire une couche recouverte de mousse, de feuilles et d'aiguilles de sapin ; elle y reste cachée pendant quinze jours avec sa jeune progéniture, qu'elle ne quitte que juste le temps qu'il faut pour manger. Bientôt elle l'emmène avec elle, et souvent plusieurs laies se rencontrent et surveillent en commun leurs marcassins. L'une d'elles vient-elle à périr, les autres se chargent des orphelins (Brehm, *loc. cit.*) »

Rien, — dit Winckell, — ne surpasse le courage et la hardiesse avec laquelle la laie défend ses petits ou ceux qu'elle a adopté. Au premier cri d'un marcassin, elle arrive, méprisant le danger, et fond sur l'agresseur quel qu'il soit. Un homme, dans une promenade à cheval, rencontra de petits marcassins et voulut en enlever un. A peine celui-ci avait-il poussé un gémissement que la mère arrive, poursuit le ravisseur, s'élance sur le cheval et cherche à le mordre au pied. L'homme, pour en finir, lui ayant lancé son petit, elle le prit soigneusement dans sa gueule et rejoignit avec lui sa famille. »

On estime à vingt ou trente ans l'âge auquel peut arriver un sanglier.

Ses ennemis naturels sont, dans notre pays, le loup, le lynx et le renard, et, en Afrique et en Asie, les grands féliens.

Mais celui qui lui est partout le plus redoutable est l'homme, qui a fini par le faire presque disparaître de la surface de l'Europe.

CHAPITRE II

Races domestiques

Les races de porc sont très nombreuses.

Elles descendent, selon toutes probabilités,—nous l'avons dit, — du sanglier.

Fintzinger les rapporte toutes à deux groupes principaux : les *cochons crépus* et les *cochons à grandes oreilles*. Au premier groupe, appartiennent les races qu'on rencontre dans le nord de l'Europe ; au second, celles qu'on rencontre dans le Nord : chacune de ces races se divisant en un grand nombre de sous-races.

Nous ne citons cette classification que pour mémoire.

Il en est une autre qui est plus généralement adoptée par les naturalistes, c'est celle qui se divise en deux races: la première ou *grande race* ; la deuxième ou *petite race*.

Nous préférons, — étant donné le but de cet ouvrage, — étudier chaque race suivant les pays où on la rencontre et diviser notre travail ainsi qu'il suit :

I. RACES FRANÇAISES, qui comprennent, parmi les plus connues :

1° Le *cochon commun*, tour à tour modifié par

diverses influences de climats, de nourriture et de soins, et qui offre les sous variétés suivantes :

Le *noir*, très commun dans le midi de la France ;

Le *pie blanc*, à fond blanc avec de larges taches noires ;

Le *roux*, à pelage blanc presque roux.

2º Le *cochon du Périgord*, qui a les poils noirs et rudes, le cou gros et court, le corps large et trapu. — Engraissé à l'âge de deux ans, il peut fournir de 100 à 150 kil. de lard.

3º Le *cochon du Poitou*, qui a les poils rudes et blancs, la tête grosse et longue avec le front saillant coupé droit et les oreilles larges et pendantes. Il a les os volumineux. — Son plus grand poids n'excède guère 250 kilog.

4º Le *cochon de la vallée d'Auge*, qui a les poils blancs et rares, la tête petite et pointue, le corps long et épais, les os très petits. — Il s'engraisse avec facilité et peut peser de 300 à 350 kilog.

5º Le *cochon de Champagne*, qui ressemble comme formes aux cochons du Poitou. — Il s'engraisse moins bien que ce dernier.

6º Le *cochon des Ardennes*, à soies blanches et à oreilles droites. — Il s'engraisse avec facilité.

II. RACES ANGLAISES, que les agronomes d'Outre-Manche divisent en races *noires* et races *blanches*, se subdivisant elles-mêmes en *grandes* et *petites* races.

Les plus estimées sont :

1º La *race Berkshire*, la plus connue des grandes races noires, qui se distingue par un corps massif et un museau très court. L'extrémité des quatre membres et le milieu du front sont roussâtres.

2° La *race du Hampshire*, qui ressemble fort à la précédente, mais avec des formes plus grossières et des taches roussâtres plus nombreuses et plus larges.

3° La *race d'York*, la plus grande race d'Angleterre. Elle est, au dire des éleveurs, le résultat de l'ancienne race indigène améliorée par le porc indien. — Elle est entièrement blanche.

Telles sont les grandes races.

Les petites, qui sont les plus estimées parce qu'elles sont plus précoces et plus faciles à engraisser, et qui tendent du reste de plus en plus à fusionner avec les grandes races, à ce point même que la couleur de la robe ne reste plus qu'une affaire de mode ou un cachet dont se sert un éleveur en renom pour se défaire plus avantageusement de ses élèves, les petites races, disons-nous, comprennent parmi les plus connues :

La race *de Windsor*, de *Coleshill*, de *New-Leirester*, *d'Essew*, etc., tous animaux à corps cylindrique sur des jambes courtes, à ossature mince, à tête petite, à oreilles pointues et dressées.

III. RACES ALLEMANDES. — On n'élève guère en Allemagne que *le cochon à grandes oreilles*. C'est le plus grand de tous ; il est reconnaissable à son corps un peu efflanqué, et surtout à ses oreilles larges et pendantes lui tombant sur les yeux.

Sa chair est de qualité médiocre.

Citons pour finir les races d'Europe.

IV. RACE SUÉDOISE. — Elle ressemble beaucoup à notre cochon des Ardennes. On suppose qu'elle provient d'un croisement du sanglier et de la truie ordinaire.

V. RACES ASIATIQUES. — Les plus connues parmi celles-ci sont: la *race chinoise* et la *race de Siam*.

1° Le *cochon de Chine*.

L'espèce souche vit, — croit-on, — à l'état sauvage, dans les forêts du Japon.

Ce cochon, qui ressemble, quant aux formes, au sanglier ordinaire, est de toute petite taille. Il s'engraisse avec la plus grande facilité. Pour l'engraisser, il n'est pas de soins que les habitants du Céleste-Empire ne lui prodiguent ; c'est au point qu'ils le portent sur une sorte de civière pour le transporter d'un lieu à un autre.

2° Le *cochon de Siam*. — Celui-ci, qu'on rencontre dans tout le sud de l'Asie et dans les îles de la mer des Indes, descend, au dire de certains naturalistes, du sanglier indien.

Il s'engraisse facilement et sa chair est de bon goût.

VI. RACES OCÉANIENNES. — Citons seulement :

Le *cochon des Papous*, qui vit à l'état domestique dans toute la Nouvelle-Guinée.

VII. RACES AMÉRICAINES. — Celles-ci sont nom-

breuses. Elles participent pour ainsi dire de toutes
les races de l'ancien continent. La plus estimée est
celle qu'on élève en grand, aux environs de Cincin-
nati, et qui fait l'objet d'un commerce important. —
Voici comment s'y prennent les fermiers qui se livrent
à ce genre d'élevage. Ils conduisent leurs animaux,
au printemps, dans des champs plantés tout exprès
de choux, d'avoine, de pois, de seigle ou de maïs ;
puis ils achèvent de les engraisser, en automne, avec
des pommes de terre et du maïs cuit. — Après leur
mort, les cochons sont échaudés à la vapeur, dépécés,
et leur chair, salée et fumée, est ensuite enfermée
dans des barils. Quant au sang on le recueille dans
des réservoirs spéciaux, et il sert à la fabrication du
bleu de Prusse; [la peau, elle, est tannée; les os sont
calcinés pour les raffineries de sucre, et la graisse
sert à fabriquer de l'huile et de la stéarine.

CHAPITRE IV

Reproduction — Elevage

Quelle que soit la race à laquelle on s'adresse, on doit toujours préférer les animaux qui ont les os petits, ce qu'on reconnaît aisément à la petitesse de la tête.

Le cochon mâle, *verrat*, n'est propre à la reproduction que vers l'âge d'un an, de deux à trois il est dans toute sa force ; passé cinq ans on doit le mettre à l'engrais, car il devient d'un entretien dispendieux en même temps que d'une méchanceté parfois dangereuse.

Le verrat, choisi comme étalon, doit, nous venons de le voir, avoir les os aussi petits que possible ; il doit être en outre de grande taille parce qu'il donne plus de lard et de chair.

S'il s'agit d'améliorer une race, il est préférable de prendre parmi les plus beaux sujets de celle du pays plutôt que parmi les races étrangères, parce que peu d'animaux degénèrent aussi promptement que le porc quand on le change de climat ; et, pour conserver une race étrangère dans toute sa pureté, il faut constamment renouveler les étalons en les faisant venir de leur pays d'origine.

Le cochon femelle, *truie*, entre en chaleur vers l'âge

de 6 ou 8 mois, mais comme elle est alors trop jeune pour reproduire, il faut l'isoler des autres cochons pour éviter qu'elle no les tourmente ou les blesse. Pour calmer son ardeur quelques éleveurs mettent dans son manger des herbes rafraîchissantes telles que de la poirée et de la laitue.

La truie choisie pour la reproduction doit avoir la tête petite, le groin fin, le cou épais, le dos droit du sommet de l'épaule au sommet de la croupe, le corps arrondi, ample, les épaules fortes, les jambes courtes et minces.

La truie peut produire deux fois par an ; mais il ne faut la faire porter qu'une fois seulement quand on tient à avoir de beaux et vigoureux produits.

On la fait d'ordinaire couvrir en octobre afin qu'elle ne motte bas qu'en mars ou avril, parce que les jeunes sont très sensibles au froid, et que ceux qui naissent en hiver réussissent difficilement.

A huit ans on cesse de la faire reproduire et on l'engraisse ; mais, il ne faut pas attendre plus long-temps, car, l'engraissement devient alors fort diffi-cile.

La truie met bas communément de 10 à 12 petits qu'on nomme *percelets* ou *gorets*. Quelquefois elle les mange ; pour éviter cela il faut les frotter avec une éponge trempée dans une décoction de coloquinte, de chicorée amère, ou de toute autre plante semblable.

Il faut tenir la mère et les petits aussi chaude-ment que possible, les préserver de l'humidité, et renouveler fréquemment leur litière.

Il ne faut laisser à la mère qu'autant de jeunes

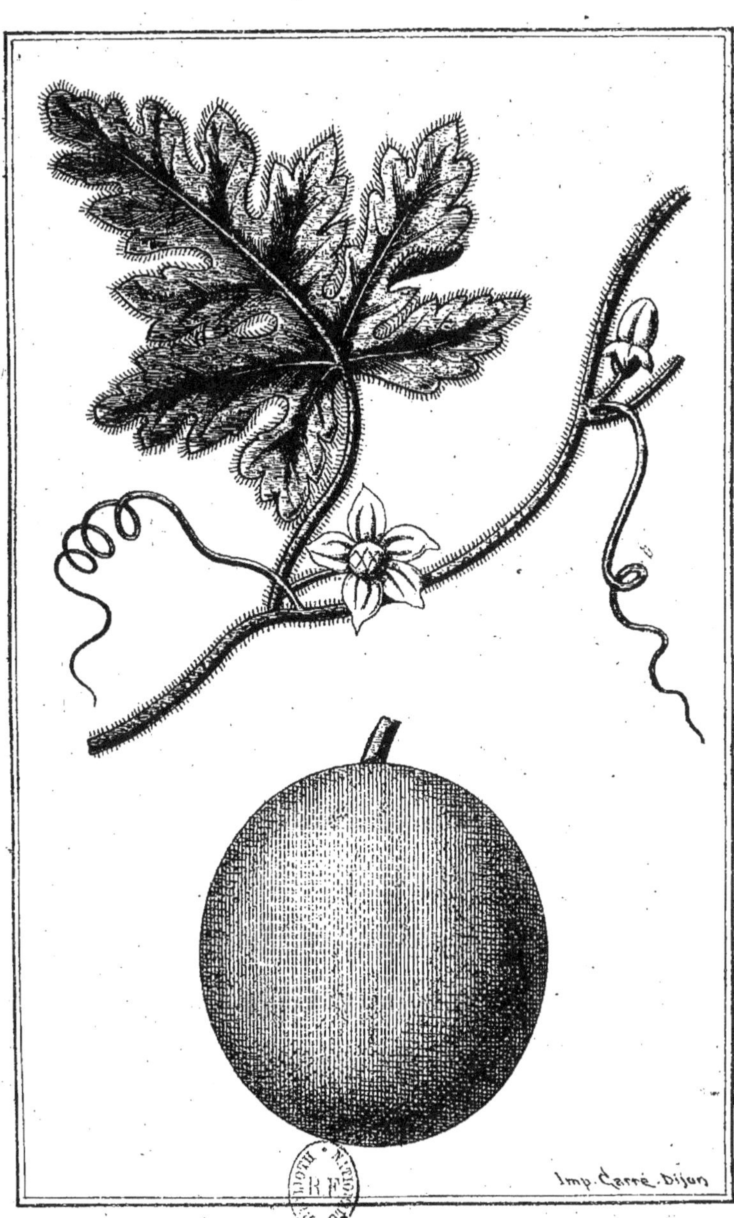

COLOQUINTE

qu'elle a de mamelles ; car les porcelets ont l'habitude d'adopter chacun son trayon.

Vers trois semaines on enlève ceux qui doivent être vendus comme *cochons de lait*. Mais, comme il n'est pas toujours aisé de les séparer de leur mère, on doit prendre le soin d'emmener celle-ci aussi loin que possible, afin qu'elle n'entende pas leurs cris, et dès qu'elle rentre sous le toit on lui donne du grain pour l'occuper.

Les autres sont sevrés au bout de huit ou dix semaines : on leur donne alors à manger un mélange de caillé de farine d'orge, de seigle, de maïs délayé dans l'eau de vaisselle; plus tard on ajoute à ce mélange des racines cuites, et enfin on les conduit aux champs en évitant de faire paître ensemble les mâles et les femelles.

A l'âge de trois mois, on choisit ceux que l'on destine à être vendus, et on fait châtrer les autres pour les mettre à l'engrais.

Jusqu'à l'âge de deux ans ils prennent facilement de la graisse ; plus tard leur engraissement devient plus couteux, et leur chair est moins fine et moins délicate.

CHAPITRE V

Engraissement — Usages — Produits

Le cochon est particulièrement recherché pour sa chair ; aussi le destine-t-on toujours finalement à l'engraissement.

Quand on fait de l'engraissement une industrie spéciale, on peut soumettre les animaux à cette opération pendant n'importe quelle saison de l'année. Cependant, nous devons dire que, de toutes, l'automne est celle qui est la plus favorable.

Le mâle doit toujours avoir préalablement subi la castration, sans quoi sa viande conserve toujours un goût particulier.

Pour la femelle, l'extraction des ovaires n'est point une opération indispensable, pourtant elle favorise remarquablement l'obésité. Mais il faut ajouter que la castraction de la truie n'est pas toujours sans danger.

Le système d'engraissement qu'on emploie varie suivant le nombre des animaux à engraisser.

S'il ne s'agit que de quelques animaux dont la chair est consommée sur place par la famille du nourrisseur, ou si l'engraissement ne constitue, en quelque sorte, qu'une opération agricole liée aux autres opérations de la ferme, les soins à prendre sont peu de chose, car il ne faut guère que comparer les aliments, afin de connaître avec certitude quels sont ceux qui sont les plus profitables.

« Quand on veut engraisser un cochon, — dit le *Dictionnaire de la vie pratique*, art. *cochon*, — on le retient continuellement à l'étable, dans l'obscurité et une tranquillité parfaite, et on satisfait amplement à son appétit. On a soin de varier sa nourriture et d'en augmenter graduellement la qualité. On lui donne d'abord des pommes de terre cuites, mêlées d'orge concassée, puis mélangées avec du son, et plus tard avec de la farine d'orge délayée en bouillie avec des eaux grasses et mélangée avec de la farine de seigle, on finit par passer ces farines afin de ne plus donner que la fine fleur. Sur la fin de l'engrais, on ne donne plus à boire et on réveille de temps en temps l'appétit de l'animal en lui donnant chaque jour deux poignées d'avoine saupoudrée de sel qu'on a fait gonfler en la mouillant légèrement ou en la tenant dans un lieu humide. L'engraissement doit durer de 3 à 5 mois, au bout de ce temps, aussitôt que le porc ne manifeste plus d'appétit, il faut se hater de le tuer. »

Certains nourrisseurs profitent de la disposition qui porte le cochon à préférer la nourriture animal à l'alimentation végétale, utilisent avec avantage, — quand ils sont convenablement placés pour cela, les débris des animaux morts. C'est ainsi qu'on leur donne souvent de la viande de cheval crue ou cuite provenant des clos d'équarrissage.

C'est une erreur de croire que cette alimentation est malsaine ; non seulement elle n'exerce aucune action nuisible sur leur santé, mais les animaux, ainsi nourris, sont plus forts et plus vigoureux.

En somme, le cochon est un parfait omnivore. Il n'y a à peu près rien qu'il laisse.

Il est en outre fort utile dans les chaumes ou il détruit les sauterelles, les limaces, les vers blancs, et les petits rongeurs.

On l'emploie encore à la recherche des truffes, à fouger autour des pommiers de Normandie.

Les Américains l'emploient à la destruction des bêtes vénimeuses.

Les Écossais à labourer la terre.

Après sa mort, on façonne ses restes de mille manières, sa graisse, sous le nom d'*axonge*, entre dans un grand nombre de préparations officinales, sous le nom de *saindoux*, elle est en cuisine d'un usage de tous les jours; quand elle est rance, elle sert sous la dénommination de *vieux oing* au graissage des voitures.

En un mot, il n'est pas une seule partie de son corps qui ne soit utilisée.

CHAPITRE III

Habitations — Régime

On ne saurait trop s'occuper de l'habitation du porc (*porcherie, toit à porc*), qui, le plus souvent, par sa mauvaise disposition et sa malpropreté engendre la plupart des maladies qui atteignent cet animal. Car, on lui donne souvent le point le plus fangeux et le plus obscur de la basse-cour.

Et pourtant, malgré sa saleté apparente, le porc est un animal très propre ; jamais il ne se couche sur ses excréments qu'il a le soin de déposer le plus loin possible de sa couche.

On place le toit à porc au midi, s'il se peut. Sa hauteur doit être d'environ 2 mètres; on le recouvre d'ordinaire de chaume : il est alors plus chaud en hiver et plus frais en été. L'espace qu'on donne à chaque porc est de 5 à 6 mètres carrés. Lorsqu'on élève cet animal sur une grande échelle, on les séparent suivant leur âge, leur sexe et leur destination. Ainsi on sépare les verrats des truies qui sont mères, et les porcelets déjà sevrés des cochons à l'engrais.

Dans les grandes exploitations, on établit devant chaque toit particulier une cour gazonnée, où ces animaux peuvent venir prendre l'air et s'ébattre à leur gré. Plus ils peuvent sortir et mieux ils se portent. L'ouverture par laquelle ils sortent doit avoir une porte qui puisse s'ouvrir en dedans comme en dehors, et se fermer d'elle-même après avoir livré passage à chaque animal ; c'est dans cette cour que sont disposées les auges, qu'on abrite sous une petite toiture en planches, pour que la pluie ne gâte pas les aliments qu'on y verse.

Chez quelques éleveurs, ces auges sont placées dans l'épaisseur même du mur d'enceinte de la cour, et on les fait un peu saillir au dehors ; de cette façon on peut les emplir sans entrer dans la cour, et la personne chargée de ce soin n'est pas exposée au brutal empressement des animaux qui ne manquent jamais de se jeter au devant des aliments qu'on leur apporte. L'ouverture qui se trouve au-dessus de ces auges peut être fermée par une porte suspendue sur des gonds placés horizontalement, et qui s'ouvre de bas en haut en poussant intérieurement. Cette disposition permet de repousser les animaux en ouvrant la porte pour remplir les auges et d'y verser sans être troublé la nourriture préparée.

Chaque cochon doit avoir son auge séparée afin d'éviter les batailles.

Toutes les parties du toit doivent être solidement construites et en bonne maçonnerie ; car le porc, qui aime à fouiller le sol de son groin, ne tarderait pas à jeter bas une construction trop légèrement construite.

Régime. — Les cochons élevés sous le toit se

nourrissent de fourrage vert, de légumes, de laitues, de racines cuites ou crues et surtout de pommes de terre.

Comme ils mangent de tout, on leur donne encore les résidus de la laiterie, les débris de cuisine avec les eaux grasses de vaiselle et, dans le voisinage des fabriques, les résidus de brasseries, huileries, distilleries de grains, le marc de suif, les tripes des abattoirs, etc.

Mais, si on le peut, il est préférable de les faire sortir, de les conduire chaque jour *à la glandée*, et, à leur retour, on leur donne alors une nourriture cuite. Ce régime les dispose favorablement à l'engraissement.

On peut les conduire également au pâturage. Les champs de trèfle et de luzerne, les terres où on a cultivé des carottes et des betteraves leur conviennent parfaitement. Même dans les plus mauvais pâturages, ils trouvent toujours, en fouillant le sol de leur grouin et de leur boutoir, et ils ne laissent pas échapper le moindre ver.

Pour éviter qu'ils ne commettent trop de dégâts, on les *pique*, c'est-à-dire qu'on leur perce le boutoir avec une pointe de fer rougie au feu.

Pour les empêcher de courir, on leur suspend au cou un morceau de bois *(taleau)* qui passe entre les jambes de devant.

TROISIÈME PARTIE

Maladies du Porc

On peut dire, sans être taxé d'exagération, que l'espèce porcine est, en général, assez peu privilégiée sous le rapport de l'hygiène.

Sous prétexte que le porc se complaît à « se vautrer dans la fange, » — ce qui n'est rien moins que prouvé, — on se préoccupe fort peu de la propreté de son toit, et, comme souvent il vit d'une façon sédentaire, il s'ensuit que le malheureux animal passe toute son existence dans un milieu humide, malpropre, mal aéré, chargé de miasmes.

Sous prétexte que sa voracité le porte à manger tout ce qu'il trouve ou tout ce qu'on lui présente, on ne prend pas de soin de sa nourriture qui se compose, le plus souvent, de substances de toute nature, tout étonnées de se trouver dans la même auge, substances en général avancées et de mauvaises qualités.

C'est là une erreur, car le porc aime, autant qu'aucun animal au monde, la propreté et la bonne nourriture; erreur d'autant plus grave qu'elle est la cause de la presque totalité des maladies de cet animal.

ANGINE *(ou Esquinancie)*

Cette affection, très commune chez le porc, est une des plus graves qui puisse atteindre cet animal, à cause qu'elle sévit le plus souvent sous la forme épizootique et qu'elle s'accompagne souvent de phénomènes gangreneux.

Caractères. — Au début, c'est un simple mal de gorge, mais qui jette l'animal dans un état d'abattement marqué : la respiration est sifflante, la voix rauque ; l'animal ne peut plus rien déglutir et les liquides reviennent par les narines. Il s'échappe de la bouche ouverte une mucosité filante qui se détache avec difficulté du fond de la gorge ; la langue pendante est rouge foncée sur les bords et recouverte d'un enduit pâteux, légèrement jaunâtre ; le grouin devient d'une couleur plombée.

Parfois l'animal tousse mais avec douleur ; quelquefois il vomit.

Puis, l'inflammation s'étend plus loin, le cou se gonfle jusqu'à la base des oreilles qui deviennent douloureuses, la langue et l'intérieur de la bouche, la gorge se gonflent également et se recouvrent de taches noirâtres, et la respiration devient difficile de plus en plus.

Quelquefois l'inflammation gagne les bronches et le poumon et se complique alors de *broncho-pneumonie.*

Souvent à cette période survient la mort par asphyxie. D'autres fois, le calme et la prostration succèdent à tous les symptômes que nous venons de

décrire; le corps se refroidit, la salive, qui s'écoule par
la bouche, mêlée à des matières putrides, répand,
ainsi que l'haleine, une odeur infecte. C'est la gangrène
qui vient de se produire et qui va amener promptement la mort.

Causes. — Le séjour dans des toits humides, remplis de fumier et mal aérés, les brouillards épais et
fétides, la privation d'eau dans les temps secs et chauds
(ROCHE-LUBIN), sont les causes les plus ordinaires de
l'esquinancie.

Traitement. — Saignée aux oreilles dès le début;
administration d'un vomitif composé de :

20 centigr. d'émétique dans 100 gr. d'eau,
donné en deux fois à une heure d'intervalle. Injections
dans la bouche d'une décoction de graine de lin édul-
cinée avec du miel; fumigations calmantes sous le
nez; friction sur les engorgements avec le liniment
ammoniacal au tiers. Si ces engorgements semblent
prendre l'aspect gangreneux, les inciser en croix et
les cautériser au fer rouge. — Mais quand le mal en
est là, il y a peu de chances de sauver le malade.

APOPLEXIE (*Coup de sang*)

Cette maladie, — d'après Pradal, — est fréquente
en certains pays.

Caractères. — Elle débute par un assoupissement
général, l'œil est hagard, la tête lourde, les vaisseaux
apparents sont engagés (CARRIÈRE), la marche est
chancelante, la pupille dilatée, le pouls est large et
rare (PRADAL), et le plus souvent l'animal succombe.

Causes: — Une nourriture trop substantielle, les coups sur la tête, l'exposition trop prolongée des animaux aux ardeurs du soleil sont les causes les plus ordinaires de cette affection. Elle s'attaque souvent aux porcs gras qu'on voiture dans les grandes chaleurs (VIBORG).

Traitement. — Saigner immédiatement l'animal et, s'il ne se relève pas, le sacrifier sans plus attendre.

FIÈVRE CHARBONNEUSE

Cette maladie, que l'on connaît encore sous le nom de *rouget*, de *mal rouge*, est épizootique et contagieuse. Chaque année elle ravage des porcheries entières. Lafosse a été témoin d'une épizootie de fièvre charbonneuse qui sévit, en 1860, aux environs de Toulouse.

Caractères. — On voit apparaître, au début, à la surface de la peau et des muqueuses, des plaques d'un rouge violacé ; ces plaques se voient surtout aux oreilles, au plat des cuisses et sous le ventre. Tantôt l'animal, en proie à un coma profond, reste la tête enfoncée dans la litière ; tantôt il grince des dents, tremble, éprouve de véritables convulsions et meurt.

Il n'est pas rare de voir arriver quelques complications, portant sur le poumon et l'intestin, de là le nom de *fièvre porcine* qu'on vient de lui donner.

Causes. — Les causes qu'on a invoquées sont nombreuses, mais il est une remarque à faire ; c'est qu'en dépit de ces causes qui sont toujours les mêmes, telles que,— pour ne citer que les plus généralement connues, — la malpropreté des toits et la mauvaise alimentation, devant constamment produire les mêmes effets, tandis que la maladie ne se montre que par intermittence et de loin en loin.

La seule cause dont on doive sérieusement tenir compte est la contagion.

Nature. — Quant à la nature de cette affection, elle est, — quoi qu'on en dise, — charbonneuse. Comment nier qu'il en soit ainsi, puisqu'on trouve dans le sang la *bacterdie* spéciale des maladies charbonneuses.

Traitement. — On doit immédiatement séquestrer les malades, et pratiquer dans les toits des lavages désinfectants. Un seul de tous les traitements préconisés semble avoir réussi, c'est l'acide phénique. Suivant M. Maucuer, vétérinaire à Bollène, l'emploi de ce médicament *ramène la guérison avec une rapidité surprenante.* ». Voici comment il le prescrit :

Acide phénique. . . . .   5 gr.
Eau-de-vie . . . .   10 gr.
Eau . . . .   1 litre.

Administrer trois ou quatre verres d'heure en heure.

Puis, comme auxiliaire de ce traitement, il recommande de se servir de cette même préparation pour arroser le sol et frictionner les porcs, qu'on aura soin de maintenir dans un endroit frais et obscur.

GLOSSANTHRAX *(charbon de la langue)*

Caractères. — On constate d'abord une certaine inquiétude, quelques grincements de dents accompagnés de salivations, puis la présence sur la surface de la langue, qui est rouge et gonflée, de petites vésicules du volume d'un pois; ces vésicules, qui sont jaunâtres, deviennent brunes, puis noires, se rupturent et font place à des ulcères qui fournissent un liquide sameux et infect.

On voit bientôt apparaître entre les incisives l'extrémité de la langue gonflée et livide, les lèvres, le groin, le cou se tuméfient, la respiration devient sifflante et le malade succombe.

Traitement. — Dès qu'on constate les premiers symptômes du mal, on passe un baton entre les mâchoires de l'animal, et l'on tire la langue à soi, après avoir pris le soin de s'envelopper la main d'un linge; on pince alors les vésicules, on fait écouler en dehors le liquide qu'elles contiennent, et on les cautérise immédiatement avec du nitrate d'argent. Si déjà les vésicules sont ouvertes on cautérise de même façon les ulcères auxquels elles ont fait place. Ensuite, on fait quelques injections dans la bouche avec l'acide phénique au centième.

Causes. — Les causes de cette maladie ne sont pas bien déterminées; on sent seulement qu'elle est susceptible de se montrer sous la forme épizootique; on fera donc bien, dès son apparition, de soigner à part les animaux malades.

INDIGESTION (*colique*)

L'excessive et insatiable voracité du porc, qui le porte à manger tout ce qu'il trouve à portée de son groin, rendent cette maladie très fréquente chez cet animal.

Caractères. — On le voit se livrer à des mouvevements désordonnés; il se couche, se lève, se recouche, se relève, gémit, crie; tantôt il porte la colonne vertébrale voûtée en contre-haut, tantôt il s'étire de façon que l'abdomen touche le sol; le ventre est tendu, la respiration accélerée, les fonctions naturelles suspendues et l'animal cherche à vomir.

Traitement. — Administrer une infusion de camomille ou de menthe poivrée additionnée d'une cuillerée à potage d'éther sulfurique et des lavements d'eau de seltz; tenir, en outre, l'animal chaudement; — le calme se rétablit au bout de 2 ou 3 heures.

INFLAMMATION INTESTINALE

Cette maladie, que l'on connaît encore sous le nom de *phlogose abdominale*, est toujours très grave; il faut qu'elle soit prise à temps pour que son traitement soit couronné de succès. Parfois elle débute d'emblée, parfois elle succède à la précédente.

Caractères. — Le porc est triste, refuse de manger et recherche les boissons froides. Il s'étire et se plaint. L'œil est terne, la peau rouge, la gueule sèche, la langue couverte d'un enduit jaunâtre. L'animal est en proie à une constipation opiniâtre. Au bout de trois à quatre jours il survient généralement une diarrhée assez abondante, susceptible de passer à l'état chronique et d'amener la mort.

Traitement. — Pratiquer une saignée à la veine de l'oreille, et administrer immédiatement des lavements d'huile de lin, qu'on remplacera par des lavements faits d'une décoction de feuilles de noyer, dès qu'apparaîtra la diarrhée.

LADRERIE

Cette maladie est occasionnée par la présence au sein des muscles de petites vésicules qui ne sont autre chose que des cysticesques de tœnias, de là son nom de (*cacherie hydatigène*).

Ce ver, a l'état vésiculaire, représente une des phases de développement du *ver solitaire* de l'homme; on comprend par conséquent le danger qu'il y a à se nourrir de viande de porc ladre.

Le porc vit assez longtemps sans être incommodé par la présence de ces cysticesques, ce n'est que par leur excessive multiplication qu'ils arrivent à produire quelques troubles appréciables. On voit alors l'animal maigrir, faiblir du train de derrière et mourir d'épuisement.

La maladie peut se reconnaître sur l'animal vivant à la présence, sous la langue, de vésicules transparentes d'un reflet bleuâtre qui constituent les cysticesques ladriques.

Sur l'animal mort « ce n'est qu'avec une grande attention qu'on peut reconnaître, entre les faisceaux de fibres musculaire, les cysticesques qui se présentent sous la forme de petits kystes de 4 à 5 millimètres de diamètre, demi transparents, avec une tache blanche opaque sur un des côtés ; et, dans la viande salée, sous forme de petits corps arrondis, rosés, du volume d'un grain de mil, constitués par le scolex, enveloppés de la membrane du kyste, dont le liquide a disparu. » (A Bouley et Nocard, *rapport fait au congrès international d'hygiène de Paris en 1878*).

Traitement. — Quelques praticiens, parmi lesquels Viborg et Delbose, ont préconisé certains traitements pour détruire la ladrerie. Aucun de ces traitements — on le peut bien — ne peut être efficace ; il est donc préférable, dès qu'on a reconnu sur un porc l'existence de cette affection, de le sacrifier immédiatement, mais avec défense absolue de le livrer à la consommation ; — mais la graisse peut être fondue et utilisée soit à l'état de saindoux, soit par l'industrie (H. Bouley et Nocard, *loc. cit.*).

Causes. — Les causes de cette affection se déduisent des considérations que nous avons énumérées plus haut ; la vésicule ladrique n'étant, — comme on l'a vu, — qu'une expression des mématophores du *tœnia solum* de l'homme, c'est par les fèces de ce dernier qui, dans un certain nombre de cas, enveloppent des anneaux de tœnia (proglottis), contenant un grand nombre d'œufs ; anneaux qui sont ingérés par le porc, que ce fait cette transmission, sous forme d'embryons qui pénètrent jusqu'en l'épaisseur des muscles où ils s'enkystent.

Ajoutons que le cysticesque ladrique paraît se développer de préférence sur les porcs mal nourrit et qui vivent sous des toits humides et mal entretenus.

RACHITISME

Cette affection est particulière aux jeunes porcs (*porcelets*), chez lesquels on l'observe assez fréquemment.

Caractères. — Ceux qui en sont atteint ont de la peine à se tenir debout, ont les articulations des membres gonflées, souvent contournées; les côtes déprimées et la poitrine aplatie, sont maigres bien que l'appétit et la digestion soient faciles.

C'est en général des extrémités inférieures du corps, vers ses parties supérieures, que la maladie se prononce; on voit successivement les articulations s'élargir et prendre quelquefois un volume double de l'état ordinaire; les membres se courbent et le ventre grossit démesurément.

Au bout de quelque temps arrivent l'amaigrissement, la consomption et la mort.

Causes. — Cette affection qui, souvente fois, est due au séjour dans les porcheries humides et mal entretenues, et dans la presque totalité des cas à une transmission héréditaire. On la voit toujours se montrer sur de jeunes individus lymphatiques, nés de parents lymphatiques ou rachitiques eux-mêmes.

Traitement. — « La bonne aération de la porcherie, l'influence du soleil et d'une alimentation riche et substantielle font plus, pour guérir le rachitisme au début, que toutes les médications possibles. Il faut surtout nourrir les truies mères, qui allaitent, avec des graines de céréales qui contiennent beaucoup de phosphate de chaux, pour consolider les os des porcelets arrêtés dans leur developpement. Cette alimentation leur donne un lait riche qui, joint aux soins hygiéniques plus haut indiqués, prévient les progrès du rachitisme. » (A. SANSON. *Notions usuelles de médecine vétérinaire*).

SCORBUT

Le scorbut se rencontre assez communément chez les porcs qu'on soumet à une claustration permanente sous des toits humides, où l'air pur et la lumière ne pénètrent jamais, et auxquels, en même temps, on ne distribue qu'une nourriture peu substantielle ou avariée.

Caractères. — L'animal est triste, en proie à une lassitude générale ; les gencives sont rouges, molles, tuméfiées et saignantes ; l'haleine est fétide. Chez les animaux de couleur blanche on aperçoit sur la peau des taches rouges ou bleuâtres ; puis, les gencives deviennent fongueuses et laissent exhaler un liquide noirâtre, sanguinolent ; la salivation plus abondante est d'odeur infecte ; la peau paraît comme boursouflée et conserve l'empreinte du doigt ; les membres s'indurent et s'œdematisent ; les soies se dressent et tombent ; si on veut les arracher, on aperçoit à leur racine une goutelette de sang noir.

Cette maladie peut durer plus ou moins longtemps, mais dès qu'elle est un peu ancienne, surviennent des diarrhées colliquatives et des hydropisies qui entraînent la mort.

Traitement. — Les moyens curatifs sont en grande partie tirés de l'hygiène ; tels sont les soins de propreté, l'habitation dans des toits secs, éclairés par les rayons solaires, le mouvement à l'air libre le plus souvent possible.

Pour ce qui est des moyens topiques, on touche les ulcères avec l'acide chlorhydrique, étendu d'eau ; puis, comme complément de traitement, on donne, si la saison le permet, des fruits tombés avant leur maturité, de l'oseille ou encore de la racine de raifort hachée.

SOIE

La soie (*sozon, pique*), que certains auteurs considèrent comme une maladie de nature charbonneuse, est caractérisée par la présence sur l'un des côtés du cou, quelquefois sur les deux, entre la jugulaire et la trachée, d'une tumeur faite de soies hérissées et disposées en touffe.

Cette sorte de tumeur est précédée de phénomènes périodiques tels que : dégoût, tristesse, inertie. La bouche devient brûlante et laisse échapper une buée abondante et fétide.

On voit bientôt se former autour de la touffe de soie une auréole tuméfiée et violacée ; le plus léger attouchement sur le pinceau de poils agglutinés, excite de vives douleurs et arrache des cris au malade.

A une période plus avancée, ce pinceau se détache en entraînant une sorte de bourbillon. — Mais il n'est pas rare de voir, avant cette élimination, les tissus circonvoisins se tuméfier et être frappés de gangrène. — En pareil cas la mort ne tarde pas à se produire.

Nature. — Cette affection est-elle contagieuse ? Ceux qui ne voient en elle qu'une variété de charbon s'affirmant par une manifestation locale, affirment que oui. Quoi qu'il en soit, il est prudent d'isoler les porcs que le mal vient d'atteindre.

Traitement. — Appliquer immédiatement un bouton de feu à l'endroit où existe la houppe de poils. Si ce moyen ne suffit pas pour arrêter le développement de la tumeur, l'extirper complètement, puis, cautériser au fer rouge et frictionner toute la région environnante avec le liniment ammoniacal au tiers.

Nota. — Certains auteurs frappent de prohibition l'usage alimentaire de la viande provenant d'un porc atteint de cette affection ; nous ne savons jusqu'à quel point cet ostracisme est justifié.

TRICHINOSE

La trichinose se caractérise par la présence au sein des muscles d'une quantité innombrable de petits vers nématoïdes (trichines), roulés en spirales à l'intérieur d'une petite capsule ou kyste blanchâtre qui les font facilement reconnaître. Ces petits vers ont tout au plus 1 millimètre de long et sont ternes comme des cheveux ; de là leur nom de trichines (de *thrix*, cheveu).

Cette affection, transmissible à l'homme, chez qui

elle fut observée, pour la première fois, par Owen, est relativement assez rare en France ; mais on l'observe communément en Allemagne et en Amérique, où elle se montre généralement sous forme épidémique.

Comme cette maladie coïncide chez le porc avec toutes les apparences de la santé, il n'est aucun caractère symptômatique à l'aide duquel on puisse la reconnaître sur l'animal vivant.

On ne peut que constater sa présence sur l'animal mort, et, pour cela, il faut l'aide du microscope.

Mesures de police sanitaire. — Après ce que nous venons de voir, il est presque oiseux d'ajouter que toute viande trichinée doit être rigoureusement écartée de la consommation, et que, — par mesure de prudence, — on ne doit s'astreindre à ne manger de la viande de porc que lorsque celle-ci est complétement cuite. « La cuisson (rôtie ou bouillie), doit être prolongée jusqu'à ce que toute l'épaisseur du morceau de viande ait pris une teinte grise et que le jus qui s'écoule de la section de la viande ait perdu tout reflet rougeâtre ; à cette condition seule, les trichines, qui pourraient avoir échappé à l'examen, seront détruites. (H. BOULEY et NOCART, *loc. cit.*). »

LIVRE IV

LE LAPIN

CHAPITRE PREMIER

**Caractères — Mœurs — Habitudes — Régime
Distribution géographique**

Le *lapin* fait partie, comme sous genre, du genre
lièvre (LÉPUS) qui constitue, d'après la classification
de Linné, l'un des groupes les plus naturels de l'ordre
des rongeurs.

Le lapin se distingue du lièvre, par ses jambes qui
sont plus courtes, par un arrière train moins développé,
par des oreilles moins longues, un pelage plus égal,
et enfin par un corps plus ramassé.

De plus, il prépare à ses petits un nid souterrain,
ceux-ci naissent complètement nus.

Le lapin de garenne, qui représente le type de ce

sous genre, à 44 centimètres de long sur lesquels 8 à peu près appartiennent à la queue.

La couleur de son pelage est d'un brun cendré en dessus, blanchâtre à la gorge et sous le ventre ; ses oreilles et le dessus de la queue sont noirs.

On ne sait rien de précis sur sa patrie originelle. Tout porte à croire que les Grecs ne le connaissaient pas, car on ne trouve aucune mention de cet animal dans l'histoire naturelle d'Aristote.

La plupart des naturalistes le regardent comme originaire de l'Afrique, d'où il se serait répandu en Espagne d'abord et dans le reste de l'Europe ensuite.

Un écrivain cynégétique, E. Blaze, se range à cette opinion en invoquant l'autorité de Catulle: « Catulle, — dit-il, — nomme l'Espagne (*cuniculosa, lapinière*). deux médailles, frappées sous le règne d'Adrien, représentent l'Espagne sous la figure d'une femme, un petit lapin semble sortir de dessous sa robe. Les étymologistes disent que le mot Espagne signifie lapin, parce que cet animal se nommait *saphan* en hébreu ; les Phéniciens en ont fait *sphania* et les Latins *Hispania, Espagne.* »

A cela Brehm répond : « Blaze se trompe sur la patrie réelle du lapin et sur le nom de *saphan* qu'il lui suppose, car le *saphan* des hébreux est le *Daman.* »

On voit combien est obscure cette discussion d'origine. Toutefois nous nous en rapportons plus volontiers à l'opinion de Brehm, attendu que les Espagnols n'ont jamais désigné le lapin que sous le nom de *conéjo*.

Strabon, qui l'appelle (*Dasupous*), assure qu'il passa des Baléares en Italie.

Pline, qui lui donne le nom de *cuniculus*, raconte qu'il se multiplia en Espagne d'une si incroyable manière qu'il devint bientôt un danger pour les habitants de cette contrée. Mais on sait ce qu'il faut croire des descriptions hyperboliques du naturaliste latin, toujours épris du merveilleux, au point de repousser les enseignements de la nature elle-même.

Aujourd'hui le lapin de garenne habite toute l'Europe ; on le rencontre en Italie, en France, en Grèce, en Allemagne et en Angleterre, où il a été introduit par les amateurs de chasse. C'est en vain qu'on a cherché à l'acclimater en Suède et en Russie, car il ne peut vivre que dans les climats chauds et tempérés.

On le trouve encore en Afrique, dans les déserts de l'Egypte, au Sénégal et en Guinée, en Asie, dans la Natolie, la Caraminie et la Perse.

On peut dire du reste qu'il a été transporté dans la plupart des lieux où les Européens ont fondé des colonies.

Le lapin habite, en général, les buissons, les ravins, les coteaux sablonneux, c'est-à-dire tous les endroits où il peut facilement se cacher.

Comme le lièvre, il se nourrit de plantes et d'écorces d'arbres ; cette sobriété a été utilisée pour mettre en valeur des terres pour ainsi dire improductives ; c'est ainsi qu'il a servi à peupler les dunes de Boulogne-sur-Mer jusqu'à l'embouchure de la Somme, de même aussi à l'étranger quelques dunes de l'Angleterre, de l'Irlande, de la Hollande et même du Danemark, car quelle que soit la stérilité et la pauvreté des ressources que fournit un sol sablonneux, le lapin troupe non-seulement à y vivre convenablement, mais encore à s'y multiplier avec rapidité.

Le lapin est une bête sédentaire.

Il se creuse une demeure, se choisit une compagne et vit en société. C'est la mère qui se charge de ce soin. Quelques jours avant de mettre bas, elle pratique en pleine terre, dans un endroit exposé au soleil, généralement au pied d'un mur ou d'un arbre, un trou de trois pieds environ de profondeur, droit ou coudé, mais toujours dirigé en bas et se terminant en un cul-de-sac évasé, circulaire et tapissé d'une couche d'herbes sèches, au-dessus de laquelle se trouve une autre couche de poils duveteux, que la femelle elle-même a arrachés de dessous son ventre.

Comme souvent les terriers sont voisins les uns des autres, il arrive qu'ils se croisent et forment des carrefours sur lesquels s'ouvre un véritable labyrinthe d'avenues et de corridors.

La disposition qui porte les lapins à se creuser un terrier n'est pas, comme on pourrait le croire tout d'abord, purement machinale, puisque ceux qui ont été réduits pendant longtemps à l'état domestique manquent absolument de cette industrieuse habitude.

Ils n'ont recours à ce travail que lorsque la nécessité de garantir leur faiblesse du froid et du danger les a forcés à réfléchir sur les moyens d'y pourvoir.

« Ce n'est donc pas toujours en vertu d'un instinct supérieur en soi, — fait justement remarquer G. Leroy, — que nous voyons quelques espèces faire des choses qui annoncent plus de sagacité que n'en montrent quelques autres. Il paraît certain que si le

froid ou d'autres inconvénients ne faisaient pas plus
souffrir le lapin que le lièvre n'en est incommodé,
cet animal qui se creuse un terrier n'en prendrait
vraiment pas la peine. On fait peut-être honneur à
son industrie de ce qui est dû à sa faiblesse. Mais
lorsque le besoin a conduit une espèce d'animaux à
une découverte de cette nature, ce premier pas fait,
il doit en résulter une foule d'idées successives qui
élèvent cette espèce fort au-dessus des autres. »

Est-ce bien seulement aux différents besoins des
animaux et au développement de leurs sens qu'il
faut attribuer leurs actes industrieux ? Nous pensons
qu'il faut voir les choses d'un peu plus haut, car
s'il est vrai que les sens soient de véritables excitants de l'intelligence, il faut encore la participation
du cerveau pour mettre en action la mémoire, les
idées de rapport, le raisonnement.

Mais revenons à nos terriers : pour peu que ces
constructions souterraines soient nombreuses, tout
le sous-sol d'une garenne se trouve bientôt percé
d'un réseau de galeries qui, mises les unes au bout
des autres, ne mesureraient pas moins de plusieurs
kilomètres.

Tout le jour, le lapin reste caché dans sa demeure,
à moins qu'il ne trouve à proximité des fourrés
assez épais pour qu'il puisse se mettre en quête de
nourriture sans être aperçu. S'il se croit menacé, il
frappe vivement le sol de son pied de derrière, afin
d'avertir du danger tous ses compagnons, et les terriers de retentir alors de ces coups redoublés !

Il quitte ordinairement son gîte un peu avant la

nuit pour faire son repas du soir ; il s'en va, mais avec prudence, et ne quitte son terrier que lorsqu'il s'est bien assuré qu'il n'y a aucun danger à l'horizon.

« Lafontaine, — dit Brehm, — a bien compris le lapin, quand voulant le mettre en scène, il l'a placé en compagnie de ces trois jolies choses : l'aurore, le thym et la rosée. Ce qu'il y a de plus tendre, de plus frais, de plus parfumé dans la nature ; telle est, en effet, la part que ce modeste rongeur s'est réservée. »

Le lapin passe généralement pour un type de couardise. C'est là une appréciation sévère, car plus défiant, plus rusé que le lièvre, il ne se laisse que rarement surprendre et sait, par un crochet décrit à propos, se mettre à couvert sous un refuge où il grignote quelques plantes en attendant une nouvelle attaque de ceux qui le poursuivent. Une fois qu'il a gagné son terrier, il est sauvé. Ni le chien, ni le renard, ne peuvent s'y rejoindre, et l'homme ne peut l'y poursuivre qu'à l'aide du furet, qui souvent lui-même est obligé d'y renoncer.

Le lapin entre en rut en février ou en mars. Le mâle et la femelle restent ensemble pendant un temps assez long. « Tant que la femelle reste auprès de lui, — dit Dietrich de Winckelle, — le mâle ne la quitte pas, lui témoigne de l'affection. Mais jamais il n'est assez importun pour la poursuivre lorsqu'elle se retire. »

Les portées se composent de quatre à huit petits, et chaque femelle en fait de sept à huit par année.

Nous avons vu plus haut comment procédait la

future mère avant de mettre bas. Comment elle creusait elle-même le trou destiné à abriter sa progéniture. Après qu'elle a mis bas et donné son premier lait, elle abandonne son nid en ayant soin d'en fermer l'entrée avec de la terre provenant du terrier lui-même.

« Tant que les petits sont faibles et n'y voient pas, — dit E. Desmarets, — l'entrée du nid est fermée dans tous les points ; mais lorsqu'ils commencent à voir, alors on remarque vers son bord supérieur une petite ouverture par laquelle le jour pénètre et qui s'agrandit de plus en plus à mesure que les jeunes deviennent plus forts. L'allaitement dure tout au plus une vingtaine de jours ; mais l'on ignore, malgré toutes les expériences qui ont été faites à ce sujet, l'heure à laquelle la mère se rend auprès de ses petits. On a cru que la femelle ne cachait ainsi les jeunes ou lapereaux que pour les dérober à la fureur du mâle, mais il serait plus raisonnable de supposer qu'elle redoute plutôt de les voir devenir la proie des autres animaux, et que son instinct maternel la porte à les mettre à l'abri. »

Dès qu'ils sont sortis du giron maternel, les petits s'en vont chacun de leur côté se creuser une retraite non loin de celle qu'ils viennent d'abandonner. Aussi lorsqu'on les laisse se multiplier à l'aise, le terrain sur lequel s'établit une famille ne tarde pas à s'excaver de toutes parts.

La durée moyenne de la vie du lapin est de huit à neuf ans.

CHAPITRE II

Races — Multiplication — Métis

Réduit à l'état domestique, le lapin de garenne varie dans sa taille et dans son pelage.

Il forme alors plusieurs races qui se caractérisent par la couleur de leur robe.

En France, on en élève trois races principales, qui sont :

1° *Le Lapin commun (lepus cuniculus domesticus)*, qui est gris foncé sur le dos et gris clair sous le ventre. C'est de tous le plus rustique, le plus productif, le moins sujet aux maladies, le plus facile à nourrir, en un mot, le plus avantageux à élever en grand.

Il présente quelques sous-variétés de couleurs diverses, mais qui ne le valent pas. On peut toutefois recommander le *lapin gris des Ardennes*, dont il faut tirer les reproducteurs de la vallée de la Meuse, et le *lapin blanc*, avec les yeux cerclés de noir, originaire des environs de La Rochelle. Ces deux sous-variétés reproduisent à peu près sans variations. Il faut les préférer à ces races sans nom, mélangées, abâtardies, où se voient dans une même portée des individus de toutes tailles et de tous pelages, quelles que soient la taille et la robe des ascendants, et dont la fécondité est plutôt apparente que réelle, puisque dans la presque totalité des cas c'est à peine si deux ou trois lapereaux, parmi tous les autres, arrivent à l'état adulte.

2° *Le Lapin riche (Lepus cuniculus argenteus)*. Il est plus grand que le précédent, avec le pelage en partie d'un gris argenté, en partie de couleur d'ardoise plus ou moins foncée.

Il est délicat, difficile à élever, et lorsqu'on se propose de l'engraisser, supporte mal la castration ; mais la qualité de sa chair est supérieure à celle du lapin commun.

On le croit originaire des montagnes de l'Asie, et surtout des monts Himalaya.

3° *Le Lapin angora (Lepus cuniculus angorensis)*. Celui-ci est de couleur gris perle, avec les poils longs, soyeux, ondoyants et comme frisés. On le rencontre principalement dans la vallée de la Loire.

On le tond tous les ans comme le mouton, vers le milieu de l'été.

C'est une bête délicate, qui ne résiste pas toujours à la castration et s'engraisse avec difficulté ; de plus, sa chair n'est que de seconde qualité.

En revanche son poil, qui sert à faire des gants fourrés, se vend à un assez bon prix et constitue, quand on élève ce lapin en grand, un revenu qui n'est point à dédaigner.

Parmi les races qu'on élève à l'étranger et qu'on pourrait introduire et multiplier fructueusement en France, celles qui méritent la préférence sont : le *lapin flamand d'Oudenarde* et le *lapin-lièvre de Yarmouth*.

Le premier, de taille beaucoup plus grande que notre lapin commun arrive, après avoir été châtré et engraissé, à peser jusqu'à 3 kilog.

Il a le poil gris, tirant un peu sur le brun. Il est rustique et remarquablement fécond ; de plus sa chair est assez fine, il s'engraisse facilement, et cela sans qu'il soit nécessaire de lui faire subir l'opération de la castration.

C'est donc une race excellente à tous égards. On peut s'en procurer de bons reproducteurs sur les marchés de Cassel, de Lille et de Douai.

Le *Lapin-Lièvre* (*harro rabbit*) des Anglais, dont le poil se rapproche un peu de celui du lièvre pour la couleur, est sans conteste la plus belle et la meilleure des races.

Aussi rustique et aussi fécond que le lapin commun, le lapin-lièvre s'engraisse avec facilité et devient en peu de temps très volumineux. Sans être soumis à la castration, il dépasse souvent le poids de 4 kilog.; châtré jeune, puis engraissé, il peut peser jusqu'à 6 kilog.

Sa peau, une fois mégissée, forme une fourrure commune, il est vrai, mais très durable et d'un prix peu élevé. On l'emploie en Angleterre pour garnir les chaussures et doubler les vêtements d'hiver.

Les meilleurs reproducteurs de cette race se trouvent à Yarmouth (Angleterre).

Maintenant que nous avons donné la description des races, disons les soins qu'il faut prendre lorsqu'on veut se livrer fructueusement à l'élevage de ce précieux animal.

Quelle que soit la race à laquelle on accorde la préférence, il importe tout d'abord de choisir soigneusement les reproducteurs des deux sexes.

Un mâle et une femelle faibles ou mal conformés ne peuvent évidemment donner naissance qu'à une postérité débile et maladive.

« Le procédé le plus sûr, — dit le *Dictionnaire de la vie à la campagne*, — pour obtenir des reproducteurs mâles, réunissant toutes les qualités désirables, c'est de les choisir très jeunes dans les portées, de les isoler, de s'en occuper beaucoup et de les rendre très familiers. Il ne faut point hésiter à sacrifier les mâles d'un caractère méchant et querelleur, qui battent et maltraitent les femelles. Quant à celles-ci, il y en a qui ont la mauvaise habitude de manger leurs petits ; dès qu'on s'en aperçoit, elles doivent être tuées et livrées à la consommation. Du reste, cette disposition contre nature n'existe presque jamais chez les femelles bien nourries, bien soignées, et que les soins ont rendues familières. »

La proportion, entre mâles et femelles, est d'un mâle pour 12 ou 15 femelles. Il ne faut pas les mettre continuellement ensemble, on doit les tenir dans des cabanes séparées et on ne les réunit que de temps en temps, pendant douze heures, après quoi chaque femelle est replacée dans sa loge.

La durée de la gestation est de 30 à 31 jours.

Dès que la femelle est sur le point de mettre bas, elle entasse sa litière dans un coin de sa cabane et en fait une sorte de nid qu'elle tapisse avec du poil qu'elle s'arrache sous le ventre. Il faut avoir le soin de ne pas toucher à ce nid toutes les fois qu'on nettoie la cabane.

La portée d'une lapine est, en général, de 8 petits : cependant, elle peut aller jusqu'à 10 et 11 petits. Dans ce dernier cas il est préférable d'en ôter quelques-uns qu'on donne à allaiter à une femelle moins favorisée, car on risquerait d'épuiser la mère et d'exposer la santé des jeunes en laissant à la première un aussi grand nombre de nourrissons. C'est même quelquefois assez de 6 petits pour les femelles jeunes et délicates.

Tout le temps qu'elles nourrissent, les mères doivent recevoir un supplément de ration qui consiste le plus souvent en son et en avoine ; de même qu'à l'époque du sevrage, les lapereaux doivent recevoir une nourriture suffisante et convenablement choisie. L'avoine est celle qu'on emploie de préférence ; elle favorise, du reste, singulièrement la croissance des jeunes animaux.

Dès que ceux-ci sont séparés de leurs mères, il faut mettre à part les mâles et les femelles et élever chacun des lots séparément.

Avant de clore ce chapitre sur la reproduction, nous croyons utile de dire à nos lecteurs quelques mots sur les accouplements entre lièvres et lapins, accouplements qui, pendant longtemps, avaient été tentés en vain.

Buffon raconte tout au long les tentatives qu'il fit pour arriver à ce résultat et qui, toutes, avortèrent.

Frédéric Cuvier, sans nier la possibilité de ce croi-

sement, dit : « Il faut toutes les ruses, toute la puissance de l'homme, pour faire contracter ces unions,
même aux espèces qui se ressemblent le plus. »

D'autres expérimentateurs plus heureux ont réussi
à obtenir des métis du lièvre et du lapin. Ces métis,
qu'on désigne sous le nom de *léporides*, sont, — ainsi
que l'ont démontré le professeur Broca et M. Eugène
Cayot, — féconds entre eux et avec les espèces
parentes.

Un éleveur d'Angoulême, M. Roux, livre annuellement au commerce, depuis quelque temps déjà, un
nombre considérable de ces léporides, dont le Jardin
d'acclimatation possède une remarquable collection :
leur taille tient le milieu entre celle du lièvre et du
lapin ; leur poil est roussâtre à la base et jusque
vers le milieu et gris à son extrémité. Quant à leur
chair, qui rappelle par ses qualités spéciales celle
des deux espèces originelles, elle est, — au dire des
amateurs, — un manger délicat.

Les métis à trois huitièmes, c'est-à-dire ceux qui
ont un quart de lapin et trois quarts de lièvre, sont,
— paraît-il, — les meilleurs.

M. Roux a obtenu aussi des petits jusqu'à la treizième génération, et leur fécondité n'a pas encore
diminué.

Le problème de la fécondité entre espèces différentes, se trouve donc suffisamment résolu, du
moins quant aux rongeurs.

CHAPITRE III

Nourriture — Habitation

(Clapier, Garenne)

NOURRITURE. — C'est un préjugé généralement répandu dans les campagnes de ne considérer l'élevage
des lapins comme avantageux que quand on peut
les nourrir d'aliments qui ne coûtent rien ou presque rien, c'est-à-dire d'herbes provenant du sarclage
des champs et des jardins.

On envoie généralement, pendant la belle saison,
des enfants, — comme on le dit vulgairement, —
faire de l'herbe pour les lapins. Ces enfants, et souvent les grandes personnes elles-mêmes, n'ayant aucune connaissance des plantes qui conviennent le
mieux, non plus que de celles qui peuvent être nuisibles, ramassent au hasard tout ce qu'ils trouvent
sous leurs pas, de sorte qu'il n'est pas rare de voir
donner aux lapins de la grande ciguë, de la jusquiame, de la stramoine, etc., et toutes plantes malfai-
santes qui, sans empoisonner directement ces animaux, leur causent souvent des maladies plus ou
moins graves qui peuvent amener la mort. On devra
éviter également l'oseille et les diverses espèces de
patience qui occasionnent des diarrhées longues et difficiles à guérir. Car souvent la mortalité plus ou
moins considérable, qui tout à coup se montre dans

un clapier et dont on cherche vainement la cause,
est due à l'ingestion d'une nourriture recueillie au
hasard après le sarclage. Quel que soit le genre d'aliments qu'on donne aux lapins, il importe que ces
aliments, frais ou secs, ne puissent être souillés de
l'urine de ces animaux. Rien n'est plus simple, pour
éviter cet inconvénient, que de déposer la nourriture
dans un râtelier semblable, — sauf les dimensions, —
à ceux des étables et des écuries, au lieu de la déposer à plat sur le plancher de la loge : le lapin s'habitue vite à se dresser sur ses pattes de derrière
pour manger.

Lorsqu'on met ce système en pratique, il faut distribuer aux animaux peu de fourrage à la fois et
renouveler les distributions trois ou quatre fois dans
la journée.

Le meilleur régime consiste dans le bon fourrage
sec ; celui des prairies artificielles (luzerne, trèfle,
sainfoin, etc.) doit être préféré à celui des prairies
naturelles. On peut y ajouter quelques racines four-
ragères, carottes, betteraves, etc., et un peu de son
ou d'avoine : ces derniers aliments seront réservés de préférence aux reproducteurs ou aux
nourrices.

Il est toujours avantageux d'engraisser les lapins.

On peut le faire à très peu de frais avec des aliments abondants et à bon marché. Le lapin engraissé
a une valeur double de celle du lapin maigre, et ce
qu'il a consommé a à peine plus coûté que dans les
circonstances ordinaires.

On ne commence l'engraissement des mâles qu'après leur avoir fait subir l'opération de la castration. On la pratique du deuxième au troisième mois.

Lorsqu'on opère en grand, l'engraissement dure de 16 à 20 jours : on donne aux animaux, quatre fois par jour, et à des heures régulières, des boulettes faites de pommes de terre écrasées, de son et de farine d'orge. Tout à fait aux derniers jours de l'engraissement, le repas se composera d'orge, d'avoine et de sarrasin en gros.

Avec ce régime, au lieu d'avoir des lapins :

« Sentant encore le chou dont ils furent nourris »

on a une chair grasse, blanche, ferme, et du meilleur goût.

Inutile de dire que les lapins mâles, — même après avoir été châtrés, — doivent être séparés des femelles tout le temps que dure l'engraissement.

Ceci dit sur la nourriture, occupons-nous de l'habitation.

Habitation. — Celle-ci porte le nom de *clapier* quand elle se compose d'un certain nombre de loges réunies sur un assez petit espace.

Partout où le débouché pour les produits est assuré à des prix avantageux, un clapier est toujours l'accessoire utile d'une petite exploitation.

Il doit être, autant que possible, exposé au sud ou au sud-ouest ; le lapin, animal lymphatique par excellence, doit être avant tout à l'abri de l'humidité.

D'où il suit que les loges, qui sont comme la partie essentielle du clapier, doivent être placées à l'exposition qui les garantit le mieux des vents qui, d'ordinaire, amènent la pluie.

Le clapier le plus sain est celui qui est établi au dehors.

Malheureusement, on a le tort de le placer généralement dans un cellier ou dans tout autre bâtiment fermé, de sorte que l'urine des animaux ne tarde pas à saturer l'atmosphère, qui se charge d'une odeur particulière, dont les enduits des murs se pénétrent et que les soins de la plus minutieuse propreté ne réussissent pas toujours à faire disparaître complètement.

Les loges doivent être suffisamment spacieuses, avec un plancher légèrement incliné d'avant en arrière, pour permettre l'écoulement prompt et facile des urines, qui s'échappent par une rigole en zinc, terminée par un tuyau de gouttière ; elles sont dirigées sur la fosse au fumier ou reçues en tombant sur de la litière, qu'elles ne tardent pas à convertir en excellent fumier, analogue, quant à ses propriétés fertilisantes, au meilleur fumier des chèvres et des bêtes à laine.

Chaque loge est séparée des autres par un grillage en fil de fer ; les cloisons de clayonnage d'osier ou même de planches, qu'on emploie si généralement, doivent être proscrites d'un clapier bien entendu, car elles ne résistent pas à la dent des animaux, qui les rongent et les détruisent en peu de temps.

Nous avons dit plus haut qu'on doit établir dans

chaque loge de petits râteliers, dans lesquels se place la ration de fourrages ou de racines, de manière que le lapin la consomme en se dressant sur les pattes de derrière et ne puisse la souiller de son urine.

La cour dans laquelle est installée le clapier doit être pavée en pierres et entourée de murs.

De cette façon, les animaux qu'on laisse courir en liberté ne peuvent s'échapper en creusant la terre au-dessous de leur demeure.

La cour du clapier doit contenir trois compartiments : l'un pour les jeunes mâles, l'autre pour les jeunes femelles, et le troisième pour les mâles châtrés qu'on se propose d'engraisser.

Les autres, — ceux qu'on destine à la reproduction, — mâles et femelles, doivent être tenus à l'écart dans des loges séparées dont ils ne sortent pas.

Du clapier, nous passons maintenant à la *garenne*.

Pour établir une garenne (*garenne close*), on choisit un enclos boisé de quelque étendue, de sol sablonneux ou calcaire, car le fonds argileux ou garni de roche ne permet pas aux lapins d'y faire leurs terriers. Le terrain doit être en pente, afin que l'eau ne pénètre pas dans les terriers ; il doit être en outre exposé au soleil levant et rafraîchi, — s'il est possible, — par un petit cours d'eau, un étang ou une mare.

L'enclos sera entouré de murs profondément implantés en terre, pour que les lapins ne puissent creuser des issues souterraines qui leur permettent de s'échapper ; assez élevés pour que ni renards, ni fouines, ni belettes, ni chats ne puissent les franchir.

Si le sol ne porte pas les plantes convenables à la nourriture des hôtes qu'il doit héberger, on doit prendre à l'avance la précaution de le fumer, de le labourer et d'y semer un fourrage composé de sainfoin, de ray-grass, de trèfle, de luzerne et de pimprenelle, toutes plantes vivaces qui procurent au lapin une nourriture saine et agréable.

Pour peupler la garenne, il suffit d'y mettre quelques couples de lapins domestiques, qui prennent très vite, non-seulement les habitudes, mais encore les formes des lapins sauvages, tout en présentant un plus grand développement de formes, pourvu, toutefois, qu'ils soient suffisamment nourris.

Il ne faut pas plus d'un an pour peupler la plus vaste garenne ; elle est même bientôt tellement peuplée que, si on ne détruit pas un certain nombre de ses habitants, la disette ne tarde pas à se faire sentir, à moins qu'on ne pourvoie à leur nourriture. A cet effet, il convient de construire un petit toit en chaume, supporté par quelques montants en bois, sous lequel on dépose les fourrages supplémentaires.

Inutile d'ajouter que, si la multiplication s'effectue dans une trop large proportion, il faut détruire un certain nombre d'animaux, afin d'empêcher l'amaigrissement de toute la population et d'éviter une mortalité qui ne tarderait point à se manifester.

Ces lapins tiennent le milieu, pour la chair, entre les lapins de clapier et les lapins sauvages.

Lorsqu'on veut se saisir de quelques individus, il faut employer les panneaux, ce qui permet d'enlever de préférence les mâles, dont il faut laisser le moins possible, car ils troublent souvent les femelles dans les soins qu'elles donnent à leurs petits. — Disons, à propos de celles-ci, qu'elles ne font pas leur portée dans les terriers communs, mais dans de petits terriers séparés et peu profonds.

Il faut toujours se garder des coups de fusil, qui mettent toute la colonie en grand effroi et, par cela, sont nuisibles à la reproduction.

CHAPITRE IV

Usages et Produits

Nous venons de voir qu'en beaucoup de pays on élève les lapins pour leur chair, qui est blanche et de bon goût, mais moins délicate et par conséquent moins estimée que celle des individus qui vivent à l'état sauvage.

La chair du lapin se prête à de nombreuses préparations, depuis le pot au feu jusqu'aux raffinements les plus délicats.

Voyez plutôt.

« La gibelotte et le sauté au beurre sont les formes les plus élémentaires à l'usage du chasseur; mais lorsque les lapins sont confiés aux mains d'un bon cuisinier, ils subissent toutes sortes de modifications culinaires et l'on peut dire sans flatterie qu'ils sont dignes des soins que l'on prend de leur chair blanche et délicate. Si, quittant le rôle principal ils deviennent accessoires, ils servent alors à donner un haut goût aux sauces qui doivent accompagner d'autres mets. Point de boncoulis sans lapin ; c'est un axiome admis dans toutes les cuisines où l'on pousse l'art dans ses conséquences les plus transcendantes. »

C'était, paraît-il, l'avis de Louis XIV, car voici ce que disait le grand roi dans une de ses ordonnances :

« Ainsi attendu les dommages que les lapins causent, nous vous engageons à les chasser et à en tuer le plus possible, d'autant plus qu'on fait d'excellent coulis avec leur chair. »

Quand on doit porter les lapins au marché, — dit le *Dictionnaire de la vie pratique*, — il faut les tuer comme on a coutume de le faire en les frappant vivement derrière les oreilles avec la main, mais si on veut les consommer dans le ménage, il est préférable de les saigner sous le cou, comme les volailles. La chair du lapin saigné est plus blanche, plus ferme que celle du lapin frappé.

Lorsqu'on a dépouillé un lapin, il faut distendre la peau en la remplissant de foin sec et en maintenant l'écartement des cuisses à l'aide d'un morceau de bois convenablement disposé. On suspend la peau dans un courant d'air ; ainsi préparée, elle a plus de valeur. Au moment de la vendre, on retire le foin.

Nous avons dit, en parlant du lapin *Angora*, qu'on le tondait chaque année pour filer ses poils. Nous avons vu, en outre, l'usage que retirent les Anglais de la peau du lapin de Yarmouth, disons maintenant, pour compléter la liste des produits qu'on retire de l'utile animal que nous étudions en ce moment, que son fumier est un puissant engrais et qu'il est surtout très abondant relativement à la quantité de nourriture consommée. On ne doit donc pas lui ménager la litière qui, à tous égards d'ailleurs, lui est si nécessaire.

Il n'est donc pas étonnant qu'en certains pays on s'adonne sur une vaste échelle à l'élevage de cet animal ; c'est ainsi que les paysans belges, — au dire de Lenz, — en expédient chaque hiver jusqu'à 40,000 par semaine.

En Flandre, les enfants de paysans que ne réclament pas encore les travaux des champs élèvent un très grand nombre de ces animaux. « Il s'exporte par Ostende seulement, — dit M. de Laveleye, — 1,250,000 lapins par an, d'une valeur de plus de 1,500,000 fr., on les envoie écorchés et nettoyés aux marchés de Londres, par les bateaux à vapeur; la peau est conservée dans le pays pour la fabrication des chapeaux.

Dans un autre ordre d'idées, le lapin rend encore d'immenses services, car c'est l'un des auxiliaires les plus précieux auxquels puisse s'adresser la physiologie expérimentale.

Il a servi à l'illustre Claude Bernard (1) à rechercher la limite inférieure de la quantité d'oxygène, dans un milieu respirable, en écartant les produits de la respiration qui pouvaient avoir sur l'anima une influence fâcheuse.

Il a servi, en outre, au même savant à étudier les fonctions du nerf trijumeau, (2) et l'influence du système nerveux sur la sécrétion du foie et la production du diabète artificiel (3).

(1) *Leçons sur les substances toniques*, Paris, 1857.
(2) *Leçons sur la physiologie et la pathologie du système nerveux*, Paris 1858, t. II.
(3) *Leçons de physiologie expérimentale*, Paris, 1855, t. I.

CHAPITRE V

Maladies

Le lapin qui, à l'état sauvage, est exempt de maladies, est susceptible d'en contracter quelques-unes à l'état domestique. Dans quelques cas mêmes, la mortalité est telle qu'elle empêche beaucoup de personnes de s'occuper de son élevage.

Cette mortalité, — on peut l'affirmer, — est toujours due aux mauvaises conditions hygiéniques : défaut de soins, habitations malsaines et malpropres, mauvaise nourriture, etc., ces causes, du reste, comme nous l'avons déjà dit, sont celles qui nuisent à l'élevage de tous nos animaux. On met sur le compte de la race ce qui n'est dû souvent qu'à une hygiène mal comprise qui enlève chez cet animal des portées entières.

Les maladies qu'on observe le plus communément chez les lapins sont les suivantes :

DIARRHÉE

On reconnaît facilement cette maladie aux évacuations alvines abondantes et nombreuses qu'on rencontre sur la litière ; lorsque la diarrhée est trop intense, elle peut déterminer la mort.

Cette maladie est due le plus souvent à l'humidité des clapiers et à la mauvaise qualité des aliments.

Donc remédier à ces inconvénients, c'est prévenir la maladie.

GALE

Cette maladie, qui est éminemment contagieuse, est due à un acaride, le *sarcoptes cuniculi*.

Dès qu'on aura constaté son caractère, on mettra les malades dans des cabines séparées et on les lotionnera avec la solution d'acide phénique au centième.

INDIGESTION

L'indigestion, très frequente chez le lapin, est provoquée par l'ingestion d'herbes mouillées, ou trop succulentes.

Pour éviter cette maladie il faut, autant que faire se peut, donner aux animaux une nourriture variée.

HYDROPYSIE ABDOMINALE (*gros ventre*)

Cette affection est caractérisée par un épanchement de sérosité dans le péritoine. On voit le ventre gonfler démesurément en même temps que la respiration devient de plus en plus difficile.

L'hydropysie abdominale entraîne toujours la mort.

Les causes de cette maladie sont l'humidité du clapier, le manque d'air et de lumière, une alimentation mouillée et trop peu alibile.

Dès qu'elle commence à se montrer, il faut isoler les malades et ne leur donner que des aliments secs et aromatiques consistant en céleri, pimprenelle, fenouil, persil, thym, etc.

OPHTHALMIE *(mal d'yeux)*

Fréquente surtout chez les lapereaux, l'ophthalmie est due aux exhalaisons ammoniacales du fumier en fermentation.

L'œil sécrète une matière muco-purulente qui aglutine les paupières et empêche le jeune animal d'ouvrir les yeux.

Cette maladie semble épizootique, car elle attaque à la fois tous les jeunes d'un clapier.

Il faut, pour la combattre, avoir le soin de tenir les animaux aussi proprement que possible en les mettant constamment sur une litière fraîche et sèche, et dans un milieu chaud et convenablement aéré.

LIVRE VI

LA POULE

CHAPITRE PREMIER

**Caractères — Mœurs — Habitudes — Régime
Distribution géographique**

Le genre *coq (gallus)*, appartient à l'ordre des *gallinacés* auquel il a donné son nom.

Les gallinacés se ressemblent tellement qu'ils forment un groupe naturel des mieux définis.

On peut leur assigner comme caractères essentiels: un bec médiocre, fort, nu à la base, à mandibule supérieure convexe, courbée vers la pointe; des

narines à demi-couvertes par une membrane ; des
joues nues ; une tête surmontée d'une crête charnue,
unie ou dentelée ; deux barbillons charnus qui pen-
dent à la base du bec (chez la femelle, la crête est
petite ou nulle et les barbillons sont moins développés); des tarses robustes, nus, scutellés, armés,
— chez le mâle, — d'un long éperon appelé *ergot*;
les trois doigts inférieurs unis par une membrane
jusqu'à la première articulation ; ailes courtes, larges,
étagées à quatrième rémige plus longue que les
autres ; une queue verticale, à pennes larges, disposées sur deux plans contigus, recouvertes par les
sus-caudales, qui s'allongent, se recourbent en faucille
et retombent en arrière du corps chez les mâles.

En outre, deux particularités sont importantes à
signaler au point de vue anatomique :

La première est le volume et l'énergie du troisième
estomac (gésier), dont la puissance est telle que, —
d'après les expériences de Réaumur, Redi. Spallan-
zani, etc., — il peut, en moins de quatre heures,
réduire en poudre impalpable une boule de verre
assez forte pour porter un poids de deux kilos.

La seconde, au contraire, est le faible développement du cerveau.

Le coq est, en effet, — l'oiseau chez lequel la masse
cérébrale est le plus disproportionnée avec le reste
du corps, — (comme 1 est à 412); — aussi, son intelligence est-elle très bornée et son industrie tout à
fait nulle.

Outre les caractères différentiels que nous venons
de signaler, le mâle (*coq*), se distingue de la femelle

(*poule*), par son plumage qui brille d'un reflet métallique, tandis que celui de cette dernière est plus terne; par sa taille qui est d'un tiers plus grande, et enfin par son chant clair et perçant qui se représente très bien par les syllabes *co-co-ri-co*. Il le fait entendre, en été, vers 2 ou 3 heures du matin, et en hiver, vers 10 ou 11 heures du soir. La voix de la poule est un *caquètement* ou *gloussement* susceptible de certaines modulations, mais qui, dans la frayeur, se change en un cri aigu et discordant.

Ces oiseaux sont des animaux lourds et pesants qui ne volent qu'avec difficulté, ce qui les oblige à se tenir à une faible hauteur du sol et à se reposer souvent.

Ils sont omnivores. Néanmoins ils accordent la préférence aux petites graines, et ils avalent en même temps de petits cailloux pour aider au broiement de ces graines et faciliter la digestion. Lorsqu'ils cherchent leur nourriture, ils ont l'habitude de gratter la terre avec leurs pattes, d'où le nom de *pulvérateurs* qui leur a été donné par quelques naturalistes.

Le mâle est polygame. Quand il s'approche d'une femelle, il se dresse sur ses pattes, bat des ailes et lance dans l'air un chant de victoire. Ardent en amour, il ne supporte aucune rivalité; s'il se présente un concurrent, il lui court sus, l'attaque, et la lutte ne se termine que par la mort ou la retraite de l'un des champions.

La femelle est remarquable par sa fécondité.

A l'état domestique, elle pond toute l'année, excepté pendant la mue qui dure de cinq à six semaines.

Il n'y a pas d'oiseaux aussi répandus que les coqs, et cependant, il n'en est point dont l'origine et les mœurs à l'état sauvage soient moins connues.

On les croit originaires des Indes et de la Malaisie. Chaque espèce a une aire de dispersion qui lui est propre et généralement limitée, mais toutes ces aires de dispersion empiètent les unes sur les autres.

Toussenel pense que le véritable ancêtre du coq de nos basses-cours est le *coq Bantiva* ou *Bankiva*, natif de la presqu'île d'au-delà du Gange et de la Cochinchine. « Le type primitif, dit-il, se reproduit tous les jours, sans la moindre altération, sous nos yeux. »

Ce qu'on sait, c'est que toutes les espèces sauvages habitent les forêts ; de préférence, les plus impénétrables, y menant une vie fort retirée.

« Est-ce la cause, — dit Brehm, — qui fait que nous connaissons si peu leur genre de vie ; ou bien est-ce parce que les naturalistes ont trouvé que leurs habitudes rappelaient trop celles des races domestiques ? Je ne saurais le dire ; ce qui est certain, c'est que nous sommes bien mieux instruits des mœurs d'animaux sans importance que nous ne le sommes de celles d'animaux si utiles. »

Tout ce qu'on sait, c'est qu'en l'état de liberté, les poules font une espèce de nid assez semblable à celui des perdrix et y déposent un grand nombre d'œufs.

— C'est par les reins qu'est sécrété le carbonate de chaux qui se forme chaque jour, en quantité si considérable, dans l'oviduité, pour concourir à la formation de l'œuf.

Comme tous les animaux que l'homme a ralliés à

lui, le coq joue un rôle assez important dans l'histoire de l'humanité.

Les Grecs, qui le désignent sous le nom d'*alector*, avaient inventé l'*alectoromancie* ou la divination par le coq. Pour cela on mettait sur un échiquier, dont les cases représentaient une lettre de l'alphabet, un grain de blé dans chaque case, et, d'après les grains mangés, on tirait de la combinaison des lettres qui se trouvaient sur les cases vides des augures plus ou moins favorables.

D'autres fois, c'était de son chant qu'on tirait des pronostics de victoire ou de défaite.

Il était à la fois consacré à Minerve et à Mercure; à cause de sa vigilance, et à Esculape, à cause de certaines vertus attribuées à quelques-uns de ses organes; c'est ainsi qu'on administrait les testicules de coq, séchés et pulvérisés, pour combattre l'impuissance, et qu'on employait son sang contre les maladies des yeux.

Les Romains renchérissaient encore sur ces pratiques divinatoires. Ils faisaient venir tout exprès du Négrepont les *poulets sacrés*, c'est-à-dire les poulets destinés aux augures. Ceux-ci tiraient des pronostics de la façon dont ces oiseaux mangeaient et buvaient.

Le coq ne fut pas, comme on le croit, l'emblème national des Gaulois, par cette bonne raison qu'il n'existait pas encore dans les Gaules à l'époque où nos ancêtres firent, sous la conduite de leurs *brenns*, leur première apparition sur la scène de l'histoire. Une sorte de ressemblance dans les noms a pu seule donner lieu à cette confusion.

Il fit son apparition, au moyen-âge, sur la pointe de tous nos clochers. — Etait-ce pour figurer la vigilance? On le croit généralement.

Plus tard, sous Louis XIII, il symbolisa la France; plus tard, enfin, une dynastie.

CHAPITRE II

Espèces sauvages. — Races domestiques

I. — ESPÈCES SAUVAGES

Nous serons sobre de détails en ce qui concerne celles-ci, voulant insister davantage sur celles qui peuplent nos basses-cours.

1° Le *coq géant* ou *jago* (*Gallus giganteus*, Temm.). C'est la plus grande espèce du genre.

Il habite Java et Sumatra; mais on le trouve à l'état domestique dans le pays des Mahrattes.

Quelques auteurs le regardent comme la source du

coq de Caux ou de Padoue. C'est encore à cette race qu'on rapporte les coqs de Rhodes ;

2° Le *coq bankiva* (*G. bankiva*, Temm.) a été découvert à Java par le naturaliste Leschenaut ; mais, depuis cette époque, on l'a rencontré encore à Sumatra et dans les Philippines.

C'est, de tous, celui qui paraît le plus être l'espèce souche de la poule domestique ;

3° Le *coq de Sonnerat* (*G. Sonneratii*). C'est le premier qui ait été observé à l'état de nature. Il a été découvert, — ainsi que son nom l'indique, — par le naturaliste Sonnerat, qui le rencontra dans les montagnes des Gattes qui séparent le Malabar du Coromandel.

On a cru, pendant longtemps, qu'il était la souche de nos races domestiques. Cette opinion est, aujourd'hui, complètement abandonnée ;

4° Le *coq ayam alas* (*G. furcatus*, Temm.). Il habite Sumatra et Java, où il vit à l'état sauvage sur la lisière des bois montagneux ;

5° Le *coq nègre* (*G. morco*). C'est le *coq de Mozambique*, de Buffon. Il doit son nom spécifique à la couleur de sa crête, de ses caroncules et de son épiderme. Il a même, dit-on, le périoste noir, bien que sa chair, d'après le colonel Sykes, soit blanche et de fort bon goût ;

6° Le *coq sans queue* ou *sans croupion* (*G. ecaudatus*, Temm.). Celui-ci est remarquable par l'avortement de la dernière vertèbre coccygienne, d'où il résulte qu'il n'a pas de croupion et, partant, pas de queue.

Il est originaire de Ceylan.

7° Le *coq à duvet, coq laineux* (*G. lanatus*, Temm.). Cette espèce est remarquable par ses plumes blanches et décomposées, ce qui leur donne l'apparence de poils. C'est cette particularité qui a donné lieu à la fable de la *poule-lapin*, qu'on montre quelquefois dans les ménageries, comme étant le produit du croisement d'un lapin et d'une poule.

Le coq laineux habite le Japon, la Chine et la Nouvelle-Guinée;

8° Le *coq crépu* (*G. crispus*, Briss.). Celui-ci vit dans les parties chaudes de l'Asie. Ses plumes, qui sont colorées des teintes les plus riches, sont renversées en dehors ; de là sa dénomination spécifique;

9° Le *coq bronzé* (*G. æneus*, Cuv.). Cette espèce a été rencontrée à Sumatra par M. Diard, qui en a rapporté quelques spécimens. Mais on n'en connaît pas encore la poule.

Nous n'avons cité ici que les espèces sauvages les plus connues ; de même ne prendrons-nous pas la peine d'énumérer ici toutes les espèces domestiques, nous contentant seulement de citer les plus répandues et les plus productives.

II. — Espèces domestiques

Avant d'adopter une race de poules, il faut considérer dans quel but on se propose de les élever et quel genre de produit on désire particulièrement en tirer. De là la distinction des poules en poules de produit et poules d'agrément.

C'est cette division que nous adoptons ici. Si elle

n'est pas absolument scientifique, elle a au moins le mérite d'être comprise de tous.

Races de produit

Les races de produit ne possèdent pas toutes les mêmes qualités, les unes se recommandent comme pondeuses, les autres par leur volume et la qualité de leur chair ; on adopte les unes ou les autres, selon qu'on a principalement en vue la production des œufs ou celle des volailles par l'engraissement.

Les meilleures races pondeuses sont les suivantes :

A. — Races françaises

1° La *poule commune à pattes grises*, mélange de toutes sortes de races, offrant conséquemment une grande variété de taille et de plumage : les grises et les noires, ainsi que celles dont le plumage est mêlé de noir et de blanc, sont les plus estimées ;

2° La *poule russe à pattes jaunes*, race indigène en dépit de son nom étranger. Elle est très commune dans le Nord et l'Est de la France.

On recherche celles qui ont le plumage brun ou fauve ;

3° La *poule de Houdan* (Seine-et-Oise). Celle-ci a certaines analogies avec la précédente. Elle a le corps très développé, la tête forte avec une triple crête dirigée transversalement. Son plumage est mêlé assez irrégulièrement de plumes tantôt noires, tantôt blanches et tantôt noires et blanches par parties.

Elle est très rustique, bonne pondeuse et fournit des poulets précoces et faciles à engraisser.

Elle atteint ordinairement le poids de 3 kilogrammes ;

4° La *poule de Barbezieux* (Charente) est assez forte, basse sur jambe et sans huppe. Son plumage est entièrement noir.

Elle est de chair délicate ;

5° La *poule de Bresse* (Ain). Elle est noire comme la précédente, mais un peu plus petite ;

6° La *poule du Mans* ou *de La Flèche* (Sarthe). Elle a quelque analogie avec la poule de Crèvecœur, mais elle en diffère par l'absence de la huppe.

Elle a le plumage noir, souvent tacheté de blanc, particulièrement sur l'épi qui surmonte la tête.

Elle est rustique et d'un engraissement facile, même sans avoir recours à la castration.

C'est une des chairs les plus délicates qu'on connaisse.

Elle pèse de 3 kilog. 1/2 à 4 kilog.

B. — *Races étrangères*

1° La *poule de la Campine*, dite *poule de tous les jours*, parce qu'elle pond en effet, sans interruption, du printemps à l'automne, quand on ne la laisse pas couver. Elle y est d'ailleurs, le plus souvent, assez mal disposée.

Elle est généralement grise et blanche ;

2° La *poule de Bruges*, assez semblable à la précédente. Comme elle, rustique et bonne pondeuse ;

3° La *poule espagnole*. Elle est entièrement noire. Elle donne presque autant d'œufs que les précédentes, mais interrompt plus fréquemment sa ponte pour couver.

Citons maintenant, parmi les races, les meilleures pour l'engraissement :

A. — *Races françaises*

1° La *grande poule normande du Calvados*, dite *poule de Crèvecœur*. Elle a les jambes courtes et fortes, les membres gros et charnus, le dos large. Son plumage est généralement noir ou panaché de blanc. Elle porte sur la tête une huppe de plumes tachetées de blanc et a, sous le cou, une autre huppe assez semblable, mais beaucoup plus petite.

Elle s'élève avec facilité.

Sa chair est succulente. Arrivés à graisse, la poularde ou le chapon pèsent de 2 à 3 kilog.

B. — *Races étrangères*

1° *Race cochinchinoise*. C'est au vice-amiral Cécile que l'on doit l'introduction de cette race en Europe.

Elle est d'une taille élevée. Elle a le corps ramassé, court, trapu, anguleux ; d'un volume et d'un poids considérables, les épaules saillantes, les ailes courtes et relevées, les cuisses et les jambes très fortes; les pattes fortes, courtes et emplumées.

Son plumage est jaunâtre, brillant et très abondant, surtout aux cuisses et à l'abdomen.

Sa tête est petite, avec une face rougeâtre et une

crête de petite dimension, droite et légèrement dentelée.

Elle peut arriver jusqu'au poids de 5 kilos. Cette
race qui a été, pendant les premières années qui ont
suivi son importation en Angleterre et en France,
l'objet d'un engouement considérable, voit chaque
jour diminuer le nombre de ses prôneurs.

Sa chair, du reste, est d'un goût peu agréable, ses
œufs sont petits et son engraissement est lent et difficile.

Elle présente plusieurs variétés que nous ne citons
que pour mémoire, telles sont : la *cochinchine rouge*,
la *cochinchine blanche*, la *cochinchine perdrix*, la
cochinchine noire, etc.;

2° *Poule de Dorking*. Elle a pour principaux caractères : une crête ployée, simple et dentelée. Les
joues, le tour du cou, au-dessous du bec, sont couverts de petites plumes courtes et noires, dont l'ensemble a été comparé à un hausse-col ; les plumes de
la tête et du camail sont noires, bordées de blanc ;
celles du dos sont brun-marron.

Cette race est très estimée en Angleterre où elle
eut pour promoteur M. Fischer Hobb, le plus célèbre,
sans contredit, des éleveurs de volaille d'outre-Manche.

Cette réputation de la poule dorking est méritée,
et M. Jacques, le plus compétent de tous les auteurs
qui ont écrit sur ce sujet, dit : « Le dorking est d'une
grande précocité et d'un goût exquis, sa chair est
blanche, juteuse et retient bien la graisse en cuisant. »

Quelques éleveurs, pourtant, reprochent à cette race d'être d'une constitution un peu délicate et de redouter beaucoup les effets de la neige et de l'humidité;

3° *Poule indienne* ou de *Brahma-Poutra*. — Originaire des bords du Brahma-Poutra, fleuve qui traverse le royaume d'Assam en Asie, cette poule, encore peu connue en France, est très estimée en Angleterre, où elle a été introduite seulement vers 1853.

Les principaux caractères de cette race sont ceux de la Cochinchinoise, mais exagérés. Elle a le dos horizontal, les épaules larges, la queue courte, la jambe courte et forte et presque entièrement cachée par les plumes de la cuisse, les tarses très gros et très courts et emplumés jusqu'aux doigts; enfin la tête et le cou relativement petits.

C'est une race rustique aussi bonne pondeuse que bonne couveuse, mais surtout remarquable par sa chair qui est abondante et de bonne qualité.

On a vu des individus de cette race peser jusqu'à 5 kilog. L'un d'eux a été vendu à une exposition 2,500 fr.;

4° La *poule malaise*. — Celle-ci a le corps conique, large en avant, étroit en arrière, très incliné et porté sur des jambes longues et épaisses; ses plumes sont très étroites, allongées, appliquées et comme collantes sur le corps, sa queue est grêle, courte et tombante, sa crête épaisse. Une particularité est celle de l'œil qui est enfoncé dans l'orbite et recouvert par une arcade sourcilière si prononcée qu'il disparaît lorsque la tête est vue de face.

Le plumage est ordinairement noir avec les épaules marquées de roux.

Cette race par elle-même est peu avantageuse.

Les Anglais s'en servent surtout dans les croisements pour donner du poids aux races destinées à la consommation.

Mentionnons maintenant, mais comme simple oiseau d'agrément :

1° La *poule Bantam*. — Une merveilleuse race naine, à laquelle on attribue une origine anglaise ; son plumage est d'une richesse et d'une régularité remarquables, elle se recommande en outre par sa gentillesse et sa familiarité.

Ses œufs ne sont pas plus gros que des œufs de pigeon ;

2° La *poule huppée de Hambourg*, qui n'a pour elle que son plumage ;

3° La *poule de Padoue*, dont la crête double forme, à la base du bec, une sorte de collerette ;

Enfin la *poule de Jérusalem*, la *poule française ombrée coucou*, la *poule courtes pattes* et un bon nombre d'autres qu'il serait oiseux de citer.

CHAPITRE III

Habitation. — Régime

Le succès de la multiplication et de l'élevage de la poule dépend en grande partie de la salubrité et de la bonne disposition de son habitation.

Si le poulailler est trop chaud ou trop humide, on ne tarde pas à voir apparaître certaines maladies épidémiques ; s'il est trop froid, la ponte s'arrête ; si les murs sont lézardés ou même mal crépis, si le sol n'est pas convenablement carrelé, les rats, les souris, les insectes s'y nicheront, troubleront le repos des volailles et les empêcheront de prospérer.

Aussi faut-il apporter un certain soin à la construction des poulaillers qui doivent être établis aussi sainement que les habitations des autres animaux domestiques.

Quant à la propreté, ici également, elle est de règle.

Le poulailler doit, autant que possible, être exposé au levant ou au midi avec une ouverture au nord pour tempérer les ardeurs du soleil. Cette ouverture, qui est munie d'un grillage, doit pouvoir se fermer dès qu'il fait froid.

L'entrée du poulailler destiné aux poules doit être à 1ᵐ30 ou à 1ᵐ50 du niveau du pavé de la cour. Le seuil de cette entrée se trouve au niveau des per-

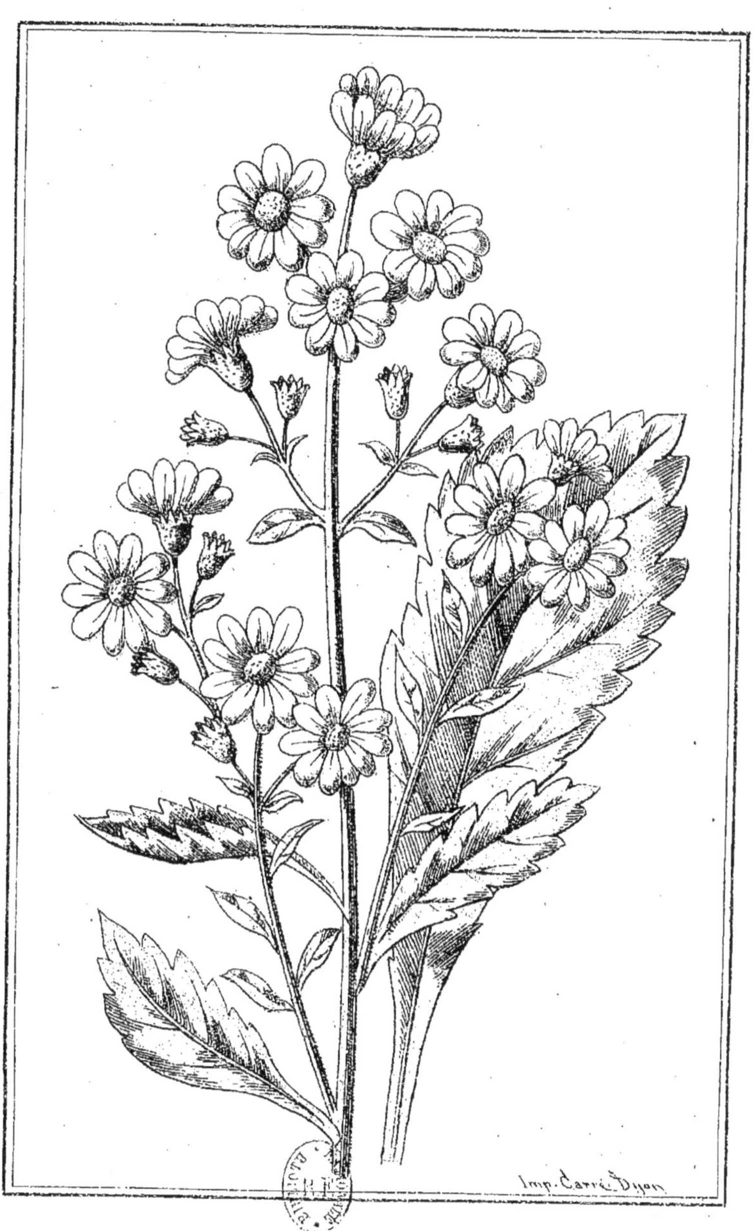

VERGE D'OR

choirs, et les poules y grimpent par une échelle extérieure.

Il faut à chaque poule, pour dormir tranquille, une largeur d'environ 0m15, aussi le nombre des perchoirs doit-il être en rapport avec celui des poules.

« Le poulailler doit être plutôt petit que grand, car il est reconnu que plus les poules sont rapprochées dans un petit espace, plus leur ardeur à pondre est vive et soutenue. Des nids sont disposés pour les poules qui veulent pondre, on fait ces nids en maçonnerie, en planches, le plus souvent en bauge ; quelquefois on les place dans des cavités ménagées dans l'épaisseur du mur ; d'autres fois, ce sont des paniers sans couvercles, attachés solidement contre le mur ; ils doivent avoir environ 0m35 en tous sens, avec des rebords de 0m08 de hauteur. On garnit les nids de foin fin, les poules préfèrent ordinairement ceux qui sont placés dans l'endroit le plus sombre du poulailler » (*Dictionnaire de la vie pratique*, art. Poule).

Il faut avoir soin de renouveler fréquemment la paille qui reçoit les déjections, de même aussi de gratter les perchoirs au moins une fois par semaine. Ces soins, du reste, ne sont pas perdus, car l'engrais qu'on retire ainsi des poulaillers (*colombine*), donne un ample dédommagement.

Les couveuses seront mises à part dans une chambre (*chambre à mue*) contre les murs de laquelle sont disposées des épinettes pour les volailles à l'engrais.

On réunit d'ordinaire, dans un seul poulailler,

toutes les volailles de la basse-cour. Mais il est préférable de ne laisser ensemble que les coqs, les poules, les chapons, les poulets et les pintades.

II. Régime. — Le régime influe également d'une façon très marquée sur le résultat utile ou désavantageux de la multiplication et de l'élevage des poules.

« On suppose, par exemple, huit poules et un coq ne sortant jamais de leur enclos et nourris exclusivement d'avoine achetée par celui qui les nourrit : c'est l'hypothèse la moins favorable.

« Pour le conserver en bon état, sans engraisser, mais en donnant autant d'œufs que leur race le comporte, ce groupe de volailles doit recevoir, en deux repas, un litre d'avoine par jour, soit, de mars en novembre, 2 hectolitres 70 litres d'avoine. En admettant que les poules pondent seulement tous les deux jours, ce qui est un minimum pour les poules de bonne race, on aura, pour 270 litres d'avoine, 1,080 œufs, soit, en nombre rond, 1,000 œufs pour 3 hectolitres d'avoine. Le prix de vente des œufs est très variable, mais il monte et descend comme le prix des grains, et 1,000 œufs valent toujours beaucoup plus que 3 hectolitres d'avoine. Le prix d'achat des volailles est une avance dans laquelle on peut rentrer à la fin de l'automne. Si les volailles ont été bien nourries, elles valent au 1er novembre ce qu'elles pouvaient valoir au 1er mars. On comprend que la nourriture des poules, dont la ration journalière se compose en partie d'aliments sans valeur, revient à beaucoup meilleur marché que dans cet exemple, la production restant la même. » (*Dictionnaire de la vie pratique*, loco citato.)

On peut encore faire entrer dans la nourriture les nombreux débris sans valeur qui proviennent du ménage et que l'on mélange aux pommes de terre cuites et écrasées, aux betteraves crues hachées menu, aux criblures de toutes sortes de grains, etc.

La poule pondeuse doit recevoir, en outre, de temps en temps, quelques aliments tirés du règne animal : des vers, des limaçons, qu'il est toujours facile de faire rechercher par des enfants à temps perdu.

On peut encore s'en procurer par le moyen suivant : on disperse, de distance en distance, des feuilles de laitue ou de romaine posées à plat sur le sol, qu'on retrouve le lendemain chargées de limaces collées à leur face inférieure. Outre qu'il ne coûte rien, ce moyen a encore l'avantage de débarrasser les plates-bandes de ces ennemis dévorants.

« Dans le midi de la France, on donne aux poules des larves de ver à soie ; mais elles peuvent en être incommodées quand on leur en donne trop à la fois ; à dose modérée, cet aliment ne peut leur nuire. Dans tout le reste de la France, on peut, au printemps, faire manger aux poules, en ayant soin de ne pas leur en donner trop à la fois, les hannetons récoltés le matin, quand ils sont encore trop engourdis pour pouvoir s'envoler. Lorsqu'on laboure une terre infectée de vers blancs (larves de hannetons), on peut faire suivre la charrue par les poules ; elles nettoieront parfaitement la terre de tous les vers ramenés par le soc à la surface du sol ; elles seront, le soir, reconduites à leur enclos. » (*Dictionnaire de la vie pratique*, loco citato.)

CHAPITRE IV

Reproduction — Élevage

Avant de donner la préférence à une race de poules, on doit considérer dans quel but on se propose de les élever, et quel est le produit qu'on veut spécialement tirer.

Toutes les races, tant françaises qu'étrangères, — on l'a vu, — ne possèdent pas toutes les mêmes qualités ; les unes se recommandent par le volume et la qualité de leur chair, les autres par le nombre de leurs œufs.

C'est dire qu'il faut choisir avec le plus grand soin les animaux qu'on destine à la reproduction.

Le Coq. — C'est du coq que dépend surtout le succès des couvées. Il doit avoir l'œil vif et effronté, le plumage abondant et de nuances éclatantes, la crête d'un beau rouge et les pattes armées d'éperons vigoureux. Il doit, en outre, chanter souvent et se débattre avec vigueur dès qu'on veut s'emparer de lui.

Ardent à caresser les femelles, il doit aussi être très empressé près d'elles, les appeler à partager ses trouvailles.

La Poule. — La poule doit être douce et bien emplumée, avoir le bassin largement développé et l'abdomen richement garni de plumes, la huppe abondante, la crête volumineuse, les pattes noires ou bleuâtres, ou d'un blanc rosé, la peau blanche et fine. Ces dernières qualités sont le signe d'une heureuse tendance à l'engraissement.

Elles sont bonnes pondeuses quand elles ont à la fois :

« L'oreillon (disque auriculaire situé en arrière du conduit auditif), d'un blanc mat, quand la crête et les barbillons sont rouges et restent rougeâtres quand la vieillesse a fait disparaître la couleur rouge qui caractérise la jeunesse ; quand elles ont le cul d'artichaut bien développé, c'est-à-dire lorsque les plumes qui entourent l'anus sont touffues, longues et pendantes.

« Les poules sont bonnes couveuses quand elles ont à la fois :

« Le corps trapu et bas sur pattes ; le cul d'artichaut bien développé ; les cuisses garnies de plumes légères et abondantes (1). »

Il faut un coq par dix poules.

Les poules commencent à pondre vers l'âge de six mois, si elles sont précoces.

Selon M. Barral, une poule bonne pondeuse ne pond pas dans toute sa vie plus de six cents œufs, savoir : 80 la première année ; 120 la seconde ; 120 la troisième ; 80 la quatrième, et de moins en moins les années suivantes.

« Il en résulte, ajoute Mme Millet-Robinet, qu'à

____

(1) *La Basse-Cour*, par Mme Millet-Robinet.

cinq ans révolus une poule doit avoir le cou coupé ; on dira que la conclusion est cruelle, mais n'est-ce pas à cela qu'aboutit toute conclusion, lorsqu'on étudie les conditions économiques de l'entretien des animaux de rente ? »

La ponte ne se fait pas d'une façon régulière. Certaines poules ne produisent qu'un œuf en trois jours, d'autres en pondent un tous les deux jours, d'autres encore un et même deux par jour.

Dès qu'une poule se dispose à pondre, elle mange avec plus d'appétit, en même temps que sa crête devient plus rouge.

Elle couve de 21 à 23 jours. Quand on est certain que tous les œufs qu'elle couve sont fécondés, on ne doit lui en laisser que seize. C'est le nombre qu'elle pond pour couver quand elle arrive à cacher son nid, ce qui se produit assez souvent dans les grandes exploitations rurales. Généralement, les fermières donnent une vingtaine d'œufs, parce qu'elles comptent sur les œufs *clairs* ; mais c'est plus que la couveuse ne peut en faire éclore commodément.

Les poules couveuses doivent être mises dans un local spécial et parfaitement tranquille. Là elles doivent toujours avoir à leur disposition leur nourriture, ainsi qu'un vase rempli d'eau, pour qu'elles s'absentent le moins longtemps possible de leur couvée.

On ne doit jamais aider le poussin à sortir de sa coquille, car en l'aidant, on risque de le blesser.

Pendant la première semaine, les poulets sont placés avec leur mère sous une mue, dont le treillage doit être assez large pour leur permettre d'entrer et de sortir à leur gré. On ne leur donne à ce moment, comme nourriture, que de la mie de pain, du riz cuit à l'eau et quelques grains de millet.

Au bout de huit ou dix jours, on peut les laisser courir avec leur mère et leur distribuer la même nourriture qu'à elle.

Une chose à laquelle on devra faire attention, c'est que cette nourriture soit toujours donnée à des heures régulières.

« Une fois qu'elles comptent sur cette distribution, on peut s'en rapporter à elles pour préserver leurs petits du froid et de l'humidité, qu'ils redoutent par-dessus tout ; au contraire, lorsqu'elles voient que leur couvée a faim, elles la font sortir quelque temps qu'il fasse, quoiqu'elles sachent très bien que la pluie et le froid leur sont contraires et qu'elles aient soin de les mettre à l'abri chaque fois qu'il fait mauvais temps ; mais il semble qu'elles se croient obligées de passer par-dessus cette considération, quand leur famille manque de nourriture. » *(Dict. de la vie pratique, loco citato).* »

Les jeunes poulets ont dès leur naissance l'instinct très développé ; ils s'apprivoisent avec la plus grande facilité.

Il est bon de ne pas trop tarder à séparer les jeunes mâles qui doivent servir à l'engraissement des jeunes femelles qu'on destine à la ponte.

CHAPITRE V

Engraissement — Produits

Certaines volailles prennent de la graisse plus facilement que certaines autres ; c'est à l'aide d'une
longue expérience qu'on arrive à distinguer les poulets
les plus propres à subir cette opération.

Pour aider à l'engraissement et pour rendre la chair
plus délicate, on châtre les volailles ; les mâles, on le
sait, prennent le nom de *chapons*, les femelles celui de
poulardes.

C'est vers l'âge de quatre mois qu'on fait subir aux
coqs la castration. Cette opération se pratique en
faisant une incision transversale de 0,04° de long,
depuis l'anus jusqu'au flanc droit. On incise ensuite
la tunique abdominale et l'on introduit le doigt dans
le ventre en ayant soin que l'intestin ne cherche pas
à s'échapper. On cherche alors le testicule qui se
présente sous la forme d'un corps dur, lisse et mobile
et de la grosseur d'un haricot, on l'arrache et on l'at-
tire vers l'ouverture par laquelle on le fait sortir.
On procède de même pour le second organe et l'on
ferme chaque incision à l'aide d'un point de suture.

Chez la femelle, l'opération est très délicate et
réussit difficilement ; aussi, la plupart des éleveurs
y ont-ils renoncé, et la presque totalité des poulardes

de La Flèche et du Mans sont engraissées et vendues sans avoir subi aucune opération.

Pour engraisser les jeunes poulets, on peut les laisser libres, en leur donnant deux fois par jour du maïs ou du sarrasin à manger ; on peut également leur faire faire un repas composé de pommes de terre bouillies et écrasées et d'un peu de recoupe.

Pour les animaux adultes, on peut se servir de ce même procédé, mais il est beaucoup plus long, aussi au bout de quinze jours, les met-on dans l'*épinette*.

« Pour avoir des volailles *fines, grasses*, dans toutes les saisons, il faut engraisser, au printemps, les élèves tardifs de l'automne, c'est-à-dire les poulets nés en septembre et en octobre ; il faut engraisser en été les poulets nés en janvier et février ; en automne, les poulets nés en mars et avril ; enfin en hiver, les poulets nés en mai et juin » (Mme MILLET-ROBINET).

Nous avons dit que les volailles adultes étaient mises dans l'*épinette* afin de les pousser plus vite à l'engraissement.

L'épinette est une sorte de cage, plus ou moins longue, selon le nombre des volailles à engraisser, et formée de plusieurs cases fermées en haut par une planche glissant dans une coulisse, et en avant par un grillage en bois à travers lequel les volailles passent la tête pour manger.

On commence par leur donner du grain, puis ensuite du pain moulu et en pâte épaisse, délayée avec du lait ; enfin, on leur fait une pâtée composée de farine, de grains, de son, de recoupe, de pommes de terre cuites et écrasées, de tourteaux de noix, de chènevis, etc. Il faut avoir soin de donner cette pâtée, en excès, car ce qui reste dans la mangeoire ne tarde pas à aigrir. Les repas doivent être donnés avec régularité, et chaque fois on présente aux volailles de l'eau et même du lait dans un petit pot. Mais, lorsque les pâtées ne sont pas trop épaisses, les volailles ne boivent guère.

Il suffit, en général, de quinze ou vingt jours de ce régime, pour qu'une bête soit arrivée en bon état d'engraissement.

A La Flèche et au Mans, ces pays classiques de l'engraissement, on ne fait subir cette opération qu'aux volailles qui présentent les qualités requises.

Voici celles qu'on exige de chaque bête :

1° Qu'elle ait été engendrée par un jeune coq ;

2° Qu'elle ait de six à sept mois, qu'elle soit vierge, et qu'elle n'ait pas encore pondu ;

3° Que sa chair soit très blanche sous les ailes ;

4° Que ses yeux soient cerclés de rouge sous la paupière ;

5° Que ses pattes soient courtes ; que son croupion et ses épaules soient larges ;

6° Que la peau des pattes soit souple et tendre ;

7° Qu'elle soit, enfin, bonne en chair, au moment où on la met dans l'épinette.

Seulement, au lieu de laisser la volaille manger seule, on l'empâte à l'aide de pâtons faits de farine et de lait.

On augmente chaque jour le nombre des pâtons qui, de deux au commencement, peut arriver jusqu'à douze.

Cet engraissement, qui est moins coûteux que celui opéré avec le grain dans les épinettes, dure de seize à vingt jours.

On reconnaît que la poule est arrivé à un parfait état de graisse quand elle respire avec difficulté, que sa peau est parfaitement blanche, le croupion lourd; et lorsqu'en tâtant le cou entre les épaules, on trouve une forte accumulation de graisse.

LIVRE VII

LE PIGEON

CHAPITRE PREMIER

**Caractères — Mœurs — Régime — Habitudes —
Distribution géographique**

L'opinion des naturalistes a été longtemps partagée sur la question de savoir si les pigeons doivent faire partie des *Passereaux* ou des *Gallinacés*, ou s'ils forment, au contraire, un ordre indépendant.

Brisson a tranché la difficulté en créant, pour eux, un ordre particulier qu'il place entre les uns et les autres. Cette manière de voir a été adoptée par Latham, Temminck, Levaillant et, aujourd'hui, par presque tous les ornithologistes.

Mais, comme ce n'était pas tout que de réunir ces oiseaux en une division unique, de nombreux dénombrements furent tour à tour proposés par Stephens, Ch. Bonaparte, Swamson, Gray, Vieillot, Lesson, etc., et on en est venu, aujourd'hui, jusqu'à compter vingt-deux genres dans l'ordre des pigeons.

N'ayant pas qualité pour entrer plus avant dans cette question, si ardue qu'elle soulève encore à l'heure actuelle de nombreuses discussions entre les ornithologistes, nous allons immédiatement et, en quelques lignes, faire connaître les caractères les plus saillants des *Colombides* :

« Un bec généralement faible, grêle, droit, comprimé latéralement, couvert à sa base d'une membrane voûtée sur chacun de ses côtés, étroite en devant, à mandibule supérieure plus ou moins renflée vers le bout, crochue ou simplement inclinée à la pointe; des narines oblongues, ouvertes vers le milieu du bec, percées dans une membrane qui forme une protubérance membraneuse plus ou moins prononcée, plus ou moins molle; des pieds marcheurs; quatre doigts : trois devant, un derrière, celui-ci articulé au niveau des doigts antérieurs, et des ailes médiocres ou courtes; tels sont, — d'après M. Gerbe, — les caractères naturels, les attributs physiques qui distinguent cet ordre. »

Comme la plupart des gallinacés, les pigeons ont des mœurs sociables; ils vivent généralement en familles, composées d'un nombre plus ou moins considérable d'individus. Réglés dans leurs habitudes, ils ne se mettent en quête de nourriture qu'à de certaines heures : le matin dès l'aube, et le soir un peu avant le coucher du soleil.

Ils habitent ordinairement les forêts épaisses et sombres, les crêtes des rochers, les plaines fertiles et cultivées, et recherchent les endroits frais et humides de préférence à ceux qui sont secs et arides. Ils sont essentiellement granivores et seminivores. Les plantes graminées, les légumineuses, parfois les glands, les faînes, les pousses tendres de certaines plantes, constituent leur nourriture habituelle. Quelques espèces, cependant, se nourrissent d'insectes, de larves de fourmis et même de colimaçons. Comme les gallinacés encore, ils avalent de petits cailloux pour aider à la trituration des aliments.

On a cru, pendant longtemps, que ces oiseaux ne contractaient, à l'état de nature, qu'une seule union; nous verrons plus loin, par ce qui se passe chez les races domestiques, ce qu'il faut penser de ces liens indissolubles. La ponte est de deux œufs, produisant généralement un mâle et une femelle ; c'est probablement cette particularité qui a donné naissance à l'interprétation erronée dont nous parlons plus haut.

C'est au printemps qu'on voit toute la société se désagréger, les couples se former, tirer à part, pour aller se cantonner dans les endroits les plus favorables à leur reproduction.

Le nid du pigeon est loin d'être une œuvre d'art: c'est un composé grossier et informe de gramens, de bûchettes légères et sèches, sans cohésion et se dissociant avec la plus grande facilité, il est parfois détruit avant d'être fini. C'est au mâle, pour ainsi ire, qu'incombe tout le travail de sa construction, la femelle ne se bornant guère qu'à choisir la place où ce nid devra s'élever ; parfois, cependant, elle reçoit et dispose les éléments que le mâle lui apporte, mais jamais elle ne se met en quête pour les aller chercher.

Le nid fait, la ponte commence ; elle n'a lieu qu'une fois l'an, dans nos climats, du moins. Elle se compose de deux œufs ; l'un mâle, l'autre femelle, à peu d'exceptions près. La couleur des œufs est généralement entièrement blanche, parfois jaunâtre.

Mâle et femelle se prodiguent également auprès de leur progéniture. C'est à soins communs que se font l'incubation et l'éducation des jeunes. Aucun des deux parents n'est au-dessous de sa tâche : de part et d'autre même dévouement, même abnégation.

La durée de l'incubation est de 12 à 15 jours.

Les petits naissent couverts d'un léger duvet.

Le premier aliment qu'ils reçoivent est une sorte de bouillie, qu'on a comparée, — avec raison, — au lait des mammifères. Cette bouillie est un produit sécrété par les nombreux cryptes muqueux qui tapissent la face interne des parois de l'œsophage, produit auquel se mêlent les substances alimentaires ingérées, ramollies et modifiées déjà, en partie, par l'effet de la digestion.

Mais cet abecquement se fait d'une façon spéciale :

« En effet, — dit Toussenel, — les pigeons ne nourrissent pas leurs petits à la façon des canaris et des chardonnerets qui dégorgent dans le bec de leurs nourrissons une bouillie de grains préparée au fond de leur jabot. Ceci est le système d'abecquement primitif et vulgaire, pratiqué par la masse et qui jouit d'une certaine vogue chez plusieurs races d'humains, chez celle des Esquimaux entre autres. Les pigeons font usage d'une méthode quasi-inverse. Ce ne sont plus, ici, les nourriciers qui introduisent leurs becs dans celui de leurs nourrissons, mais ceux-ci, au contraire, qui introduisent leur bec dans celui de ceux-là. Et comme il est naturel que l'introduction d'un corps étranger indigeste dans la gorge d'une pauvre bête provoque immédiatement chez elle le besoin de l'expulser violemment, il s'ensuit que les malheureux parents sont soumis, pendant toute la durée des fonctions nourricières, à une série de convulsions stomacales complètement analogues à celles qui, chez nous, résultent de l'ingestion de l'émétique. »

On doit même ajouter que le mouvement convulsif, déterminé par la présence du bec des jeunes dans la gorge des parents, doit être assez pénible, car cette opération s'accompagne toujours, chez ces derniers, d'un tremblement rapide des ailes et du corps.

La plupart des espèces de pigeons entreprennent, chaque année, de lointaines migrations.

Aussitôt après l'époque de la reproduction, ces oiseaux s'assemblent en troupes plus ou moins nombreuses dans le but de se procurer, tout à la fois, une température plus clémente et une nourriture plus abondante.

C'est généralement vers l'automne que commencent ces déplacements qui s'effectuent toujours du nord vers le midi.

Parmi les migrations les plus remarquables, il faut signaler celle de la *colombe* voyageuse qui, — au dire de Vieillot, — traverse au printemps et à l'automne les contrées situées entre le 20e et le 60e degré de latitude en troupes si pressées et si innombrables que le jour en est littéralement obscurci. « C'est au point, dit-il, qu'on peut charger trois fois un fusil et tirer sur la même troupe. Quelquefois même des bandes couvrent deux milles d'étendue en longueur, et un quart de mille en largeur. »

Plus loin il ajoute :

« Tantôt ces pigeons parcourent les contrées voisines de la mer, tantôt ils prennent leur direction dans l'intérieur des terres ; c'est alors qu'on les voit sur les bords des lacs, et traverser sans interruption celui d'Ontario dans une étendue de 8 à 10 milles. Ils se fatiguent tellement quand ils voyagent sur cette mer interne qu'on peut, à leur arrivée sur le rivage, en tuer plusieurs à coups de bâton. On ne les voit qu'une fois en huit ans, et le passage est si régulier que les naturels appellent cette année *l'année des pigeons.* »

Ces faits, du reste, ont été contrôlés par un certain nombre de voyageurs et d'explorateurs sérieux. Ce passage dure, à l'automne et au printemps, de 16 à

20 jours, après lesquels ces oiseaux disparaissent complètement.

Ceci dit sur les mœurs de ces oiseaux à l'état libre, nous allons étudier ce qui se passe chez eux l'état de servitude.

CHAPITRE II

Espèces sauvages. — Races domestiques.

Lorsqu'on considère le nombre de variétés de pigeons domestiques qui vivent à l'état domestique, dans nos colombiers et nos volières, quand on examine combien sont variables la taille, la forme, les couleurs, en un mot, tous les attributs physiques de ces nombreux spécimens d'une des plus grandes familles ornithologiques, on est en droit de se demander si tous ces êtres d'apparence si différente tirent leur origine d'une seule et même souche.

Tandis que les uns n'admettent qu'un seul type originel, le *biset*, — et à la tête de ceux-là, l'illustre philosophe naturaliste Darwin, — ceux-ci, parmi lesquels Brisson, admettent plusieurs souches distinctes du croisement desquelles procéderaient les nombreuses races, sous-races et variétés que nous possédons aujourd'hui.

Quoi qu'il en soit de cette question d'origine et d'ascendance dans laquelle nous ne nous engageons pas, dans la crainte de conjectures qui ne tendraient à rien moins qu'à jeter du jour sur une question qui, — jusqu'à nouvel ordre, — nous paraît impossible à résoudre, occupons-nous de la question des races en la simplifiant autant qu'il sera en notre pouvoir, afin de la mettre sous les yeux de nos lecteurs, dégagée de l'obscurité qui l'entoure.

Buffon divisait les pigeons en douze races ou variétés principales auxquelles il rattachait une foule de variétés secondaires.

Boitard et Corbié (1) ont décrit vingt-quatre races, parmi lesquelles beaucoup correspondent aux variétés secondaires du grand naturaliste.

Notre excellent et savant ami le Dr J. Pelletan (2) a réduit ce nombre à quinze, abstraction faite du biset. C'est de son intéressant ouvrage que nous allons nous aider dans cette partie, si compliquée, de notre travail.

« La France, — dit-il, ne possède que trois espèces de pigeons, le *pigeon ramier* (*columba palumbus*), le *pigeon colombin* (*C. œnas*), et le *pigeon biset* (*C. livia*); et deux espèces de tourterelles, la *tourterelle des bois* (*C. tartier*), et la *tourterelle à collier* (*C. risoria*). Cette dernière, originaire de l'Egypte, de la Syrie, peut-être de l'Inde, est depuis longtemps acclimatée et domestiquée chez nous, où elle a donné de charmantes variétés. »

1º *Le pigeon ramier* (*columba palumbus, palumbus torquatus* des naturalistes), désigné encore sous le nom de *palombe à collier, pigeon des bois, pigeon sauvage*, est un oiseau qui a 45 centimètres de long et 79 centimètres d'envergure; la longueur de l'aile

(1) *Monographie des pigeons domestiques*, Paris, 1824.
(2) *Pigeons, dindons, oies et canards*, Paris, Librairie agricole.

est de 25 centimètres, celle de la queue de 18. — La femelle est un peu plus petite que le mâle.

Son plumage, que chacun connaît, est d'un gris cendré plus ou moins bleuâtre, avec les côtés et le dessous du cou d'un vert doré et la poitrine d'un roux vineux. On remarque en outre sur chaque côté du cou et sur chaque aile une tache blanche.

Ce pigeon se trouve dans toute l'Europe et particulièrement en Suède. Il émigre en hiver dans le nord de l'Afrique.

« Aujourd'hui qu'il a bien diminué de nombre, il n'émigre pas toujours et reste souvent pendant l'hiver dans nos contrées, surtout dans les départements producteurs de graines oléagineuses (1). »

Il habite également les forêts, les montagnes et les plaines ; parfois pourtant, il fixe sa demeure dans les villages et même dans les villes. Le jardin des Tuileries et le Muséum d'histoire naturelle de Paris, les promenades de Dresde, les jardins de Leipzig hébergent chaque année, neuf mois sur douze, un nombre assez considérable de ces oiseaux qui s'y reproduisent en toute sécurité.

Le ramier se nourrit de préférence des graines de conifères (BREHM); de glands et de faînes (NAUMANN); de graines oléagineuses (PELLETAN); de baies d'airelle et de myrtille.

Il mange en outre des céréales, des graines de graminées, et parfois des limaces et des vers.

Il s'apprivoise facilement.

(1) J. PELLETAN (loc. cit.).

2° Le *pigeon colombin (C. œnas)*, plus vulgairement connu sous le nom de *petit ramier*.

Il a beaucoup d'analogie avec le précédent. Comme celui-ci, son plumage est bleu cendré avec les côtés du cou d'un vert chatoyant et la poitrine couleur lie de vin. Mais il n'a de blanc ni sur les côtés du cou, ni sur les ailes ; en revanche, il existe sur ces dernières deux taches noires.

Il a de 33 à 34 centimètres de long et de 69 à 72 centimètres d'envergure ; la longueur de l'aile est de 23 centimètres, celle de la queue de 14.

Il habite à peu près les mêmes lieux que le ramier, c'est-à-dire toutes les grandes forêts de l'Europe ; on le retrouve en hiver dans le nord de l'Afrique.

Il est moins sauvage que le ramier et ses mouvements sont plus vifs et plus dégagés.

« Son roucoulement, — dit Brehm, — diffère de celui des autres pigeons, on peut le rendre par *hou hou hou*. »

Sa nourriture et sa façon de vivre sont celles du précédent.

3° Le *pigeon biset (columbia livia)*.

On l'appelle encore *pigeon de roche* ou *pigeon des champs*.

Le biset a le plumage d'un bleu cendré ; les côtés du cou d'un vert chatoyant ; le croupion d'un blanc pur, et deux bandes transversales noires sur les ailes.

Ces couleurs varient un peu suivant les sexes, et les jeunes sont toujours plus foncés que les vieux.

Le biset a 36 centimètres de long et 63 d'envergure·

la longueur de l'aile est de 22 centimètres; celle de la queue de 12.

Il habite l'Europe, une partie de l'Asie et le nord de l'Afrique.

Il niche de préférence dans les vieux murs, dans les ruines, les hautes tours, les clochers, et dans le creux des rochers. On le voit rarement dans les forêts, et encore c'est toujours sur leur lisière, pour ne pas trop s'éloigner des champs dont il a besoin.

Il se nourrit de graminées, de légumineuses, de graines de pin, sapin, etc.

II. — RACES DOMESTIQUES

Buffon divisait celles-ci en 12 races offrant de nombreuses variétés ; Lesson en compte 14 ; Boitard et Corbié, dans leur excellente *Monographie des pigeons domestiques*, décrivent jusqu'à 24 races. — (Il est vrai que parmi celles-ci, le plus grand nombre correspond aux variétés de Buffon).

M. J. Pelletan a réduit ce nombre à quinze, abstraction faite du biset. Nous allons passer en revue les plus intéressantes de ces races, en empruntant à notre savant ami sa classification. Comme leur description de tous nous entraînerait trop loin, nous nous contenterons de les citer, en exposant, aussi brièvement que possible, leurs attributs physiques.

PREMIÈRE RACE. — *Biset fuyard*. — C'est le biset primitif plié à la vie du colombier (1). » Il rappelle

(1) J. PELLETAN *(loc. cit.)*.

tout d'abord ses ancêtres par ses formes et par son plumage ; mais il ne tarde pas à payer son tribut à la domesticité et à s'éloigner bientôt de plus en plus du type originel.

On le désigne généralement sous le nom de *pigeon commun* ou *pigeon domestique*.

DEUXIÈME RACE. — *Pigeon mondain*, qui d'après Lesson, n'offre pas moins de 14 variétés. — C'est uu des plus féconds et des plus faciles à nourrir.

Son plumage est variable.

Parmi les variétés que nous venons de signaler, les plus connues sont : le *gros mondain*, le *mondain moyen* et le *petit mondain*.

« Ces variétés, produits de la culture, en général bonnes et soignées, plus productives que le biset ou autres races moins domestiques, sont les plus pillardes. Elevés, pour ainsi dire, dans nos maisons, en contact immédiat, fréquent et nécessaire avec l'homme, ces oiseaux ont perdu toute timidité. Ils n'étendént pas leurs ravages au loin, mais il est nécessaire de les séquestrer pendant les semailles des graines potagères. Ils pénètrent jusque dans les maisons, volant le sel dans les salières, le pain dans les huches, et cela avec un invincible entêtement, pour peu qu'on leur ait laissé prendre la moindre familiarité (1). »

TROISIÈME RACE. — *Pigeon romain*. — On le dit un descendant des anciens pigeons de Campanie. Son plumage est variable, il a généralement le cou bril-

(1) J. PELLETAN *(loc. cit.)*.

25

lant de nuances éclatantes et comme mêlées d'or, les ongles noirs, la membrane au-dessous du bec couverte d'une matière farineuse qui le fait paraître blanchâtre.

Les variétés principales sont : le *pigeon romain blanc, crème de lait, messager, argenté, gris]piqué*, etc.

QUATRIÈME RACE. — *Pigeon bagadais.* — Remarquable, entre tous caractères, par le développement caronculeux de la membrane qui couvre les narines et des rubans qui entourent les yeux, au point de cacher ceux-ci presque complètement.

Le plumage est généralement blanc ou de couleur sombre.

Le pigeon bagadais est de petite taille.

Il présente trois variétés connues.

CINQUIÈME RACE. — *Pigeon polonais.* — Celui-ci est très petit. — C'est le type d'une race d'amateurs.

SIXIÈME RACE.— *Pigeon boulant* encore appelé pigeon *gros gosier.* — Ce qui le caractérise particulièrement, c'est le développement du jabot. Nul, parmi les pigeons, ne *se rengorge* plus que le pigeon boulant.

Il présente un grand nombre de variétés, parmi lesquelles les plus connues sont : le *boulant billon*, le *boulant à bavette*, le *boulant maillé*, etc.

SEPTIÈME RACE. — *Pigeon cavalier.* — Cette race semble participer par ses formes et son plumage du boulant et du pigeon romain.

Elle ne présente que deux variétés.

Huitième race. — *Pigeon romain* ou *capucin*. — « Charmante race, — dit le Dr Pelletan, — ornée d'une fraise ou d'un capuchon formé par les plumes du cou rehaussées. Ce capuchon doit bien *recouvrir* la tête, il se prolonge en gorgerette sur la poitrine. »

Présente quatre variétés.

Neuvième race. — *Pigeon coquillé*. — Celui-ci, au lieu de capuchon, porte sur le derrière de la tête une simple touffe de plumes à rebours relevées en forme de coquille.

Dixième race. — *Pigeon cravaté*. — « C'est, — dit J. Pelletan, — la mieux caractérisée de toutes les races de volière, à ce point que Temminck et plusieurs autres hésitent à la rattacher au type biset. »

Très employé comme messager, car il est excellent voilier.

Onzième race. — *Pigeon trembleur*. — Celui-ci est très petit ; c'est un pigeon de volière. — Son nom lui vient d'un tremblement continuel de la tête et du cou, tremblement qui s'accentue surtout au moment des amours.

Douzième race. — *Pigeon queue de paon*. — Remarquable par sa queue étalée et dressée en forme de toit.

Treizième race. — *Pigeon pattu*. — Celui-ci se distingue par ses pieds qui sont couverts de plumes jusqu'au bout des doigts. Présente un nombre considérable de variétés.

Quatorzième race. — *Pigeon tambour*. — Assez semblable au précédent et emplumé jusqu'aux phalanges. Son roucoulement est doux et saccadé et rappelle de loin le bruit du tambour.

Toutes ces races et les sous-races et variétés qui en dérivent produisent entre elles des métis féconds dont les caractères participent plus ou moins de ceux des parents, de sorte qu'on arrive à un nombre indéfini de types plus ou moins complexes.

CHAPITRE III

Habitation — Nourriture

L'élevage du pigeon se fait de trois manières : en pigeonnier, en colombier, en volière.

« Le pigeonnier proprement dit n'existe plus guère en France. C'est une construction considérable destinée à loger un grand nombre de paires abandonnées à peu près à elles-mêmes et peuplée surtout de pigeons bisets, quoiqu'on puisse y placer de même des volants, des culbutants et autres espèces de grand vol. »

« Le colombier est le pigeonnier en petit. Ce sont les mêmes races qu'on y place et même aussi des mondains. Ils sont l'objet de plus de soins que les pigeons placés dans les pigeonniers de haut vol.

« La volière est un colombier en plus petit encore. Bien que les volants, les culbutants et autres races analogues y soient journellement placés, c'est surtout aux mondains et aux variétés dites mignonnes que la volière est spécialement consacrée. Là, les pigeons sont tout à fait domestiques et voient l'homme s'immiscer dans tous les détails de leur existence, tant pour la nourriture que pour les accouplements, les croisements, etc. »

Le colombier est d'ordinaire une tour ou carré. Il doit être isolé des bâtiments d'habitation et autres dépendances de la ferme, le pigeon étant assez ami de la liberté et de la tranquillité.

Le colombier doit avoir un toit de tuiles ou d'ardoises dont la pente ne soit pas trop rapide, pour que les pigeons puissent s'y tenir, quand ils viennent y chercher le soleil en hiver ou l'ombre en été.

A moitié de la hauteur du colombier doit régner extérieurement une corniche, saillante d'environ 0^{m}30, pour servir de promenoir aux pigeons qui viennent s'y abattre comme sur le toit.

L'intérieur du colombier affectera une forme plutôt ronde que carrée et sera garni dans toute son étendue d'une rangée de nids *boulins* faits de pierre ou de briques et assez grands pour pouvoir contenir deux pigeons à la fois. Le dernier rang du bas devra être établi à 1^{m}50 du sol, celui du haut à la même distance du faîte.

Pour monter dans l'intérieur du colombier, au lieu d'un escalier qui tient toujours beaucoup de place, il est préférable d'établir une échelle tournante. Cette échelle, fixée à un fort montant au milieu du colombier et tournant sur lui-même, permet de visiter avec facilité tous les nids du colombier pour les nettoyer.

On établit généralement au-dessous de chaque rangée de nids un petit promenoir, servant d'appui aux pigeons quand ils viennent à leur nid, et sur lequel se placent les pigeonneaux pour prendre leur volée.

Il faut avoir soin de crépir de plâtre toutes les jointures du pigeonnier afin de ne pas donner accès aux insectes qui pullulent si facilement dans tous les colombiers.

Le colombier doit toujours être placé sur un point élevé pour que les jeunes puissent l'apercevoir de loin. Il doit être en outre dans un endroit sec et bien aéré.

Les ouvertures seront au midi et au levant, et, pour les rendre inaccessibles aux petits rongeurs, on garnit le dessous de ces ouvertures de zinc ou d'ardoises.

Le colombier doit toujours être muni d'une trémie à bascule, ce qui permet de donner à manger aux pigeons pendant l'hiver et au commencement du printemps, alors qu'ils ne peuvent plus trouver de nourriture dans les champs.

On peut leur donner toute espèce de grains : la vesce, la carotte, le sarrasin, les pois, les céréales de toutes sortes, etc.

Il faut en outre avoir le soin de leur mettre de l'eau dehors dans une auge peu profonde. Cette eau doit être fréquemment renouvelée ; dès qu'elle est gelée, il ne faut pas oublier d'en casser la glace, afin que les pigeons puissent toujours boire à volonté.

CHAPITRE IV

Multiplication — Engraissement

Les pigeons commencent à pondre vers l'âge de
neuf mois. Ils couvent quinze jours. La femelle couve
la nuit et le matin jusque vers midi, et à cette heure,
le mâle la remplace pendant qu'elle va manger,
boire et prendre quelques ébats.

C'est de leurs parents que les jeunes pigeonneaux
reçoivent leurs premiers aliments.

Lorsqu'on veut les engraisser, on les retire du nid
dès qu'ils manifestent le désir d'en sortir ; on les dépose tout près les uns des autres dans un grand panier rond, à fond plat, à bords peu relevés, et à moitié rempli de paille, qu'on renouvelle au moins une
fois par jour. On tend sur ce panier une toile assez
épaisse pour mettre les pigeonneaux dans l'obscurité.

On a soin de se munir d'un second panier disposé
de même façon, et dans lequel on place, au fur et à
mesure, les pigeonneaux auxquels on a donné leur
ration.

On commence par leur faire avaler, d'abord deux
fois par jour, ensuite trois fois, une ration de pois
ou de vesces cuits et ramollis dans l'eau. On la leur
fait avaler en les tenant sur les genoux et en leur
ouvrant le bec avec précaution.

Il ne faut pas plus de cinq à six jours de ce régime pour produire un engraissement raisonnable.

Dans certains pays, on fait une sorte de brouet qu'on leur verse dans le gosier à l'aide d'un entonnoir, mais cette méthode n'est applicable que dans l'engraissement fait sur une grande échelle. Il faut avoir soin, dans tous les cas, d'agir avec précaution, afin de ne pas blesser les jeunes élèves ; c'est pourquoi on doit toujours se servir d'un entonnoir en caoutchouc ou en gutta-percha.

Dans un pigeonnier bien peuplé on peut prendre, par semaine, de la fin du printemps au commencement de l'automne, plus de cent pigeonneaux, tout prêts pour l'engraissement.

L'engraissement des pigeonneaux, s'il est fait en grand et d'une façon raisonnée, est aussi profitable au cultivateur que celui de toute autre volaille.

CHAPITRE V

Usages — Produits

Au point de vue de l'économie domestique et agricole, l'utilité des pigeons est incontestable.

Tel n'est pourtant pas l'avis général.

Nombre de gens prétendent que ces oiseaux sont
plutôt nuisibles qu'utiles, à cause des dégâts nombreux qu'ils occasionnent en s'attaquant aux céréales
et aux légumineuses, non-seulement à l'époque des
semailles, mais encore à celle de la germination.

Certes, les pigeons produisent certains dégâts de
culture, le fait n'est pas douteux; mais au point de
vue économique, la question est de savoir si les mé-
faits commis ne sont pas compensés avec avantage
par les nombreux profits qu'on retire de ces oiseaux.

Voici ce que dit de Vitry à ce sujet :

« Au moment de l'arrêt porté contre les pigeons
fuyards, il y avait quarante-deux mille communes
en France, il y avait donc quarante-deux mille colombiers....

« Il y avait des colombiers où l'on comptait trois
cents paires de pigeons, mais pour aller au-devant
de toute objection, je ne compterai que cent paires
par colombier, et seulement deux pontes par an,
laissant la troisième pour repeupler et remplacer les
vides occasionnés par les événements. Or, cent paires

par colombier donneraient un total de quatre millions deux cent mille paires ; or, chaque paire donnant facilement quatre pigeons par an, il en résulte seize millions huit cent mille pigeonneaux.

« Chaque pigeonneau pris au gîte au bout de huit ou vingt jours, plumé et vidé, pèse quatre onces. Les quarante-deux mille colombiers fournissaient donc soixante-quatre millions huit cent mille onces d'une nourriture saine et en général à un prix assez bas. On a vu le jeune pigeonneau ne se vendre couramment que quatre sous dans plusieurs départements.

« Enfin, en divisant soixante-quatre millions huit cent mille onces par seize, pour connaître le nombre de livres de viande dont l'arrêt contre les pigeons nous a privés, on trouvera qu'à l'époque de leur proscription les colombiers entraient pour quatre millions deux cent mille livres pesant de viande dans la nourriture de la France, et diminuaient d'autant la consommation des autres substances animales. »

Ce n'est pas tout, un autre dommage résulte encore de la suppression des colombiers, c'est la perte de la fiente des animaux qui les peuplaient (*colombine*), qui représente un des plus puissants engrais connus pour les terres destinées à porter des plantes potagères ou textiles. On l'a vu même atteindre dans certains départements le même prix que le blé. « Aujourd'hui, dit Toussenel qui, lui aussi, a étudié cette question économique de la production de ce guano national, la culture maraîchère cherche en vain à le remplacer. »

Car c'est un des plus grands produits du colombier que la colombine. On va chercher bien loin et à grands frais le guano, qui lui est inférieur. Elle renferme, d'après les analyses de M. Payen, 83 pour 1,000 d'azote, tandis que le meilleur fumier de ferme n'en contient que 4.

C'est ainsi que deux des sources les plus fécondes de notre prospérité agricole se sont trouvées taries, par une persécution désastreuse.

En dehors de sa chair délicate et de sa fiente, le pigeon nous rend encore des services importants, car il tient une des plus belles pages dans les archives de l'humanité.

« Il y a à cet égard, dit Toussenel, qu'on ne se lasse point de citer, le témoignage de la Bible, le livre saint par excellence, partant le plus digne de foi et dont l'affirmation permettrait au besoin de se passer des autres. Le livre saint rapporte donc que le bonhomme Noé, qui était capitaine de l'Arche, en eut un jour assez de sa longue croisière au-dessus des monts d'Arménie et qu'il fit sortir de leur cabine le corbeau et le pigeon pour voir ce qui se passait au dehors. Et tout le monde sait que le pigeon revint seul, tenant en son bec un rameau vert, pour annoncer que le courroux de Jéhovah commençait à se calmer et la face du globe à sécher.»

Toussenel a l'air de s'étonner de la défection du corbeau; certes, l'oiseau noir avait de bonnes raisons pour ne pas rentrer au gîte, c'est-à-dire dans l'arche, où il se trouvait peut-être à la « portion congrue,» tandis que la liberté lui ouvrait un horizon sans fin de festins plantureux représentés par les immenses épaves animales d'un monde qui nous étonne encore à l'heure actuelle.

Ce trait de fidélité du pigeon ne fut pas perdu pour l'humanité, et on ne tarda pas à l'employer en qualité de *messager*. Car ce serait une erreur de croire que l'antiquité n'utilisa pas avant nous ces précieux auxiliaires emportant à travers l'espace, par-dessus les lignes d'investissement de l'ennemi, des nouvelles de personnes assiégées dans une ville ou bloquées dans un camp.

Pline nous dit, en propres termes : « Les pigeons ont servi de messager dans des affaires importantes. Decimus Brutus, assiégé dans Modène, fit parvenir au camp des consuls des lettres attachées aux pattes de ces oiseaux. »

Et plus loin : « A quoi servirent à Antoine ses retranchements, la vigilance de l'armée assiégeante et même les filets tendus dans le fleuve, puisque le courrier traversait les airs. »

Frontin nous confirme ces faits avec de légères variantes : « Hirtius, — dit-il, — l'un des consuls qui s'efforçaient de délivrer Brutus, tenait dans l'obscurité des pigeons qu'il privait en même temps de nourriture ; puis il leur attachait au cou des dépêches avec un fil de soie et les lâchait le plus près possible des remparts de la ville. Les pigeons, avides de lumière, s'abattaient sur le haut des édifices où Brutus les faisait recueillir. Il était ainsi informé de toutes choses, surtout depuis qu'il avait pris le soin de disposer, pour les pigeons, de la nourriture en des lieux déterminés, où ils prenaient l'habitude de s'abattre. »

Plus tard, les Orientaux ne négligèrent pas, eux aussi, l'emploi stratégique de ces oiseaux. Ils avaient établi à Damas, l'an 563 de l'Hégire (1167-68 de J.-C.), des portes aux pigeons restées célèbres. On les retrouve à Mossoul, puis en Egypte, après la conquête de ce pays par les sultans fatimites.

Joinville nous apprend que les Sarrazins envoyèrent, par trois fois, des pigeons messagers au Soudan pour lui annoncer que le roi saint Louis était arrivé.

Plus tard encore, en 1574 et en 1575, le prince d'Orange, aux siéges de Harlem et de Leyde, employa aussi les pigeons messagers. Les services qu'ils rendirent furent tels que ce prince ordonna que ces pigeons fussent nourris aux frais du Trésor public et qu'on les embaumât après leur mort pour être conservés à l'Hôtel de ville.

Moins heureux ont été les pigeons du siége de Paris qui, malgré les services qu'ils rendirent, n'en furent pas moins vendus à l'encan, au dépôt du mobilier de l'Etat, rue des Ecoles, à des prix plus que modestes (1 fr. 50 en moyenne) et qui, au lieu du triomphe civique, ne recueillirent que les honneurs culinaires d'une maison bourgeoise de moyenne catégorie.

Quel est ce phénomène qu'on appelle l'*instinct d'orientation* qui permet à ces oiseaux de trouver immédiatement la direction cherchée ? Nul ne l'a encore expliqué d'une manière satisfaisante.

Michelet dans l'*Oiseau*, Toussenel dans son *Orni-*

thologie passionnelle, ont écrit, sur ce sujet, de magnifiques pages, le premier attribuant ce pouvoir à un merveilleux instinct, le second aux impressions atmosphériques recueillies par l'oiseau.

Le savant abbé Moigno et M. Delezenne, professeur à la Faculté de Lille, ont essayé de quelques expériences pour arriver à une explication concluante. Malgré tout, pourtant, en dépit du raisonnement et de l'expérimentation, la question n'en demeure pas moins à l'état d'hypothèse.

LIVRE VIII

L'OIE

CHAPITRE PREMIER

**Caractères — Mœurs — Habitudes — Régime
Distribution géographique**

Le genre *oie* (*anser*) appartient à l'ordre des *palmipèdes*, famille des *lamellirostres* de Cuvier.

Certains naturalistes en ont fait une tribu sous le nom d'*anseridés*.

L'oie proprement dite se distingue des autres anseridés par les caractères suivants : un bec presque aussi long que la tête, pourvu de lamelles espacées saillantes, en forme de dents, sur tout le bord de la mandibule supérieure, jusqu'à l'onglet qui est presque aussi large que l'extrémité du bec et légèrement convexe ; par des tarses épais, des doigts médiocrement longs et un plumage sans éclat grisâtre.

Leur nid se compose de quelques joncs coupés, de feuilles de roseaux et d'herbes sèches.

La ponte n'a lieu qu'une fois l'an.

Le nombre des œufs varie suivant les espèces, — il est, le plus souvent, de six à dix. — Ces œufs ont de 90 à 96 millimètres de long et de 60 à 68 millimètres de large ; leur coquille est lisse, d'un blanc jaune sale ou verdâtre, à grain assez grossier.

La durée de l'incubation qui est réservée à la seule femelle dure, selon les espèces, de vingt à trente jours. Chaque fois qu'elle quitte ses œufs, celle-ci arrache son duvet pour les en recouvrir. Compagnon fidèle, le mâle ne se sépare pas d'elle d'un seul instant, veillant à ce qu'aucun ennemi n'approche de la couvée.

Les jeunes éclosent couverts de duvet ; ils restent environ un jour dans le nid, puis leur mère les conduit à l'eau et d'eux-mêmes ils cherchent ce qui peut servir à leur alimentation : lentilles d'eau, graminées aquatiques, etc. Un peu plus tard, ils s'en vont paître dans les prairies, en compagnie de leurs parents, et, chaque soir, jeunes et vieux reviennent ensemble au nid. Mais, au bout de quinze jours, celui-ci est devenu trop petit pour contenir la famille, et les petits vont chercher, non loin de là, où s'abriter.

A ce moment, le père et la mère commencent déjà à s'inquiéter moins de leur famille.

« Leurs habitudes, — dit Gerbe, — sont bien différentes de celles des canards, qui quittent les eaux à l'heure où les oies s'y rendent. »

Elles fréquentent surtout les terrains bas et marécageux, et pendant qu'elles pâturent, elles sont difficiles à approcher. On sait, du reste, leur vigilance qui est devenue proverbiale. Le plus petit bruit, le moindre objet les effraie et toute la bande s'envole.

« Si le caractère sauvage et farouche des oies, — continue Gerbe, — s'est éteint dans nos races domestiques, toujours est-il que celles-ci n'ont rien perdu du caractère vigilant qui distingue les espèces dont elles proviennent. Pendant le jour, un ennemi qui cherche à s'introduire dans la basse-cour, un oiseau de proie qui voltige dans les airs, sont bientôt trahis par les cris de la troupe entière. La nuit, leur sommeil est si léger, que le moindre bruit les éveille et provoque de leur part les mêmes criailleries. »

Les oies, — nous venons de le dire, — sont des oiseaux migrateurs.

Dès les premiers froids, elles s'envolent vers les climats les plus cléments. Elles vont par nombreuses troupes disposées soit en ligne droite, soit en triangle, chaque oiseau venant à son tour prendre la tête du convoi pour fendre l'air et passant ensuite au dernier rang pour se reposer.

Leur vol est assez élevé, à moins qu'elles n'aient à franchir qu'une courte distance ; il est peu bruyant, et ce n'est guère que par leurs cris que ces oiseaux signalent leur passage.

L'oie sauvage est monogame ; la femelle choisit avec beaucoup d'intelligence la place où elle va établir son nid. « Chaque paire, — dit Brehm, — niche l'une près de l'autre, mais chacune a son domaine propre, dans lequel elle ne souffre aucun intrus. Le mâle fait ardemment la cour à sa femelle ; il tourne autour d'elle, dans une attitude fière, en hochant la tête, et la suit partout. On dirait un jaloux qui surveille toutes les démarches de sa compagne ; il combat courageusement tout mâle encore célibataire qui se montre devant lui ; il veille soigneusement à la sécurité de sa femelle. »

Parfois, les combats entre rivaux deviennent très meurtriers ; les combattants se prennent au cou avec leur bec et se frappent si violemment de leurs ailes, qu'on entend les coups à distance. « Les femelles, — d'après Naumann, — assistent d'ordinaire à la lutte, et, le cou étendu et incliné, babillent activement sans qu'on puisse reconnaître si leurs cris répétés : *toahtahtat, tahtat, taiatat*, doivent exciter ou diminuer l'ardeur des combattants. »

Le tye du genre, c'est *l'oie cendrée (anser cinereus)* d'où procède notre oie domestique.

Cette oie a le plumage brun cendré, ombré de gris avec le ventre gris jaunâtre, les plumes des parties supérieures bordées de gris blanchâtre et celles des parties inférieures de gris foncé ; le croupion est grisâtre. L'œil est brun clair, le bec jaune orange ; les pattes sont d'un rouge pâle.

Elle mesure 1 mètre de long et 1 mètre 82 d'envergure ; les ailes repliées n'atteignent pas le bout de la queue.

« Son aire de dispersion, — dit Brehm, — s'étend, à partir de la Norwège, sur toute l'Europe et l'Asie jusqu'à l'extrême est de cette partie du monde ; au sud, le 45° forme la limite méridionale de l'aire où niche cet oiseau. »

On voit qu'il appartient bien plus à la zone tempérée qu'à la zone boréale.

C'est un oiseau migrateur qu'on rencontre, au moment de ses voyages, dans tous les pays de l'Europe centrale, dans le nord de la Chine et dans la partie septentrionale des Indes.

Les oies sont moins aquatiques que les canards et les cygnes ; elles nagent peu et ne plongent jamais. On les voit rarement, du reste, sur les bords des lacs, des étangs ou des rivières ; elles n'y viennent guère que le soir pour y passer la nuit.

L'oie sauvage mue deux fois l'an : en juin et en novembre.

Dans les pays où cet oiseau vit à l'état sauvage, on lui fait une chasse acharnée. C'est ainsi que les Cosaques, — au dire de Pallas, — chassent les oies au moyen d'un vaste filet qu'ils posent verticalement dans une avenue s'ouvrant sur un lac ; d'autres fois, on les prend au moyen de filets tendus horizontalement.

Prise jeune, l'oie sauvage s'apprivoise avec facilité. Mais à peine se sent-elle adulte, que l'instinct de la liberté qui s'éveille en elle la pousse à s'échapper. Ce qui ne l'empêche pas de revenir de temps en temps visiter la ferme où s'est passée sa première jeunesse.

La chair de l'oie sauvage est plus dure que celle de l'oie domestique, mais en revanche le duvet de la première est beaucoup plus estimé.

CHAPITRE II

Espèces sauvages. — Races domestiques

I. — ESPÈCES SAUVAGES

On compte un certain nombre d'espèces d'oies sauvages ; nous ne citerons que les plus connues. Telles sont :

L'oie cendrée ou *oie première.* — Cette oie est considérée comme la souche de toutes nos races domestiques.

Elle a le dessus du corps d'un brun cendré ondé de gris, le ventre gris clair et le croupion cendré ; la membrane des yeux et le bec sont d'un jaune orange.

Elle habite les bords de la mer Blanche, d'où elle descend nicher dans toute l'Europe centrale.

L'oie des moissons. — Elle ressemble beaucoup à la précédente dont elle ne se distingue que par ses ailes qui sont plus longues, par son bec qui est noir à la base et à la pointe et jaune orange dans la partie médiane et, enfin, par la membrane des yeux qui est d'un gris noirâtre.

Elle niche dans les régions arctiques et parcourt, à l'époque des migrations, la France, l'Allemagne, l'Angleterre et la Hollande, s'attaquant aux moissons, — de là son nom, — et faisant partout où elle s'abat des ravages considérables.

L'oie à bec court. — Elle a, comme la précédente, le plumage gris cendré, mais plus clair. Le bec est très petit et court et la mandibule supérieure présente une tache d'un rouge vif. Les pieds sont rouges.

Elle niche aussi dans les régions polaires et ne descend dans nos pays que dans les hivers rigoureux et toujours en très petites bandes.

Elle devient facilement domestique.

L'oie du Canada. — Cette oie qui, avant 93, peuplait en bandes considérables les bassins de Versailles et de Chantilly, est une des plus belles et des plus grosses de ce genre.

Son plumage est brun mêlé de gris, avec des reflets violets sur la tête et le cou. Elle porte une cravate blanche et une bande de même couleur sur l'occiput; son ventre est gris clair. Le bec et les pieds sont d'un gris plombé.

Elle a le cou long et mince, ce qui fit penser à G. Cuvier qu'elle devrait être rangée parmi les cygnes.

Elle habite tout le nord de l'Amérique.

Elle se reproduit très bien en captivité.

L'oie rieuse ou à *front blanc.* — Elle a le plumage d'un brun grisâtre avec l'abdomen ondé de blanc et de noir et une grande tache d'un blanc pur sur le front.

Elle habite le nord de l'Amérique et se montre de passage en France, en Allemagne et en Hollande.

L'*oie de Guinée* ou *oie cygnoïde*, encore connue sous le nom d'*oie de Chine*, *de Sibérie*, *de Moscovie*, qui vient non pas de Guinée, mais en réalité du nord de la Chine, est grise avec la poitrine blanche, les ailes et la queue brunâtres et les pieds orangés. Elle porte sur le bec, — comme les cygnes, — un petit tubercule rouge.

L'oie de Guinée s'engraisse avec facilité et fournit une chair très estimée.

L'*oie armée* ou *bernache*, encore appelée *oie d'Egypte*. — Elle a le manteau varié de gris cendré et de noir et porte une sorte de calotte blanche sur la tête. Signe particulier : chaque aile est munie d'un éperon court et fort.

Elle est connue depuis la plus haute antiquité.

Elle est originaire d'Egypte où elle niche dans des terriers, d'où le nom d'*oie renard* sous lequel on la dénomme encore. Elle se montre de passage, en automne, en France, en Allemagne et en Hollande.

L'*oie cravant*. — Elle est d'un gris foncé, avec la tête, le cou et la partie supérieure de la poitrine d'un noir terne et les couvertures inférieures de la queue d'un noir terne.

On peut encore citer :

L'*oie de Magellan*, au corps noir rayé de blanc.

L'*oie hyperborée* ou *de neige*, au plumage d'un blanc pur avec l'extrémité des rémiges noire.

L'*oie des Iles Sandwich*, le *Cereopse* de l'Australie, etc., toutes espèces susceptibles de s'acclimater et de prendre place non-seulement parmi les palmipèdes d'agrément, mais encore parmi ceux de produit.

II. — RACES DOMESTIQUES

Les anciens peuples de l'Asie possédaient l'oie à l'état domestique. « L'on s'accorde, — dit Gerbe, — à considérer aujourd'hui l'oie cendrée ou première (*anser cinereus*), comme la souche de nos oies domestiques. Si nous en jugeons par le caractère de ses descendants, cet oiseau, d'un naturel très disciplinable et surtout fort sensible aux soins qu'on lui donne, a dû se plier facilement au joug de la servitude. »

Cependant, — au dire de Buffon, — la domesticité de l'oie serait moins ancienne que celle de la poule. Ce qu'il y a de certain, c'est qu'on ne possède aucune donnée historique qui puisse éclairer ce point d'histoire d'une façon suffisante. On sait pourtant que cet oiseau était connu des Grecs. Homère en parle dans ses poëmes et Aristote le cite comme susceptible de pondre sans fécondation.

Ce qu'on sait, pourtant, c'est que les Romains se livraient, avec soin, à la culture des oies. C'est de la Gaule qu'ils tiraient ces oiseaux. Pline nous apprend (1) qu'on amenait chaque année, à Rome, de différents points de la Gaule, d'immenses troupeaux d'oies.

On sait quel service rendirent à la République les

____

(1) *Histoire naturelle*, liv. X, chap. xxvii.

oies du Capitole, sous le consulat de Manlius, en échange de quoi l'oie fut vouée à Junon.

Aussi ne figurent-elles que rarement dans les festins, tandis que chez les anciens Grecs et Egyptiens aucun grand repas n'avait lieu sans qu'on n'y vît figurer cet oiseau. Plus tard, pourtant, sous les empereurs, on commença à se départir de cette vénération, qui jusqu'alors avait épargné à l'oie les honneurs culinaires, et on se mit à l'engraisser pour la table comme un simple oiseau de basse-cour. Aucun supplice, — même, — ne lui fut ménagé pour arriver au résultat désiré, c'est-à-dire pour obtenir ces foies gras dont la gourmandise contemporaine fait encore ses délices. On privait ces oiseaux d'eau, de mouvement et d'exercice. Un gourmet, le poëte Martial, chanta l'excellence du foie d'oie gonflé dans le lait et dans le miel, suivant la méthode que deux consulaires, — du temps de Varron, — revendiquèrent, tour à tour, comme leur appartenant.

« On sait, — narre Toussenel, — que les riches Romains qui avaient abandonné l'oie pour le paon, au temps de Lucullus, firent mine de revenir à leurs premières amours quand les principes austères du spiritualisme chrétien eurent décidément prévalu contre la morale relâchée du sensualisme païen. Comme il était redevenu de bon air, en ce temps-là, de faire semblant de pratiquer l'abstinence, le nombre était grand des tartuffes, très amis de l'oie en public et du paon en particulier. » C'est pourquoi saint Jérôme, avec cette rudesse qui caractérise les prédicants de la première heure, reproche aux néo-chrétiens de manger du paon en cachette alors qu'ils sont censés faire pénitence avec la chair de l'oie : « *Anserem comedunt sed pavonem eructant.* »

« Néanmoins, — dit J. Pelletan, — l'oie n'a pas eu, dans les temps modernes, à payer, comme le pigeon, la haute fortune que lui avaient faite les temps antiques. Son élevage en France, en Allemagne, en Hollande, se développe tous les jours, et l'on sait ce que la France, en particulier, renchérissant sur la formule de Métellus Scipion (un des deux consulaires dont nous parlions plus haut), a fait pour sa gloire, en inventant les pâtés de Strasbourg et de Toulouse et la terrine de Nérac. »

Depuis ce temps, l'oie s'est multipliée en Europe d'une façon remarquable et, de nos jours, elle tient une large place dans l'alimentation.

C'est l'oie cendrée, — avons-nous dit, — qui est la souche de nos races domestiques, races qu'il est assez difficile de séparer les unes des autres, parce qu'elles varient beaucoup de taille et de plumage. C'est-à-dire que toutes ces races ne sont pas des espèces distinctes, mais de simples sous-variétés.

On les distingue ainsi en se basant sur leur taille :

La plus grande est celle des oies des départements du Tarn, de la Haute-Garonne et de l'Aude, dite *oie de Toulouse* ; transportées au nord de ces départements, ces oies dégénèrent et rentrent dans les conditions des oies de moyenne taille répandues dans tout le centre de la France.

La race la plus petite est celle qu'on connaît dans le nord-est de la France sous le nom d'*oie de Meuse.*

On l'élève, en effet, en troupeaux considérables dans la vallée de la Meuse et de ses affluents, en France ainsi qu'en Belgique, jusqu'aux frontières de la Hollande.

Il faut joindre à ces deux variétés une troisième, dite *oie du Danube*, qui a les plumes des ailes implantées à rebours, — on les dirait frisées. — Cette particularité est celle qu'on rencontre chez les *poules guenilles*.

CHAPITRE III

Multiplication — Elevage

L'oie, — comme on sait, — est un des oiseaux les plus utiles de la basse-cour, le plus utile même après la poule.

On tire parti de l'oie de différentes manières, selon les usages locaux de chacune de nos régions agricoles.

Dans certains pays, on se contente seulement d'un mâle et de quelques femelles pondeuses qu'on ne laisse pas couver afin de vendre les œufs. Mais le produit de cette vente ne suffit pas à payer les frais de l'entretien des oies, à moins qu'on n'envoie celles-ci au pâturage.

Dans d'autres pays, on laisse couver les oies, mais on vend leurs petits à l'âge de 10 à 12 jours.

Ailleurs, on élève les oisons jusqu'à ce qu'ils aient acquis tout leur développement, après quoi ils sont vendus à des nourrisseurs qui s'occupent uniquement du soin de les engraisser.

Enfin, dans quelques départements, on élève les oies pour ne les vendre qu'après leur complet engraissement.

Le local où habitent les oies doit être isolé du poulailler. Comme ces oiseaux ne juchent pas, il doit y régner une excessive propreté ; la paille qui leur sert de litière doit être, chaque jour, retournée et renouvelée au moins une fois par semaine. C'est un excellent engrais, dont les propriétés fertilisantes égalent celles de la colombine.

Les oies mangent des grains de toute espèce, des pommes de terre, des betteraves, des fruits, etc.

Elles broutent dans les champs comme des moutons, aussi ne les nourrit-on guère que de ce qu'elles rencontrent sur leur parcours, dans les terrains vagues, dans les herbages, dans les bois, etc.

« Si l'on veut élever des oies en grand, — dit Mme Millet-Robinet, — et que le pays n'offre pas la ressource des terrains vagues où l'on peut envoyer pâturer les oies, il faut les envoyer pâturer dans les prairies artificielles qu'on crée s'il est besoin. Elles mangent très bien le trèfle, mais elles ne mangent ni la luzerne, ni le sainfoin. »

Lorsqu'on se livre à la reproduction de ces oiseaux, il est certaines règles auxquelles on doit se conformer autant que possible. C'est ainsi que le mâle, qu'on appelle *jars*, ne doit guère avoir que cinq ou six femelles. On sait, en effet, qu'à l'état sauvage l'oie est essentiellement monogame, ce n'est donc que par une perversion d'instinct, due à la domestication, que le mâle est susceptible de polygamie. Aussi bien, du reste, quel que soit le nombre de femelles qu'il couvre, il n'en assiste jamais qu'une seule, qu'il aide à conduire jusqu'au bout la jeune famille.

L'oie femelle ne fait qu'une ponte et une couvée par an.

Elle commence généralement à pondre vers le

mois de janvier et quelquefois en février. On reconnaît que la ponte est imminente dès qu'on la voit prendre en son bec des brins de paille avec lesquels elle va construire son nid.

Si l'endroit choisi est convenable, il faut bien se garder de la déranger. S'il en est autrement, il faut lui indiquer un autre emplacement en commençant un autre nid à côté duquel on place de la paille pour l'engager à le continuer. Puis, on lui apporte chaque fois sa nourriture près du nid, afin qu'elle puisse manger sans se déranger.

Elle pond de deux jours l'un, parfois tous les jours.

Dès qu'elle a pondu, elle quitte le nid et prend un peu de liberté. On profite de cet instant pour enlever l'œuf auquel on substitue un œuf de plâtre. On conserve les œufs dans un endroit bien sec et quand la ponte est complètement terminée et que l'oie manifeste alors le besoin de couver, en ne quittant plus son nid, on lui rend tous ses œufs.

Vingt-cinq jours, d'ordinaire, suffisent à l'éclosion.

Pendant tout le temps que dure l'incubation, on nourrit les couveuses avec du grain, des recoupes, du son mouillé et quelques herbages.

Dès que les oisons sont éclos, on les place dans un panier garni de laine et on les expose près du feu, à une douce température.

Dès le lendemain de leur naissance, on peut leur donner à manger un peu de mie de pain.

On leur donne à manger cinq ou six fois par jour, car ce sont bêtes voraces et toujours affamées. On doit les nourrir de préférence avec un peu de farine mêlée au son.

Au bout de quelque temps, on leur donne des pommes de terre cuites et écrasées.

Un peu plus tard, si l'on peut se procurer quelques herbes, on les coupe menu à l'aide d'un *coupe-feuilles* et on les mélange au son ou à la recoupe mouillés.

C'est généralement des orties qu'on donne de préférence. On les coupe en réunissant les tiges, les queues en haut, de telle sorte que les feuilles soient placées à l'envers, on les serre, puis on râpe avec un couteau cette réunion d'orties bien comprimées, ou mieux on les hache avec le *coupe-feuilles*.

Dès que les oisons peuvent sortir avec leur mère, il faut chaque jour les envoyer à l'eau. Il faut choisir pour cela le milieu du jour et encore un temps sec et chaud et puis, dès qu'ils rentrent, on leur donne à manger quelques herbages hachés menu. Aussitôt que leur bec est assez fort pour les déchiqueter, on se dispense de les hacher.

Cette nourriture leur suffit parfaitement jusqu'au moment où on veut les engraisser.

CHAPITRE IV

Engraissement — Produits

Engraissement. — De tous les oiseaux de basse-cour, l'oie est celui qui s'engraisse avec le plus de facilité.

C'est généralement en été et en automne que se fait l'engraissement.

On commence pendant la première semaine à ne leur donner que de l'avoine et à leur faire boire trois fois par jour de l'eau blanchie avec de la farine.

Quelquefois on ne sert que de ce moyen et les oies engraissent suffisamment. Vingt litres d'avoine par tête sont généralement tout ce qu'il faut pour y arriver d'une manière satisfaisante.

Mais dans les pays d'élevage, tels que Toulouse et Strasbourg, on opère différemment.

A Toulouse, où l'engraissement dure un mois, on leur ingurgite matin et soir, à l'aide d'un entonnoir, du maïs, jusqu'à ce qu'elles soient gavées. 30 litres de maïs par tête suffisent à engraisser une oie pesant jusqu'à 10 kilog.

A Strasbourg, on enferme les oies dans une *épinette*, vers le mois de novembre ou de décembre, et on les nourrit avec du maïs sec et gonflé dans l'eau chaude. On les gave deux fois par jour. Pour cela on les retire de leur cellule, puis, une fois que leur jabot est plein, on leur laisse quelques minutes de liberté, et on les enferme de nouveau. Ce procédé ne demande guère que 18 à 20 jours à cause de l'état d'immobilité dans lequel sont tenus les sujets; ils arrivent ainsi à peser jusqu'à 6 ou 8 kilos.

Produits. — En dehors de sa chair, l'oie fournit encore son duvet, ses plumes et sa peau.

C'est au moment de la mue que se récoltent le duvet et les plumes, mais il ne faut pas attendre que la plume tombe d'elle-même.

On plume les vieilles oies trois fois par an, dès que les oisons n'ont plus besoin d'elles pour se réchauffer. Avant de les plumer, on fait baigner les oies dans une eau claire et ensuite on les parque quelques heures dans un endroit bien gazonné pour qu'elles ne puissent se salir. La plume, une fois enlevée, on la place en un lieu bien sec où l'on va la remuer de temps en temps.

Le duvet se prend généralement sur les oies mortes. Pour le conserver en bon état, on le met dans des sacs sans le fouler et on place ces sacs dans un four modérément chauffé, afin de le dessécher, de détruire tous les insectes qui pourraient s'y trouver, et de lui faire perdre son odeur naturelle.

Dans certains pays, on utilise la peau de l'oie que l'on prépare comme peau de cygne après avoir écorché la bête avec soin. C'est dans le département de la Vienne que se pratique cette industrie.

Enfin, on se sert des plumes des ailes pour faire des plumes à écrire. C'est au moment de la mue qu'on enlève ces plumes que l'on dégraisse en les plongeant dans du sable fortement chauffé et en les frottant ensuite avec de la laine pour les sécher.

LIVRE IX

LE DINDON

CHAPITRE PREMIER

**Caractères — Mœurs — Habitudes — Régime
Distribution géographique**

Le dindon — ce commensal obligé de toute basse-cour — représente un genre appartenant à l'ordre des Gallinacés.

Ses principaux caractères sont : un cou nu et couvert de papilles verruqueuses colorées, une caroncule charnue érectile à la base du bec, des fanons membraneux au-dessous de la mandibule inférieure ;

cou allongé, robuste à la base et portant un long bouquet de crins dans sa partie pectorale; ailes amples et arrondies; queue également arrondie; tarses nus et élevés, armés chez le mâle d'un éperon court; corps épais et massif, plumage dur, abondant, à reflets métalliques.

Le mâle, qu'on appelle aussi *coq d'Inde*, jouit de la faculté d'étaler les plumes de la queue à l'instar du paon.

Le dindon, à l'état sauvage, habite l'est et le nord de l'Amérique, depuis le Canada jusqu'à l'isthme de Panama. Il est donc fâcheux que les naturalistes, à l'imitation d'Aldiorande, le grand compilateur bolonais, aient appliqué à cet oiseau le nom de *Meleagris* qui, chez les anciens, désignait la pintade, oiseau exclusivement propre à l'Afrique.

« Le mode ordinaire de progression des dindons est la marche; ils courent avec une rapidité qui égale celle du meilleur chien, ils parcourent à pied les distances les plus longues. Souvent en marchant ils ouvrent leurs ailes, mais successivement et rarement toutes deux ensemble. Parfois ils s'arrêtent court, se dressent et battent des ailes à la manière des coqs. Leur vol est rapide et soutenu, ce qui n'existe pas chez nos dindons domestiques; il a lieu par de violents battements d'ailes et leur permet de s'élever jusqu'au sommet des plus grands arbres. . . . . . .

« Comme leur poids est considérable, dès qu'ils sont arrivés à terre, ils sont obligés de courir quelques pas pour reprendre leur équilibre et atténuer la violence de leur chute. S'ils veulent passer d'un

arbre à l'autre, ils commencent par battre vigoureusement l'air de leurs ailes, puis ils planent et
renouvellent cette manœuvre tous les cent pas environ (1). »

Les dindons sont des oiseaux « nomades »; dès
qu'ils ont épuisé la nourriture d'une certaine étendue
de pays, ils poussent plus loin et en envahissent un
autre. Ils se déplacent alors par bandes : les mâles
forment les premières, les dernières sont composées
des femelles et de leurs petits. Ces migrations se font
toujours à pied; ils ne prennent leur vol que pour
traverser un cours d'eau ou une rivière. Une fois
arrivés dans un endroit où la nourriture leur paraît
suffisante, ils se divisent en petites troupes qui se
composent alors d'oiseaux de tout âge et de tout
sexe.

« Cela arrive — dit Audubon (2) — vers le milieu
de novembre. Parfois ils deviennent si familiers après
ces longs voyages qu'on en a vu s'approcher des fermes, se réunir aux volailles domestiques et entrer
dans les étables et dans les granges pour chercher
la nourriture. »

C'est vers le milieu de février qu'a lieu l'époque
de la pariade. Les femelles se séparent alors des
mâles, ceux-ci les appellent et les poursuivent; dès
qu'une femelle répond, tous les mâles qui sont à portée font entendre leurs *glous glous* et se pavanent,

(1) Giraud, art. Dindon, *Dictionnaire d'histoire naturelle.*
(2) *Scènes de la nature dans les États-Unis*, Paris, 1857.

font la roue, piaffent, pour attirer les regards de la femelle. Mais il arrive souvent que plusieurs mâles se rencontrent, et alors commencent des combats meurtriers qui ne finissent que par la mort d'un ou de plusieurs combattants.

La copulation chez le dindon a lieu de même façon que chez le coq, mais elle est beaucoup plus prolongée. Dès qu'elle s'est produite, la femelle s'attache à son mâle pour toute la saison. Au bout de quelque temps, celui-ci, fatigué, languissant, amaigri, se retire à l'écart dans un fourré pour se restaurer et reprendre des forces.

C'est vers la fin d'avril que la femelle se met en quête d'une place où elle pourra déposer ses œufs. Son nid, peu compliqué, se compose de quelques feuilles sèches, à l'aide desquelles elle tapisse soit une excavation du sol, soit le trou d'un tronc d'arbre. Elle y dépose 10, 15 et même 20 œufs. Ces œufs sont d'un blanc jaunâtre et marqués de petites taches rouges. Dès qu'elle s'absente, elle recouvre de feuilles toute sa couvée pour la cacher aux regards.

« Quelques poules — rapporte encore Audubon (1) — s'associent quelquefois, et cela, je pense, pour leur sûreté mutuelle : elles déposent leurs œufs dans le même nid et élèvent ensemble leurs petits ; une fois, j'en trouvai trois qui couvaient sur quarante-quatre œufs. Dans ces circonstances, le nid est constamment gardé par l'une des femelles, de sorte que ni corneille,

(1) *Loco citato.*

ni corbeau, ni peut-être même la fouine n'ose s'en approcher. »

Aussitôt l'éclosion achevée, la mère part avec les dindonneaux, les ailes entr'ouvertes pour les abriter, l'œil au guet pour s'assurer qu'aucun danger ne les menace. Les jeunes restent attachés au sol pendant 15 jours; après ce temps, ils s'envolent à la nuit sur quelque branche d'arbre, toujours avec leur mère qui les abrite sous ses ailes comme elle le faisait lorsqu'ils étaient à terre.

Les dindonneaux croissent rapidement et sont bien vite en état de se pourvoir de nourriture et de se défendre eux-mêmes.

Leur nourriture, qui est assez variée, se compose de maïs, de riz, de fruits, d'herbes, de larves, de têtards, de grenouilles, de lézards, et même de rats et de serpents.

« J'ai vu fréquemment dans ma jeunesse — dit Bosc (1) — les dindons tuer des rats, des serpents, des lézards, des grenouilles et les dépecer.

« La manœuvre qu'ils font pour empêcher les animaux de cette force qu'ils rencontrent de se sauver, est remarquable, en ce qu'elle annonce beaucoup plus d'instinct qu'on ne leur en accorde : dès qu'un dindon a fait la découverte d'un animal, il appelle tous les autres par un cri particulier ; un grand cercle se forme aussitôt autour de cet animal, il se rétrécit jusqu'à ce que tous les becs puissent frapper en même temps sur lui; s'il cherche à se sauver,

____

(1) *Cours complet d'agriculture*, art. Dindon.

il trouve partout un coup de bec et rarement il
échappe. Il m'est arrivé de ne pouvoir distraire,
même à coups de bâton, un troupeau de dindons
ainsi disposé, tant chaque individu était actionné à
son objet. »

Mais ce que le dindon préfère à toute nourriture,
c'est le gland, à l'aide duquel il engraisse en peu de
temps.

Le dindon est un animal timide, peureux même;
la vue d'un objet inaccoutumé le fait trembler.

« M. de Buffon — dit Toussenel — qui a voulu
faire du dindon un brave, cite, à l'appui de son opinion, ce singulier trait de courage : « *Qu'on a vu
quelquefois des dindons en troupe entourer un lièvre
au gîte et chercher à le tuer à coups de bec.* » Une
foule de héros du grand parti de la peur sont très
capables aussi de ce genre d'héroïsme. »

Mais, par contre, la vue du rouge le met dans un
état de colère indescriptible : « Il n'hésiterait pas —
dit Franklin — à courir sur un grenadier de la
garde anglaise qui oserait attaquer sa ferme avec un
habit rouge. »

Quant à son intelligence, elle est peu développée
et son nom est devenu un sobriquet injurieux.

Dans le Kentucky, le dindon constitue un excellent
gibier. On le chasse soit au fusil, soit à l'aide de
piéges qui rendent sa capture des plus faciles. Mais
la méthode le plus employée est celle des *cages* décrite
par Audubon.

Ce n'est pas seulement pour sa chair que les Américains chassent cet oiseau, c'est encore pour les

doubles plumes longues et tombantes qui recouvrent les cuisses et le bas des flancs, ces plumes servent à confectionner des manteaux et des éventails très estimés par les femmes des colons et des fermiers·

Parfois ces animaux sont si abondants sur le marché, qu'on a vu des chasseurs offrir pour la somme de trois *pence* (30 centimes) des dindons pesant de dix à douze livres.

Pris jeune, le dindon sauvage s'apprivoise avec facilité.

La chair du dindon sauvage est plus savoureuse que celle du dindon domestique ; on ne peut la comparer pour sa finesse qu'à celle du faisan. Aussi cherche-t-on à favoriser les croisements entre les dindons sauvages et les dindons domestiques. Souvent, du reste, il n'est pas nécessaire de se donner pour cela la moindre peine car ils ont lieu naturellement.

On a quelquefois essayé de faire couver par une dinde domestique les œufs enlevés au nid d'une dinde sauvage. D'après le témoignage du prince Bonaparte, les petits qui en sortent paraissent avoir la conscience de leur origine, car ils n'aiment pas à frayer avec les dindons domestiques.

CHAPITRE II

Races domestiques

« Depuis la découverte de l'Amérique, le dindon
est répandu partout, les Arméniens l'ont transporté
en Perse, où il ne paraît pas avoir bien réussi ; les
Hollandais l'ont importé à Batavia, les Anglais dans
l'Inde, où il est devenu très commnn. Dans le Congo
et sur les côtes de Guinée, on ne le trouve que dans
les factoreries ; mais au Cap, on le voit partout (1). »

On ignore encore à quelle époque le dindon fut
importé en Europe. On pense que cet oiseau a été
d'abord introduit en Espagne, et une opinion populaire en fait honneur aux jésuites. On lit dans le
British Zoology que les dindons furent introduits
en Angleterre en 1524, et qu'ils venaient d'Espagne,
où on les avait reçus du Mexique et du Yucatan. Le
premier qui en parle est Oviédo, qui en a donné une
excellente description dans son *Histoire des Indes*
(1525), mais il ne dit pas qu'on fit importation de
ces oiseaux en Espagne. Suivant Anderson (2), le
premier dindon qui ait été mangé en France parut
sur la table royale à l'occasion du mariage de
Charles IX en 1570. Au dire de Champier (3), ce n'est

(1) Gérard, *loc. cit.*
(2) *Dict. de comm.*
(3) *De re Cibaria.*

que vers le milieu du XV° siècle seulement que le dindon fut apporté en France, et ils étaient encore fort rares sous le règne d'Henri IV.

« Le nom de *Gallo-Pavo* donné au dindon, — dit Gérard (1), — et l'incertitude du lieu de provenance de cet oiseau l'ont fait regarder par quelques auteurs comme le métis du paon et du coq ; et à l'époque où Buffon écrivait son *Histoire des oiseaux*, il attaqua sérieusement l'opinion ayant cours, et qui donnait au dindon son origine américaine. »

Tout ce qu'on peut affirmer relativement à la date de son importation en France, c'est que ce fut dans les environs de la ville de Bourges qu'on s'essaya, vers 1520, à l'acclimater d'abord et à le faire reproduire ensuite, et c'est de là qu'il se répandit ensuite sur toute la surface de la France. Maintenant on le rencontre un peu partout, mais particulièrement en Normandie, en Picardie, en Bourgogne, en Lorraine, en Gascogne, où son élevage se fait d'une façon productive.

Le genre dindon présente deux espèces, le *dindon sauvage* qui est la souche du dindon domestique, et le *dindon ocellé* ou de *Honduras*, du nom du pays où on l'a rencontré.

Le *dindon sauvage* a le dos brun jaunâtre à reflets métalliques avec une large bordure d'un noir velouté sur chacune des plumes, la partie terminale du dos et les couvertures de la queue sont brun foncé, avec des raies vertes et des raies noires, le dessous du

______

(1) *Loco citato*.

corps est brun jaunâtre dans sa partie pectorale et brun dans sa partie abdominale; le croupion est noirâtre; les rémiges noires présentent des rayures qui sont d'un blanc grisâtre en avant et d'un blanc brunâtre en arrière; les rectrices sont d'un noir moiré et ponctué de taches plus foncées; les parties nues de la tête et du cou sont bleu d'outremer; les saillies verruqueuses sont d'un rouge vif; l'œil est bleu jaunâtre, le bec blanchâtre, enfin les pattes sont d'un rouge violacé.

La culture de cet oiseau a produit plusieurs variétés que l'on distingue d'après la couleur du plumage, ce sont :

Le dindon noir dont le plumage est noir avec des reflets métalliques ;

Le dindon blanc ;

Le dindon gris ou jaspé ;

Le dindon jaune ;

Le dindon rouge.

La plus estimée de ces variétés est la noire; c'est du reste la plus répandue, la plus rustique, la plus facile à engraisser, — celle, en un mot, qui se rapproche le plus du type sauvage.

Le *dindon ocellé*. — Le dindon ocellé est d'un vert bronzé avec chaque plume marquée de deux lignes, la supérieure noire, l'inférieure d'un bronze doré. La partie postérieure du dos passe du vert bronzé au bleu saphir et la bordure bronze doré prend dans la partie supérieure l'éclat de l'or et sur le croupion une teinte rouge cuivre. Les sus-caudales et les rectrices offrent quatre rangées « d'yeux » dont le centre est formé d'une tache bleu verdâtre entourée d'un cercle noir et bordée en bas d'une large bande d'un bronze doré.

Il habite la baie de Honduras.

On rencontre en Europe quelques spécimens de cette espèce, — qui d'ailleurs s'acclimate et s'apprivoise parfaitement, — mais on considère le dindon ocellé plutôt comme un oiseau de luxe, en sorte qu'on ignore s'il pourrait rendre, à l'état domestique, les mêmes services que son congénère vulgaire.

CHAPITRE III

Multiplication — Elevage

Multiplication. — Nous avons dit que les diverses
variétés de dindons domestiques ne se distinguent
que par leur plumage ; aussi ont-elles à peu près
toutes le même tempérament et réclament-elles
toutes exactement les mêmes soins.

Le dindon s'accommode en général assez mal d'être
enfermé dans la basse-cour. Si on le prive d'une certaine liberté, il maigrit au lieu d'engraisser. Il est de
plus querelleur et méchant, et attaque le plus souvent sans raison les autres habitants de la basse-
cour, voire les chiens, et il n'est pas jusqu'aux enfants
qu'il n'assaille parfois sans y avoir été provoqué.

Il est donc difficile d'introduire les dindons dans
une basse-cour ; il faut, autant que possible, les y
amener jeunes pour qu'ils puissent s'accommoder à
leurs divers compagnons.

La dinde, elle, est plus douce ; mais il en est pourtant qui battent les poules et tuent les poulets.

C'est après la première année que cette dernière
est apte à la reproduction. Elle ne pond pas toute
l'année comme la poule ; elle ne fait guère que deux
pontes par an : l'une au commencement du printemps, l'autre à la fin de l'été. La ponte commence

six ou huit jours après que la femelle a vu le mâle. Un dindon jeune et vigoureux suffit généralement à six dindes.

A moins qu'elle ne soit claustrée, la dinde ne pond généralement pas dans le poulailler ; elle choisit d'ordinaire, pour déposer ses œufs, un endroit écarté : un tas de paille, une haie, un fossé, etc. ; aussi faut-il prendre le soin d'épier sa démarche pour découvrir la place où elle a été pondre. C'est pourquoi, dans la saison de la ponte, on fera bien, chaque matin, de tâter une à une les dindes avant de les laisser sortir et de retenir au poulailler celles qu'on présume devoir pondre dans la journée.

Il faut prendre le soin d'enlever les œufs en marquant et en mettant à part ceux de chaque jour afin que chaque couvée se compose, autant que possible, d'œufs du même jour. On fait couver les dindes dans un endroit aussi tranquille que possible, en ayant soin de leur installer un nid presque plat pour éviter la superposition des œufs, qui rend l'incubation inégale. Il suffit, le plus souvent, de montrer à la dinde ce nid et les œufs qu'on y a installés pour que, d'elle-même, elle se mette à couver. Les œufs à couver sont généralement, pour la première fois, de 12 à 15 ; ils peuvent être de 15 à 20 par la suite. Si la dinde hésite à couver, on la met sur ses œufs et on la couvre d'une couverture qui la plonge dans une complète obscurité.

Chaque jour, à la même heure, on lève la couveuse pour lui donner une ration de sarrasin et d'herbe fraîche et lui offrir de l'eau pure à boire. Si elle veut

quitter un instant ses œufs, on ne doit pas l'en empêcher ; une absence momentanée ne peut que lui
être favorable.

L'incubation dure de 28 à 32 jours, au bout des-
quels les petits, comme on sait, sortent en brisant à
coups de bec le gros bout de leur coque.

Elevage. — Lorsque plusieurs dindes couvent à la
fois et que l'éclosion de leurs œufs se produit en
même temps, on peut sans inconvénient donner deux
familles de dindonneaux à une même mère. Celle
qu'on sépare ainsi de ses jeunes a bien vite fait de
les oublier ; elle recommence à pondre et termine sa
deuxième couvée en temps opportun, c'est-à-dire
avant les premiers froids. -

Les dindonneaux sont beaucoup plus délicats à
élever que les poussins. Souvent, ils sont tellement
engourdis qu'ils n'ont pas l'instinct de becqueter les
aliments qu'on leur présente. Ils peuvent supporter la
diète vingt-quatre et même quarante-huit heures après
leur naissance ; si à ce moment ils s'obstinent encore
à ne rien prendre, il faut alors, mais avec précaution,
leur introduire dans le bec quelques parcelles d'aliments.

La première nourriture des dindonneaux se compose de farine d'avoine, de mie de pain qu'on pétrit
en consistance de pâte molle avec un peu d'eau tiède
et un œuf cuit mollet. Ils ne mangent que peu à la
fois et font de cinq à six repas par jour. A chaque
repas, on les fait boire dans un vase assez peu profond pour qu'ils ne puissent se mouiller. Si l'on s'a-

perçoit que leurs excréments sont trop durs, on leur fait boire un peu de lait caillé.

Au bout de huit à dix jours, les dindonneaux commencent à bien manger ; on ajoute alors à leur pâtée de jeunes oignons hachés et l'on supprime peu à peu les œufs qu'on remplace par de la recoupe. Puis, au fur et à mesure qu'ils grossissent, on diminue la proportion de la farine d'avoine et de la mie de pain pour y substituer une égale proportion de farine d'orge ; on pétrit leur pâtée avec un peu de lait caillé qu'on a fait cuire pour faire évaporer la plus grande partie du petit lait. Vers l'âge de huit ou de neuf semaines, leur pâtée ne doit plus se composer que de farine d'orge et de pommes de terre cuites à l'eau.

Jusqu'à deux mois, le dindonneau reste fort délicat. A cette époque, il subit une crise après laquelle, — selon l'expression admise, — il a *pris son rouge*. Il devient alors aussi rustique qu'il était précédemment délicat.

Jusqu'alors il ne pouvait sortir que par un temps chaud et pendant les seules heures chaudes de la journée, redoutant par-dessus tout le froid et l'humidité ; maintenant on peut le mener en troupes nombreuses dans les chaumes. On les conduit doucement pour leur laisser le temps de ramasser leur nourriture : herbes, insectes, limaçons, limaces, etc. Pendant le milieu de la journée, on les rentre à la ferme où on leur procure un abri pour se reposer et se garantir de la chaleur.

Dans quelques pays, on les conduit sous les plantations de châtaigniers, de noyers ou de chênes, car les fruits de ces arbres leur conviennent également bien. Dans d'autres, on les nourrit de racines, de grains cuits, de tourteaux de diverses sortes. Le fenouil, la chicorée leur conviennent encore parfaitement ; mais il faut écarter de l'alimentation la laitue qui leur donne la diarrhée et la jusquiame et la ciguë qui peuvent les empoisonner.

En dehors de la nourriture, il est encore une autre question dont il faut s'occuper : celle des *juchoirs*. Car il est nécessaire de placer dans le lieu où couchent les dindons ce qu'il leur faut pour se percher. Tantôt c'est des arbres mâts, tantôt c'est une espèce de mât traversé de bâtons qui sert à cet usage. Mais comme ils tiennent toujours à occuper le sommet du juchoir, il s'ensuit des querelles, des rixes, parfois des combats qui ne laissent pas que d'avoir une terminaison fâcheuse.

Aussi vaut-il mieux, pour éviter toute espèce de compétition, construire des juchoirs dont les bâtons sont tous à la même hauteur. Une vieille roue de voiture dépouillée de sa ferrure, est ce qui vaut le mieux en pareil cas. On la plante sur une pièce de bois dont on amincit le bout de façon qu'il entre dans le moyeu comme le faisait l'essieu. Les dindons vont se jucher sur toutes les jantes et aussi sur les rais, tous sont sur le même plan ; partant, plus d'amour-propre froissé, plus de batailles !

CHAPITRE IV

Engraissement — Produits]

Engraissement. — Il ne faut engraisser les dindons que quand ils ont pris toute leur croissance. Pour cela il n'est pas nécessaire de les châtrer, leur chair étant naturellement délicate et fine.

C'est vers le sixième ou septième mois que commence cette opération.

On peut, soit engraisser le troupeau tout entier, soit marquer les individus que l'on veut soumettre au régime de l'engraissement.

Dès les premiers jours, on se borne à leur donner un supplément de nourriture dès qu'ils rentrent des champs. Ce sont généralement des déchets de grains, des pommes de terre, des betteraves, des châtaignes, des glands, des faînes qui composent ce supplément variable, d'ailleurs, suivant la culture du pays. Cette manière d'opérer dure quinze jours.

Pendant la deuxième quinzaine, on remplace ces légumes et fruits par une pâtée faite de pommes de terre cuites à l'eau, écrasées, mêlées de farine de sarrasin, de maïs, d'orge et délayées dans du lait caillé.

Pendant la troisième quinzaine, on supprime le repas de grain et on leur distribue deux fois par jour de la pâtée. Tout à fait dans les derniers jours, on fait avec cette pâtée des boulettes (*pâtons*), grosses comme le doigt et longues de 5 ou 6 centimètres, que l'on mouille pour les faire avaler au dindon. Voici comment on s'y prend pour cette opération qui nécessite l'intervention de deux personnes : l'une prend le dindon entre ses jambes, l'y maintient et lui ouvre le bec, l'autre prend le pâton et l'introduit en l'enfonçant doucement jusqu'au fond du gosier, puis pressant avec précaution le long du cou, elle fait ainsi descendre les pâtons jusque dans l'estomac.

« En Provence et en Flandre, — dit Mme Millet-Robinet, — on fait avaler aux dindons à l'engrais, outre la nourriture ordinaire, des noix avec leur coque. On commence par leur en introduire une dans le bec, et on la conduit avec le pouce et l'index le long du cou, jusque dans l'estomac. Le lendemain, on leur en fait avaler deux, puis trois, et jusqu'à quarante. Ils digèrent cette nourriture, mais elle communique à leur chair une saveur huileuse et désagréable. »

A Toulouse, on gave les dindons le matin avant leur sortie et le soir après leur rentrée. On se sert pour cela de pâtons faits de farine de maïs bouillie, délayée soit dans de l'eau, soit dans du lait.

Il est à remarquer que les dindons engraissent avec plus de difficulté que les dindes. Leur chair est plus abondante, mais moins délicate que celle de ces dernières. Le dindon gras peut peser jusqu'à 8 kilos ; la dinde, elle, ne dépasse jamais 5 kilos.

Produits. — Les dindons ne donnent guère d'autre produit que leur chair. Leurs plumes n'ont pas de valeur, sauf celles des ailes et de la queue qui servent à confectionner les plumeaux en usage dans les ménages.

« Le grand défaut qu'on reproche aux dindons, — dit J. Pelletan, — est leur peu de fécondité dans la ponte, le nombre de leurs œufs ne satisfaisant guère qu'aux besoins de l'incubation. Si la dinde avait la fécondité de la poule, cet élevage, en raison de la rusticité de la bête adulte, du peu de soins et de nourriture qu'elle demande, hors la période d'engraissement, serait un des plus fructueux parmi les travaux de basse-cour.

« Malheureusement il n'en est pas ainsi, et l'éleveur, forcé de produire des dindonneaux uniquement pour la consommation, est astreint à donner au plus grand nombre de ses élèves des soins presque continuels, tant d'éducation que d'engraissement, c'est-à-dire qu'il ne peut profiter que très secondairement de la facilité qu'aurait l'oiseau adulte de se passer de lui. Il a, plus que dans tout autre élevage, à compter avec les intempéries de la saison et quelquefois ses pertes sont considérables. Si le temps le favorise et qu'il puisse entièrement profiter de cette période pendant laquelle le dindon, ayant pris le rouge, prend sa croissance, en attendant l'engraissement, il pourra avoir encore de beaux bénéfices ; néanmoins, il n'est pas possible de fixer un chiffre, même approximatif, comme nous l'avons fait pour une volée de pigeons, ce troupeau se trouvant tout à coup réduit de moitié par l'influence du mauvais temps. De plus, le mode de nourriture varie suivant les localités, et le prix de revient de chaque bête est très différent, non-seulement suivant le nombre des réussites, mais aussi suivant les lieux et les années.»

LIVRE X

Des maladies des oiseaux de basse-cour

Comme les maladies qui attaquent les oiseaux de basse-cour sont, — à quelques rares exceptions près, — les mêmes dans toutes les espèces, nous avons préféré, afin d'éviter les redites, réunir en un seul livre ces différentes affections, nous réservant d'indiquer, chaque fois, celles qui sont propres à chaque espèce.

Nous avons ici, comme dans nos autres descriptions pathologiques, suivi l'ordre alphabétique.

APOPLEXIE

Cette maladie est fréquente chez le pigeon. Il arrive souvent qu'un de ces oiseaux, qui paraissait en bonne santé, tombe subitement comme anéanti.

L'œil se voile, la tête s'affaisse inerte, une salive, mêlée de sang, sort des commissures du bec, les pattes vacillent, l'oiseau chancelle et tombe.

Quel est le siége de cette apoplexie? Est-ce le cerveau ? Est-ce le poumon ? Il est difficile de répondre d'une façon satisfaisante à cette double question.

Lorsque l'apoplexie n'est que partielle et n'affecte qu'un seul côté du cerveau, on voit le cou se tordre, soit à gauche, soit à droite, suivant le point où porte la congestion. On dit alors vulgairement que l'animal a le *torticolis*.

Cette maladie est généralement attribuée à une nourriture trop excitante ou à des excès vénériens.

Traitement. — Il faut immédiatement couper un ongle à chaque patte, assez près de la base, pour obtenir une émission sanguine. Pour la faciliter, on plonge la patte dans un vase rempli d'eau tiède. Ensuite, l'oiseau doit être soumis à une diète rigoureuse.

APHTHES

Les aphthes sont de petites vésicules blanchâtres qui se forment sur la membrane muqueuse du palais, se crèvent et donnent naissance à de petites ulcérations. — On les rencontre sur tous les oiseaux de basse-cour indistinctement.

Cette affection ne s'accompagne généralement pas de fièvre, c'est à peine si le pigeon perd l'appétit.

Elle se montre surtout pendant les grandes chaleurs. Elle semble due à l'usage d'eau échauffée, corrompue, ou bien au manque d'eau, privation après laquelle les pigeons boivent immédiatement (J. PELLETAN).

Parfois elle se montre sous une forme plus grave et envahit les premières voies respiratoires. Le pigeon devient triste et sa respiration est difficile et sifflante.

Traitement. — L'affection étant contagieuse, il faut se hâter de séquestrer les malades. On traitera ceux-ci en les touchant légèrement à l'aide d'un pinceau trempé dans un collutoire de miel rosat animé par quelques gouttes d'acide hydrochlorique. On donnera aux autres, comme préservatif, une boisson faite d'eau fraîche acidulée de 4 grammes de sulfate de fer par litre.

ASTHME

Les causes qui sont susceptibles de provoquer l'asthme sont de deux ordres : ou bien la maladie procède d'une alimentation mauvaise, telle que : graines avariées, rancies, fermentées, etc.; ou bien elle reconnaît pour cause une lésion organique de l'appareil de la circulation.

Cette lésion est d'ordinaire perceptible au toucher. En plaçant la main sur les parois de la poitrine, on sent aisément les pulsations artérielles qui sont dures et répétées.

Les symptômes, par lesquels s'affirme la maladie, sont les suivants :

La respiration est courte et pénible. A tout instant le malade ouvre le bec comme pour aspirer plus d'air, l'œil se voile et la langue devient bleuâtre. Le plumage tout entier se hérisse, l'oiseau semble inquiet et ne tient plus en place.

Plus tard, à ces symptômes d'anxiété succède une

prostration profonde. Immobile, l'œil atone, le malade semble à tout instant sur le point de perdre la respiration.

Traitement. — C'est à l'hygiène plutôt qu'à la thérapeutique qu'il faut demander de soulager le malade.

On commencera par lui faire respirer un air pur, puis l'attention se portera sur le régime, qui devra être aussi rafraîchissant que possible.

ARTHRITE GOUTTEUSE

Cette maladie se déclare subitement et se traduit par une boiterie soudaine ou par l'affaissement d'une des ailes qui se trouve frappée d'impuissance.

Si l'on explore le siége du mal, on reconnaît un point douloureux et tuméfié en même temps ; on sent, sous le doigt, les artérioles qui battent avec violence. Cette tumeur est plus ou moins dure, plus ou moins volumineuse, mais toujours fort douloureuse au toucher ; si on vient à l'inciser, elle laisse toujours écouler un liquide transparent, d'un jaune citron ; plus tard, cette humeur s'épaissit, devient opaque et finit par adhérer aux os.

Si la tumeur a son siége sur l'un des membres, l'oiseau ne se soutient qu'avec peine ; et si le mal est violent, il est obligé de se coucher sur le côté.

Si le mal siége sur l'aile, on voit celle-ci tomber et traîner à terre.

Cette maladie peut être aiguë ou chronique.

Traitement. — On peut appliquer, au début, une

ou deux sangsues sur la tumeur, en même temps qu'on fait prendre au malade, délayées dans l'eau, quelques gouttes de teinture de colchique. Si la tumeur est chronique, on la frictionne avec le baume de Fioraventi et on soumet le malade à un régime rafraîchissant.

AVALURE

Le nom d'avalure donné à cette maladie vient de l'ancien mot *avaler* (*aller en aval*) parce que la maladie est caractérisée par la descente du ventre en arrière.

C'est une hernie de l'oviduite avec catharre.

L'abdomen gonflé présente tout à fait dans sa partie postérieure comme une tumeur dure et résistante, de volume variable. La peau du ventre est souvent tendue, chaude et luisante.

Cette maladie s'accompagne d'un écoulement muqueux qui se colle et se dessèche au pourtour de l'anus, où il détermine une irritation assez violente pour provoquer la chute des plumes.

Traitement. — Cette affection ne se guérit guère, mais elle n'altère pas, en général, la santé de l'oiseau ; sa fécondité même n'en est souvent pas atteinte, — donc pas de traitement si ce n'est l'emploi de corps gras autour et au-dessous de l'anus pour empêcher l'adhérence des matières muqueuses.

BRONCHITE

La bronchite, qui porte encore le nom de *toux* ou

de *rhume,* se traduit au début par un léger éternuement qui n'apparaît que de loin en loin; comme l'oiseau conserve son appétit et son embonpoint, les premières manifestations du mal passent inaperçues.

Bientôt il devient plus répété, et la respiration s'accélère en même temps que l'appétit diminue.

L'oreille appuyée contre le thorax saisit comme un râle qui devient perceptible de plus en plus, ce sont les mucosités que renferment les principaux canaux bronchiques qui sont déplacées par l'air à chaque mouvement respiratoire.

Traitement. — Isoler le malade, le mettre dans un endroit chaud et à l'abri des courants d'air est la première indication à suivre. La seconde sera d'employer l'élixir béchique à la dose de 20 à 30 gouttes dans l'eau de la boisson, concurremment avec le lait tiède où une décoction de figues grasses.

CACHEXIE AQUEUSE

Cette maladie, qu'on remarque principalement sur les dindons, est caractérisée par un écoulement nasal, des tumeurs et des pustules qu'on rencontre à la fois sur la tête et les caroncules, sous les ailes et les cuisses.

Traitement. — Comme cette affection est contagieuse, les malades doivent être séquestrés et traités par une nourriture substantielle et des lotions avec des liquides astringents ou désinfectants: sulfate de zinc, acide phénique, etc.; si les pustules sont très développées, on les cautérise au fer rouge ou au nitrate d'argent.

CHOLÉRA

Cette affection est propre aux poules et elle est tellement contagieuse qu'elle fait mourir en peu de temps tous les sujets d'un poulailler.

Symptômes. — Tout d'abord les malades ne mangent plus, on voit leurs plumes se hérisser, l'œil devenir terne et se fermer fréquemment.

A cet état d'abattement succède une angoisse complète, la poule entr'ouvre le bec et laisse apercevoir la langue qui est cyanose, le plumage se hérisse de plus en plus, la respiration s'accélère, paraît de plus en plus anxieuse et la malade tombe.

Cette maladie, qu'on a appelée improprement le *choléra des poules* et que certains auteurs appellent, eux, le typhus des poules, est provoquée, — ainsi que l'ont démontré les récentes recherches de M. Pasteur, — par la présence dans le sang d'un petit organisme (bastendie) qui infecte ce liquide.

Traitement. — Jusqu'à présent, malgré tous les traitements préconisés, — on n'est pas encore arrivé à guérir cette affection.

M. Pasteur par la culture du virus ayant obtenu un liquide bénin qui ne transmet le mal que sous une forme très atténuée, a proposé de pratiquer sur les poules *l'inoculation préventive*.

CONSOMPTION (*hectise, mal subtil*)

C'est une maladie qui atteint communément les oiseaux détenus en captivité.

Le début de la consomption est insidieux.

Les premières manifestations passent inaperçues. Le plus souvent, on la confond avec le rhume.

L'oiseau maigrit à vue d'œil, bien que l'appétit persiste. La poitrine se décharne, les forces diminuent, la respiration devient plus courte et plus pressée, puis bientôt la mort arrive.

« Nous pensons, dit J. Pelletan, que cette maladie, en général incurable, est due à une tuberculisation pulmonaire, mais quelquefois elle n'a pas d'autre cause que la vermine, non plus les helminthes, mais les poux. »

Traitement. — On a préconisé contre cette maladie le suc de bette, la graine de melon pilée dans l'eau sucrée ; mais, pour être vrai, nous devons dire que ces moyens sont insuffisants pour enrayer les progrès du mal et que la mort est toujours la terminaison à échéance plus ou moins longue de ce mal terrible.

DIARRHÉE

La diarrhée attaque surtout les pigeonneaux ou les pigeons nouvellement retenus en volière ou au colombier.

Elle est généralement amenée par une mauvaise

nourriture, graines rancies ou fermentées, etc., ou par un séjour prolongé dans un milieu humide.

Cette maladie est caractérisée par des évacuations alvines abondantes et nombreuses accompagnées de gonflement et de douleur du ventre. L'oiseau prend en dégoût les aliments et arrive à perdre tout appétit.

Le malade rend à tout instant comme une matière calcaire blanchâtre qui se concrète et reste adhérente aux plumes du pourtour de l'anus, où elle détermine une vive inflammation.

Traitement. — Le docteur Handel recommande l'usage du lait; nous préférons de beaucoup le traitement indiqué par J. Pelletan, surtout quand la diarrhée est épizootique et occasionnée par la persistance des temps humides ou la récolte que font les pigeons dans les champs de graines germées sur le sol. Ce traitement consiste à ne donner aux oiseaux que quelques heures de liberté dans la soirée, et à les soumettre à un régime fortifiant : chènevis, vesces, colza, etc., eau salée.

INDIGESTION

L'indigestion n'est pas chose rare chez les oiseaux de basse-cour. Elle peut provenir de la qualité ou de la quantité des aliments ingérés.

Dans le premier cas, ce sont les aliments avariés qui sont la cause du mal. Il suffit alors de changer le régime pour voir l'intestin revenir à ses fonctions normales.

Le second cas est plus grave. Il a pour cause l'accumulation des aliments dans le jabot. Les sucs gastriques ne suffisent plus à les ramollir ; ils forment alors une masse compacte et dure qui durcit outre mesure les tuniques membraneuses de cet organe. Leurs fibres musculaires se paralysent, le vomissement devient impossible et l'asphyxie imminente.

Traitement. — Il faut essayer, d'abord, de faire remonter, à l'aide du doigt, cette masse de matières alimentaires ; si l'on ne peut y parvenir, il faut l'extraire en incisant le jabot.

A l'aide d'un bistouri convexe, on pratique sur la peau et sur la muqueuse une incision verticale longue de deux centimètres environ. Rien n'est plus facile ensuite que de faire sortir par cette ouverture les aliments accumulés.

On fait ensuite une petite suture, mais de dedans en dehors, c'est-à-dire en piquant d'abord la muqueuse, afin de ne pas prendre les plumes entre les fils, ce qui retarderait la cicatrisation.

Celle-ci, du reste, est complète au bout de huit ou de dix jours.

Il faut avoir soin de pratiquer l'incision dans la partie supérieure du jabot. Si on la fait trop bas, l'eau tend, chaque fois que boit le malade, à s'échapper par l'ouverture de la plaie.

MUGUET JAUNE

Le muguet est caractérisé par la présence, sur la muqueuse du bec et de l'œsophage, de petites taches jaunâtres et comme caséiformes. C'est à tort qu'on a donné le nom de chancre à cette affection. Ce n'est pas non plus une production de nature pseudo-membraneuse, ni le résultat d'une sécrétion anormale, c'est un produit de nature cryptogamique qui se développe sur la muqueuse. Ce parasite végétal naît là, comme ailleurs, de toutes pièces en obéissant aux lois de la génération spontanée.

On doit donc regarder cette maladie comme absolument contagieuse.

D'abord isolées, ces taches jaunâtres grandissent rapidement, bientôt elles se touchent par leurs bords et forment de grandes plaques irrégulières, souvent constituées par plusieurs couches. On les voit, dans certains cas, faire saillie, de chaque côté, à la commissure du bec. En même temps, découle une salive sanieuse, fétide et filante qui souille les plumes du cou.

La consistance de ces plaques est d'abord assez grande, plus tard, elles se ramollissent et deviennent friables sous le doigt. Elles se forment au-dessus de l'épithélium de la muqueuse, auquel elles adhèrent assez fortement. Mais à une période plus avancée du mal, on voit que ces productions s'enlèvent facilement par un frottement léger, sans intéresser la membrane sous-jacente.

Souvent, elles s'étendent jusque dans l'œsophage, dans le jabot et dans les intestins. Elles sont parfois en telle abondance, qu'en se détachant elles forment de petites boules durcies qui sont rejetées avec les excréments.

Quand on examine, au début du mal, la surface épithéliale de la muqueuse buccale, on la trouve lisse, rouge et chaude, puis apparaissent les petites taches que nous avons signalées, puis les plaques.

La germination du muguet coïncide presque toujours avec un état morbide plus ou moins grave. On le rencontre fréquemment chez les oiseaux atteints d'anémie. D'autres fois, cette affection vient compliquer une maladie chronique ; en pareil cas, il y a toujours à craindre une terminaison promptement fâcheuse.

On a attribué la présence de ces cryptogames au développement de la mue enrayée dans son évolution. Nous ne savons quelle valeur il faut donner à cette assertion. Ce que l'on peut dire, c'est qu'on voit les concrétions du muguet coïncider parfois avec le travail de la mue.

Rien de moins étonnant — l'état de débilité profonde, dans lequel l'oiseau se trouve en ce moment, le prédispose à contracter nombre de maladies, qui sont comme le corollaire de tout affaiblissement de l'organisme.

Traitement. — Les moyens qu'on emploie, pour empêcher la germination de ce cryptogame, sont les suivants :

On prend une petite tige de bois qu'on entoure d'un linge à l'une de ses extrémités et on promène ce petit tampon sur toutes les parties malades. Les végétations se détachent et il suffit ensuite de passer sur l'épithélium de la muqueuse un pinceau imbibé d'une solution d'alun ou de chlorate de potasse assez étendue pour obtenir une prompte guérison.

Ainsi fait-on pour les parties malades visibles à l'œil. Mais ce n'est pas tout. Nous avons dit que les végétations pouvaient envahir l'œsophage. On prend alors une plume assez longue, on la trempe dans l'une des solutions indiquées plus haut, puis hardiment on la plonge dans le gosier aussi profondément que possible en la faisant tourner sur elle-même. En répétant cette opération plusieurs jours de suite, on empêche la germination de nouveaux cryptogames.

Malheureusement, nous l'avons dit, ces végétations ne sont pas toujours limitées au gosier et à l'œsophage, elles peuvent atteindre le jabot, le ventricule succenturié et même l'intestin. En pareil cas, il n'est plus possible de les attaquer directement. Il faut alors purger l'oiseau, soit en lui faisant prendre un peu d'huile, soit en dissolvant une cuillerée à café de sulfate de soude dans sa boisson. En même temps, on doit le soumettre à une alimentation rafraîchissante. Le mouron, l'ortie, la laitue ou l'oseille compléteront le traitement.

Inutile de dire que la mort est certaine lorsque ces végétations viennent à germer sur un terrain préparé par l'anémie ou par la débilité qui accompagne d'ordinaire les maladies organiques.

POURRITURE DU JABOT *ou* LADRE

C'est une maladie qui se développe chez les pigeons privés de leurs petits peu de temps après l'éclosion.

Pendant les six ou huit premiers jours qui suivent leur sortie de l'œuf, les jeunes reçoivent de leurs parents une espèce de bouillie qui leur sert de nourriture. Cette bouillie n'est autre chose que la sécrétion muqueuse et lactescente, que fournissent les nombreux follicules qui revêtent le jabot sur sa membrane interne.

S'il arrive, pour quelque motif que ce soit, que les parents se trouvent dans l'impossibilité de déverser à leurs jeunes cette sécrétion, celle-ci devenue inutile s'accumule dans le jabot. Elle s'y condense, s'y dessèche, s'y durcit et finit par former un magma tellement résistant qu'on le voit saillir à l'extérieur ; c'est une espèce de lait répandu.

L'oiseau devient triste, reste immobile, refuse toute nourriture et bientôt meurt de faim.

Dans le cours de la maladie, parfois survient à la surface de la peau comme une inflammation éruptive.

Ce phénomène, qui n'a qu'une valeur symptomatique, et qui n'est qu'un effet, a été pris autrefois pour la maladie elle-même. De là le nom de *ladre* qui sert maintenant à désigner l'embarras du jabot.

Traitement. — Le meilleur remède, conseille J. Pelletan, est, lorsqu'il en est temps encore, de donner au malade d'autres nourrissons.

Il n'est pas rare de voir survenir quelques complications, telles que des abcès sous l'aile. On les guérit en les perçant et en les lavant ensuite avec de l'eau salicylée.

VERS

Les oiseaux de basse-cour hébergent, soit dans les intestins, soit dans les voies respiratoires, en quantité considérable, de petits vers (*helminthes*) appartenant au genre *crinon*.

Ce sont surtout sur les sujets en proie à la cachexie lymphatique que se développent ces parasites. Et l'on sait que le lymphatisme visite fréquemment les poulaillers et les colombiers où manquent l'air et la lumière, où l'atmosphère est chaude et humide, et l'alimentation insuffisante ou de mauvaise qualité.

La présence de l'helminthiase se reconnaît à la physionomie de l'oiseau qu'on voit triste, abattu, amaigri, sans appétit, le plumage hérissé, la queue traînante et salie par les déjections alvines de diarrhée opiniâtre.

Traitement. — Les biscuits à la santonine, dont les oiseaux sont très friands, sont un moyen qu'on peut employer avec succès. On a conseillé aussi de leur donner des vesces macérées, pendant quelques heures, dans une décoction refroidie d'absinthe.

VERMINE

Rien n'est plus fréquent que la présence de la vermine (puces et poux) dans les colombiers et les poulaillers.

Mais le plus à redouter parmi les poux est l'*acarus necator*, une variété de l'acare de la gale humaine, qui, cantonné dans les fentes des murs, dans les fissures du bois, résiste à toutes les températures et brave même les atteintes de l'eau bouillante.

Il n'y a guère que l'acide phénique au centième qui puisse en débarrasser les colombiers, les volières et les poulaillers.

Aussi bien, du reste, cette solution est celle qui convient le mieux contre tous les parasites et nous conseillons d'en laver le colombier et tous les ustensiles qui le garnissent, dès qu'on s'aperçoit de l'envahissement de ces hôtes incommodes.

LIVRE XI

LE CHIEN

PREMIÈRE PARTIE

Histoire naturelle

CHAPITRE PREMIER

**Caractères — Mœurs — Habitudes — Régime
Distribution géographique**

Le chien (*canis*) est le type de la famille des canidés qui comprend : 1° le genre *chien* ; 2° le genre *renard*. Les canidés sont caractérisés par l'existence de

trois fausses molaires en haut, quatre en bas et deux
tuberculeuses derrière l'une et l'autre carnassière.
Les pieds de devant ont cinq doigts, ceux de derrière
n'en ont que quatre. Ils peuvent se servir de leurs
ongles pour creuser la terre.

Les canidés sont digitigrades. Ils ont la langue
douce et boivent en lapant.

Les deux genres de cette famille se distinguent
par les caractères suivants :

Les *chiens* sont des animaux diurnes dont la pru-
nelle est ronde.

Les *renards* sont nocturnes et, dans le jour, leur
pupille présente la forme d'une fente verticale.

Nous ne parlerons ici, bien entendu, que du genre
chien.

Le chien ne présente aucun caractère important
qui le distingue du loup.

Le chien est carnivore, mais moins que le chat.

La vue et l'ouïe sont chez lui très développées,
particulièrement chez les races qui se rapprochent le
plus de l'état sauvage. L'odorat est également bien
développé et sa délicatesse coïncide, en général, avec
le développement du museau et des surfaces olfac-
tives.

L'origine du chien domestique a donné lieu à de
nombreuses discussions; suivant les uns, il serait issu
du loup modifié par la domesticité ; d'après les
autres, il proviendrait du chacal. Mais ces assertions
sont erronées ; car le chien domestique, rendu à la
liberté, se maintient toujours, même après de longues
générations à l'état sauvage, comme espèce distincte

du loup et du chacal, au lieu de rentrer dans l'une d'elles.

Quoi qu'il en soit, le chien est, sans contredit, la première conquête que l'homme ait faite parmi les animaux.

« Comment l'homme, dit Buffon, aurait-il pu, sans le secours du chien, conquérir, dompter, réduire en esclavage les autres animaux ? Comment pourrait-il, encore aujourd'hui, découvrir, chasser, détruire les bêtes sauvages et nuisibles ? Pour se mettre en sûreté et pour se rendre maître de l'univers vivant, il a fallu commencer par se faire un parti parmi les animaux, se concilier avec douceur et par caresses ceux qui se sont trouvés capables de s'attacher et d'obéir afin de les opposer aux autres. »

Aussi il n'est aucun animal sur lequel l'homme ait acquis un pareil empire.

Il l'a dressé à lui rendre tous les services possibles et les qualités acquises se transmettant de génération en génération, on a pu ainsi former de véritables races aussi distinctes au point de vue intellectuel qu'au point de vue physique. Et ces races sont devenues si nombreuses et si diverses par la taille, les formes, la nature et la qualité des poils, qu'il nous est aujourd'hui impossible de les classer d'une façon méthodique.

CHAPITRE II

Des différentes races de Chiens

On peut diviser les différentes races de chiens en trois catégories :

1º *Les chiens d'agrément.*

2º *Les chiens de garde.*

3º *Les chiens de chasse.*

I. — CHIENS D'AGRÉMENT

Ceux-ci n'ont guère leur place dans un traité de ce genre, aussi ne ferons-nous que les mentionner.

Les plus connus sont :

Le caniche, le lévrier d'Italie, le griffon écossais, le carlin, le King's-Charles, le petit terrier anglais, etc.

II. — CHIENS DE GARDE

Il faut distinguer dans ceux-ci : *ceux qui sont préposés à la garde des troupeaux* et *ceux qui sont chargés de la défense des habitations.*

1º *Chiens préposés à la garde des troupeaux*

Il faut les choisir vigoureux et de bonne race ; ils doivent être alertes, dociles et d'un caractère doux.

Si le chien de berger, en effet, est violent, il peut

blesser les moutons confiés à sa garde, épouvanter les brebis pleines et les faire avorter ; de plus, il se fatigue et fatigue le troupeau qu'il mène trop vite et trop durement.

Si l'on vit dans un pays de bois et de montagnes où les loups sont communs, le chien devra être grand, robuste, courageux, afin de courir sus au loup dès qu'il l'apercevra.

On fera bien de lui armer le cou d'un fort collier de cuir garni de pointes de fer.

En France, c'est le *chien de Brie* qui est le plus estimé.

Les Anglais se servent du *cur-dog* et les Ecossais du *colley*.

En Espagne et en Italie, on a recours aux chiens de montagne (races des Alpes et des Pyrénées).

L'éducation du chien de berger demandant beaucoup de soins, on devra la commencer de bonne heure, c'est-à-dire vers l'âge de 6 à 9 mois ; dès qu'il a reçu les premières instructions nécessaires, on lui fait garder le troupeau.

2° Chiens chargés de la défense des habitations

On les appelle encore *chiens de garde* ou de *basse-cour.*

Il convient de choisir pour cet usage les petits d'une chienne forte et vigoureuse de la race des mâtins ou de celle du dogue.

Le *mâtin ordinaire*, de grande taille, à queue relevée, de couleur jaunâtre, quelquefois blanc et noir, au nez court et toujours noir, est celui qui convient le mieux pour la garde des fermes.

Le *grand danois*, plus lourd et plus grand que le précédent, fauve noirâtre, rayé transversalement de bandes noires, est aussi très bon pour la garde.

Le *dogue (mastiff* des Anglais), à lèvres grandes et pendantes, au corps robuste et allongé, est courageux, fort et propre au combat, quand il y a été dressé, car naturellement il est d'humeur assez pacifique.

Le *bouledogue*, à tête ronde, au nez court et relevé, est, sans contredit, le plus propre aux fonctions de garde-porte, à cause [de sa force, de sa hardiesse et de sa vigilance ; mais il n'est guère intelligent et a peu d'affection pour son maître.

Le *chien de Terre-Neuve*, les chiens de montagne des Alpes et des Pyrénées, tous chiens à poils longs et frisés, conviennent encore à la garde des habitations ; ils sont très vigilants, mais n'aboient que rarement.

III. — CHIENS DE CHASSE

Les races de chiens de chasse sont nombreuses.

On distingue d'abord les chiens de chasse en *chiens d'arrêt* et *chiens conrants*.

Chiens d'arrêt

Parmi les chiens d'arrêt français, on cite :

Le *braque* qui est à poil ras avec la tête ronde et les oreilles courtes. Les plus estimés sont ceux du Bourbonnais.

L'*épagneul* qui est à poil long et soyeux. Le meilleur est celui de Pont-Audemer.

Le *griffon* qui est à poil long et rude. Il est devenu rare aujourd'hui.

Parmi les races anglaises, il faut citer :

Le *braque anglais* ou *pointer*, de formes beaucoup plus fines que le braque français.

L'*épagneul anglais* ou *sotter* qui compte de nombreuses variétés, parmi lesquelles : le *springer* et le *cocker*.

On peut ranger en outre parmi les chiens de chasse d'arrêt le *chien de Terre-Neuve* qui arrête très bien quand on se donne la peine de le dresser, et son dérivé : le *retriever* qui, lui, sert à rapporter.

Chiens courants

Ils sont nombreux.

Les plus estimés sont :

Le *chien normand* qui est tricolore ou oranger.

Le *chien vendéen à poil ras* qui est blanc avec des taches de couleur jaune fauve.

Le *griffon vendéen* avec le poil dur et frisé.

Le *chien du haut Poitou* qui est de haute taille avec le poil tricolore.

Le *chien de Saintonge.* Il a la robe d'un beau blanc d'argent avec des taches noir d'ébène.

Le *chien de Gascogne.* Il est blanc taché de noir.

Le *chien d'Artois.* Il a le poil gris fauve.

Le *chien des Ardennes* ou *chien de St-Hubert.* Il est noir tirant sur le roux avec des taches de feu aux sourcils et aux pattes.

DEUXIÈME PARTIE

Hygiène

—

L'hygiène varie suivant le rôle que jouent les chiens dans les habitations.

Tandis que le chien d'appartement vit constamment avec son maître, le chien de berger avec son troupeau et le chien de garde constamment retenu à sa niche par une chaîne, les chiens de chasse, eux, doivent avant tout rester au chenil.

Un chenil convenable doit être composé de *boxes* séparées, les unes pour les chiens, les autres pour les chiennes. Ces compartiments, d'environ cent mètres de superficie, ne peuvent contenir plus de dix ou douze chiens. Il faut de préférence les exposer au midi, car le soleil est plus sain pour les animaux.

On dresse une sorte de lit de camp à l'extrémité de chaque boxe, dans la forme d'une mangeoire d'écurie. On le construit en fer, si c'est possible. Le sol doit être bitumé. Lorsque cette opération n'est pas possible, on se contente d'un parquet, quoique l'un ne vaille pas l'autre, le bitume est préférable à la planche, par cette raison qu'il n'absorbe pas l'u-

rine, et qu'il ne conserve pas d'odeur. Il est indispensable de changer la paille au moins une fois par
semaine, et d'avoir le soin de laver le fond du lit de
camp. Un chenil, pour être sain, doit être passé à la
chaux vive au moins une fois tous les trois mois.

Pour maintenir les chiens en bon état de propreté,
il est utile de les faire coucher sur de la paille ayant
servi de litière aux chevaux ; ou dans le cas où il
serait impossible de s'en procurer, sur la paille
d'avoine que l'on trouve généralement partout.

NOURRITURE

Voici comment je conseille de procéder pour la
nourriture des chiens de chasse.

Les chiens tout élevés, — j'entends par là les chiens
âgés de dix mois au moins, — recevront une seule
fois à manger par jour, le soir de préférence. De
cette manière, les animaux évacuent la nuit, et on a
l'avantage d'avoir toute la journée les boxes parfaitement nettes. Les plus jeunes devront manger deux
fois.

Il faut composer la nourriture de têtes de moutons
et de légumes, de préférence des pommes de terre et
des choux. La soupe se trempe avec du pain demi-
blanc, ou du remoulage de farine assez commun,
très facile à se procurer.

La soupe épaisse convient parfaitement aux chiens.
Il faut veiller à ce qu'elle soit tiède quand ils la
mangent, et surtout avoir soin de la saler un peu.

Pour remplacer le fameux bâton de soufre, si

généralement ordonné par les commères (et qui ne peut produire aucun effet, le soufre étant insoluble), il faut, de préférence à toute autre chose, mettre dans la boisson du chien, et que l'on devra changer chaque jour, une forte poignée de graine de lin.

ACCOUPLEMENT

Le meilleur procédé pour obtenir de bons produits est de faire les accouplements de préférence vers le mois de mars. La chienne portant de soixante à soixante-trois jours, l'on peut être certain d'obtenir de beaux résultats, puisque les petits auront deux bonnes saisons à passer contre une mauvaise. Dès qu'ils seront nés, on s'assurera que la mère a assez de lait pour les nourrir; dans le cas contraire, on en retire plusieurs, afin de ne pas l'épuiser, car en laisser plus qu'elle ne pourrait en nourrir, serait non-seulement une cause d'épuisement, mais encore une conséquence de faiblesse pour les petits.

La chienne peut nourrir ceux qui lui resteront pendant six semaines ou deux mois; au bout de ce temps-là, les petits peuvent manger de la pâtée faite avec du lait. A cinq mois, ils seront soumis au régime indiqué plus haut, c'est-à-dire la soupe donnée deux fois par jour.

SOINS A DONNER APRÈS LE SEVRAGE

Pour faire passer le lait de la chienne, il faut employer le carbonate de chaux et le vinaigre bien mélangés ensemble. A l'aide de cette pâte, on fait une friction matin et soir sur les mamelles de la nourrice, pendant dix jours et on lui donne à boire en même temps, pendant les dix jours, une décoction de persil bouilli dans du lait.

On purge ensuite la lice avec de l'huile de ricin : cinquante grammes en deux fois, à un jour de distance, si c'est une grosse chienne, ou trente grammes, si c'est une petite.

Je passe maintenant aux chiens d'appartements qui exigent un tout autre régime.

Ces chiens sont très sujets à différentes maladies, et cela bien souvent par la faute de leurs maîtres qui les gâtent à force de soins. Rien n'est plus dangereux que les préservatifs. Laissez agir la nature si l'animal se porte bien, ne le rendez pas malade par des précautions inutiles et souvent dangereuses.

Je parle ici surtout pour les petits havanais, les petits griffons d'Écosse, les terriers anglais, les king's-charles, les levrons et les lévriers, tous plus ou moins à la mode à tour de rôle et se détrônant les uns les autres, suivant le caprice de l'inconstante déesse la mode, qui les adopte ou les repousse à son gré.

Quand vous avez un petit chien à élever, si vous êtes assez sûr de vous pour résister à ses mines, à ses chagrins, à ses jeûnes volontaires, ne lui donnez que du pain avec un peu de viande hachée : vous lui conserverez ainsi la beauté de ses soies et la pureté de son haleine, en lui faisant une santé excellente, et en le préservant de presque tous les accidents.

Si vous êtes trop faible pour adopter ce sage parti, accoutumez le chien à vos habitudes, donnez-lui, à chacun de vos repas, un peu de viande, de légumes et de fruits. Quand votre repas est terminé, il faut que celui de votre petit compagnon le soit également. Exigez qu'il vous suive et qu'il n'ait pas toute une journée devant lui une soupe qui surit et le dégoûte.

On peut donner à un chien fait un peu plus de viande qu'à un jeune, surtout de la viande blanche, du veau et de la volaille.

Relativement à la maladie, j'ai vu par expérience que ce système de nourriture, loin d'être contraire, était utile, attendu qu'il donnait au chien une force plus grande, un estomac plus solide, ce qui lui permettait de résister neuf fois sur dix, tandis que les chiens mal nourris ou du moins ne recevant qu'une nourriture débilitante, telle que pâtée à l'eau ou autre, succombaient dans les mêmes proportions.

TROISIÈME PARTIE

Maladies

ASTHME

L'asthme se montre très fréquemment chez les vieux chiens.

Cette maladie est caractérisée par une oppression accompagnée d'une toux quinteuse, bruyante et ronflante qui se montre toujours par accès plus ou moins intenses.

Ces accès commencent par un sentiment de compression et de resserrement de la poitrine. Le chien fait des efforts pour dilater sa poitrine afin d'aspirer plus d'air : le mouvement de l'inspiration se fait toujours plus facilement que celui de l'expiration.

Traitement. — Donner successivement, à quelques instants d'intervalle, des cuillerées d'eau sucrée additionnée de quelques gouttes d'éther ou d'ammoniaque. Faire respirer à distance de l'ammoniaque. Si l'animal est pléthorique, pratiquer la saignée.

CONVULSIONS

On désigne sous ce nom le trouble des mouvements, les agitations désordonnées, plus ou moins violentes.

qui se manifestent chez les chiens, le plus souvent pendant la première année.

Les convulsions peuvent être occasionnées par le travail de la dentition, le parasitisme intestinal et souvent par quelque maladie grave : entérite, pneumonie, etc.

Traitement. — Il varie avec la cause qui a provoqué les convulsions. Mais pour rendre à l'animal le calme, nous conseillons l'emploi de la potion ci-après :

> Infusion de tilleul oranger . . .   100 gr.
> Eau de laurier cerise. . . . . .   10 gr.
> Sirop d'éther valérianique. . .   30 gr.
> P. S. A.

Une cuillerée à bouche toutes les demi-heures, puis toutes les heures.

CATARRHE AURICULAIRE

C'est l'inflammation aiguë ou chronique de la membrane muqueuse de l'oreille, avec augmentation de sa sécrétion dont le produit est devenu muco-purulent.

Cette maladie est longue et difficile à guérir.

Traitement. — Faire, pour commencer, des injections émollientes d'eau de mauve ; purger légèrement l'animal avec de l'huile de ricin ou le sirop de nerprun ; puis, si le mal résiste, passer un séton au cou du chien et faire dans l'oreille des injections astringentes avec une décoction d'écorce de chêne ou une solution de sulfate de zinc.

Si le catarrhe est ancien, employer le mélange suivant :

> Glycérine anglaise . . . .   10 gr.
> Teinture d'iode . . . . . .   1 gr.

Il ne faut pas négliger l'emploi du béguin pour relever l'oreille.

CHANCRE DES OREILLES

On désigne sous ce nom les ulcérations qui surviennent au bord inférieur des oreilles.

C'est d'abord une excoriation superficielle ; puis celle-ci s'agrandit, devient saignante par le frottement et le battement de la tête contre les oreilles ; enfin ses bords se creusent et s'élargissent aux dépens de la peau et du cartilage.

Traitement. — Employer le béguin à demeure ; purger l'animal, comme il a été dit pour le catarrhe d'oreille, et cautériser l'ulcération avec la pierre infernale.

Mais souvent ces moyens échouent. Celui qui réussit le mieux est l'amputation par encoche du chancre, et la cautérisation de la nouvelle plaie avec le fer rouge.

CHORÉE *(Danse de St-Guy)*

On désigne sous ce nom une maladie nerveuse caractérisée par des mouvements irréguliers et involontaires d'une ou de plusieurs parties du corps.

Traitement. — Ils sont nombreux les traitements

qu'on a essayés, mais malheureusemeut, il n'en est aucun qu'on puisse recommander.

Une nourriture substantielle, l'exercice prolongé, les bains sulfureux fréquemment répétés ont, dans quelques cas, réussi.

DARTRES (*Eczema dartreux*)

On désigne sous ce nom une maladie de la peau caractérisée par un ramollissement de l'épiderme, s'accompagnant d'abord d'un suintement séreux, puis de suppuration, et, enfin de chute des poils.

Traitement. — Couper les poils, nettoyer la plaie et faire chaque jour une application d'huile de cade.

GALE

La gale du chien est occasionnée par des acares qui sont de deux sortes : l'un est un *sarcopte* qui produit une gale bénigne, l'autre un *démoder* qui occasionne une maladie presque toujours incurable.

Traitement. — Le goudron, l'huile de cade, l'huile empyreumatique, sont les agents qui réussissent le mieux.

GOURME

La gourme est caractérisée par la présence sur la peau de croûtes jaunâtres, plus ou moins épaisses, qui se forment sur la tête, le dos et la face interne des cuisses.

Elle commence par de petites pustules (*impetigo*),

pleines de sérosité qui se crèvent et le liquide qui s'en échappe se dessèche pour former des croûtes.

Traitement. — A l'intérieur, l'huile de foie de morue ; à l'extérieur, savonner les parties malades et employer le mélange suivant :

Glycérolé d'amidon . . . . 40 gr.
Carbonate de chaux porphyrisé. 5

JAUNISSE

Cette affection est caractérisée par la coloration jaune des muqueuses et de la peau, causée par le séjour de la bile dans le sang.

Elle commence par des vomissements jaunâtres, puis survient une constipation opiniâtre, de la fièvre et un abattement le plus souvent suivi de mort.

Traitement. — Saignée au début, purgatifs salins, tisanes rafraîchissantes, — tenir les animaux très chaudement.

MALADIE DES CHIENS (*Catarrhe pulmonaire contagieux des jeunes chiens*)

Cette maladie est caractérisée par l'inflammation de la muqueuse des voies respiratoires avec augmentation de la sécrétion, dont le produit est devenu muco-purulent. Cette maladie est contagieuse.

Au début, tristesse, éternuements fréquents, puis toux quinteuse, d'abord rauque, puis grasse, accompagnée d'un jetage abondant.

La maladie du chien se complique souvent d'ophthalmie, de gourme, de convulsions, de danse de Saint-Guy, etc. (*V. ces mots.*)

Traitement. — Au début, administrer un vomitif ; puis faire prendre par cuillerées à bouche, de deux en deux heures, la potion suivante :

        Looch blanc. . . . . 100 gr.
        Kermès min. . . . . 25 centig.
        Sirop diacode . . . . 20 gr.

Nourriture très substantielle, — sur la fin de la maladie, administrer l'huile de foie de morue et la teinture de quinquina.

OPHTHALMIE

On désigne ainsi l'inflammation de l'œil avec sécrétion abondante de pus. Il est rare que l'ophthalmie ne se complique pas de *hératite* d'abord, suivie bientôt d'une hernie de l'iris.

Traitement. — Faire usage, au début, du collyre suivant :

        Sulfate de zinc. . . . . 50 centig.
        Eau de roses de Provins . . ⎫
        Eau de laurier cerise . . . . ⎭ 15 gr.

Si la cornée est ulcérée, toucher le point malade au nitrate d'argent; s'il y a hernie de l'iris, insister sur les cautérisations et, au besoin, inciser la partie herniée.

RAGE

Cette maladie est particulière aux animaux de

l'espèce canine. On n'en connaît point encore la nature.

Elle est transmissible par la morsure, non-seulement du chien aux animaux de son espèce, mais encore aux herbivores et à l'homme lui-même.

En dehors de sa transmission par inoculation ou par morsures, les causes qu'on a invoquées pour expliquer ses manifestations sont toutes bien incertaines et fort discutables. Parmi celles-ci, celle qui réunit le plus de partisans, est la privation des actes générateurs.

Symptômes. — *Première période*. — Tristesse, dégoût, inquiétude (l'animal ne peut tenir en place), exagération de l'affection du chien pour son maître, ingestion de corps étrangers, brins de paille, cailloux, vieux cuirs, etc., aversion pour ses semblables.

Deuxième période. — Inquiétude, irritabilité plus marquée, abandon du logis, fugues au loin, courses vagabondes. Soif ardente (l'animal mordille l'eau), yeux hagards, brillants, langue pendante, salivation exagérée, *altération du timbre de la voix*, absolument caractéristique.

Troisième période. — Prostration, abattement, faiblesse générale, démarche chancelante, et la mort survient par paralysie.

Traitement. — De tous ceux qui ont été préconisés aucun n'a réussi, aussi doit-on immédiatement abattre l'animal qui est soupçonné de rage.

RAGE MUE

Celle-ci est une variété de la rage qui se traduit par une absence de surexcitation, la contraction des mâchoires, l'impossibilité de boire et de manger. Elle finit, comme l'autre, par la paralysie générale.

Comme l'autre aussi, elle est contagieuse.

VERS INTESTINAUX

Les vers intestinaux, que peut héberger le chien, sont : le *ténia* (plusieurs espèces), les *strongles*, les les *ascarides* et les *oxyures*.

Traitement. — Nous préconisons la formule suivante :

> Savon empyreumatique. . . . . . 1 gr.
> Aloès en poudre. . . . . 25 centig.
> Mercure doux . . . . 20 centig.

Faire des pilules de 5 centigrammes. Deux pilules tous les matins, pendant cinq jours, et après la dernière pilule, administrer 25 grammes d'huile de ricin.

APPENDICE

NOTIONS ÉLÉMENTAIRES DE PHARMACOLOGIE

APPLIQUÉE AUX ANIMAUX DOMESTIQUES

Le but que nous nous sommes proposé, en écrivant cet ouvrage, ne serait pas atteint, si nous ne complétions notre travail par un exposé de thérapeutique élémentaire.

Pour cela faire, nous allons mettre, aussi clairement et aussi succinctement que possible, sous les yeux de nos lecteurs, la classification des médicaments, en même temps que les différents modes suivant lesquels on les administre.

CHAPITRE PREMIER

Classification des médicaments

On distingue dans les médicaments deux sortes de facultés : l'une *active*, absolue, donnant lieu à des effets *primitifs* constants ; l'autre, *curative*, déterminant une mutation organique qui a reçu le nom de médication.

Malheureusement, rien n'est plus difficile que d'apprécier exactement les changements physiologiques ou pathologiques auxquels les médicaments peuvent donner lieu ; de là, l'impossibilité de les classer d'une façon rigoureuse d'après leurs propriétés pharmacologiques.

En ce qui nous concerne, nous suivrons, malgré ses imperfections, la division classique que nous présenterons à nos lecteurs par ordre alphabétique.

ALTÉRANTS

Sous ce nom, on désigne des médicaments dont la propriété est de diminuer l'activité du mouvement d'assimilation et de nutrition, en augmentant, au contraire, le mouvement de résorption.

Ils ne produisent pas d'effets immédiats sensibles, ce n'est qu'à la longue, qu'ils modifient la nature des différents liquides de l'organisme.

Les substances qui composent cette classe sont, pour la plupart, des médicaments énergiques, quelques-unes mêmes sont des poisons violents. Aussi ne doit-on les administrer qu'à très petites doses. Ils rendent de très grands services dans les maladies chroniques.

Le mercure, l'arsenic, le brôme, l'iode, le cuivre, et leurs préparations, sont les plus employés entre les altérants.

ANTISPASMODIQUES

Ce sont des médicaments agissant spécialement sur le système nerveux, et ayant pour effet principal de calmer les contractions musculaires involontaires qu'on désigne sous le nom de *spasmes*.

Ils agissent assez promptement, mais leurs effets sont de peu de durée. Il faut, parfois, en employer plusieurs successivement avant de mettre la main sur celui qui convient.

L'éther, le chloroforme, le camphre, la valériane, l'assa-fœtida, sont ceux auxquels on a recours le plus souvent.

ANTHELMINTHIQUES

Ces médicaments ont pour action de débarrasser l'estomac et l'intestin de tous les parasites ou helminthes qui y sont hébergés.

On les a divisés en deux séries.

1º Les *téniafuges*, qui sont destinés à faire périr les ténias ;

2º Les *vermifuges* proprement dits, qui sont réservés pour chasser les autres vers intestinaux.

Les téniafuges sont: l'écorce de racine de grenadier, le cousso, la fougère mâle, l'essence de térébenthine et l'huile empyreumatique.

Les vermifuges sont: la mousse de Corse, le semencontra, la santonine et l'absinthe.

ANTIPHLOGISTIQUES

On désigne sous ce nom les médicaments propres à combattre les inflammations.

Cette classe forme trois divisions :

1° *Les émissions sanguines* qu'on obtient, soit par la saignée, soit par les sangsues, soit par les ventouses scarifiées ;

2° *Les émollients* qui ont pour action de relâcher la ténuité des tissus et d'émousser leur sensibilité.

Ils agissent surtout en raison de l'eau qui leur est toujours associée en grande quantité ; aussi ce liquide doit-il être considéré comme possédant au plus haut point la propriété émolliente.

Tels sont les mucilages, les gommes, la gélatine, les huiles, et enfin l'eau chaude ;

3° *Les tempérants*, — qui sont administrés dans le but de diminuer l'excitation générale. Ils diminuent la chaleur animale en chassant le sang des vaisseaux, mais sans déterminer le resserrement de ces derniers. Ce sont les acides étendus d'eau, acides citrique, oxalique, tartrique, acétique, etc., etc.

ANTIPSORIQUES

On donne ce nom aux médicaments que l'on emploie contre les maladies parasitaires de la peau.

Ces maladies sont occasionnées, tantôt par des parasites animaux (maladies zooparasitaires), tantôt par des végétaux (maladies phytoparasitaires).

Les différentes préparations de soufre, les arsénicaux, les mercuriaux, les bromures et les iodures sont principalement employés contre ces maladies.

ASTRINGENTS

Les astringents définis par Cullen, « *des substances* « *qui, appliquées au corps humain, produisent la con-* « *traction et la condensation des solides mous, et aug-* « *mentent par là leur densité et leur force de cohésion,* » resserrent les tissus des organes avec lesquels on les met en contact, et déterminent une turgescence locale, en rapprochant les parois des vaisseaux sur les fluides qui y sont contenus.

On les emploie, extérieurement, contre les plaies, les ulcères, les brûlures, les contusions, etc.; à l'intérieur, pour combattre les diarrhées, les hémorrhagies, etc.

Les principaux médicaments de cette classe sont : l'alun, le tannin, la noix de galle, le cachou, l'écorce de chêne, la racine de ratanhia, les carbonate et acétate de plomb, le sulfate et le chlorure de zinc, les acides étendus, etc.

CAUSTIQUES

On donne le nom de caustiques aux médicaments qui, en agissant chimiquement sur les parties du corps avec lesquelles on les met en contact, les désorganisent et les transforment en escarres.

Ces médicaments étaient, suivant leur énergie, divisés en *escarrotiques* et *catarrhétiques*. Mais cette division a été abandonnée.

L'action des caustiques est généralement bornée à la partie sur laquelle on les applique. Quelques-uns cependant, tels que les préparations arsénicales, sont susceptibles d'être portés dans le torrent circulatoire. Aussi faut-il ne s'en servir qu'avec prudence.

Les caustiques sont employés pour établir des exutoires, cautériser des ulcères, détruire les varices, les cancers, pour arrêter les progrès d'affections gangréneuses, etc.

Les principaux sont : le feu, la potasse et la soude, le nitrate d'argent fondu, le protochlorure d'antimoine, les acides minéraux concentrés, etc.

DIURÉTIQUES

Les diurétiques augmentent la sécrétion et l'excrétion de l'urine et modifient les qualités de ce liquide.

On les divise généralement en deux sections : 1º diurétiques fournis par le règne minéral ; 2º diurétiques fournis par le règne végétal.

Les diurétiques minéraux se divisent, à leur tour, en *diurétiques salins* et *diurétiques alcalins*. Parmi les premiers, se trouvent les nitrates de potasse, de soude, les sulfates de soude, de magnésie, etc. Parmi les seconds, on rencontre la potasse, la soude et la chaux caustique, les carbonates et les bicarbonates de potasse et de soude, les citrates, les malates, etc.

Les diurétiques végétaux sont : la digitale, la colchique, la pariétaire, etc.

On donne au résultat qu'on obtient par l'administration de ces divers médicaments le nom de *diurèse*.

ÉVACUANTS

Les évacuants sont des médicaments qui ont la propriété de provoquer les vomissements ou des déjections alvines.

Aussi les a-t-on divisés en *vomitifs* et *purgatifs*.

1° *Vomitifs*. — Ce sont des médicaments qui produisent le vomissement en irritant la muqueuse stomacale.

Beaucoup de substances, lorsqu'elles sont portées en assez grande quantité dans l'estomac, peuvent provoquer le vomissement. Mais il est juste de ne donner cette dénomination qu'à celles dont l'introduction dans le sang, par quelque voie que ce soit, donne lieu à la production de ce phénomène.

Ce sont : le tartre stibié, le kermès minéral, le sulfate de zinc, l'ipécacuanha, le sulfate de cuivre, etc.

2° *Purgatifs*. — Ceux-ci sont des médicaments qui ont pour effet d'augmenter notablement, mais pour peu de temps, les déjections alvines.

On les divise, suivant leur degré d'action, en *laxatifs, purgatifs* proprement dits, et drastiques.

Les laxatifs ou purgatifs doux sont : la manne, l'huile de ricin, les pruneaux, le miel, le sirop de chicorée composé, etc. Ils purgent plutôt en affaiblissant qu'en irritant l'intestin.

Les purgatifs proprement dits, dont l'action est un peu plus marquée, sont : le sulfate de soude, la rhubarbe, le séné, la magnésie, etc. Ils agissent en irritant le canal intestinal et, parfois, déterminent quelques douleurs abdominales.

Viennent enfin les drastiques tels que : l'aloès, la scammonée, le croton tiglion, etc., dont l'administration est toujours suivie de certains phénomènes morbides : coliques, accélération de la circulation, soif intense, etc.

FÉBRIFUGES

Les fébrifuges, que l'on désigne encore sous le nom d'*antipériodiques*, sont des médicaments qui, par une action spéciale, combattent avec efficacité la périodicité, sous quelque forme qu'elle se produise : fièvre, douleurs, névroses, etc.

Les sels de quinine et surtout le sulfate de quinine sont les véritables fébrifuges. Il est d'autres médicaments auxquels on a attribué cette propriété; mais aucun ne jouit d'une efficacité aussi grande que celle de ceux que nous venons de citer.

NARCOTIQUES

On désigne ainsi des médicaments dont l'action s'exerce primitivement et spécialement sur le système nerveux.

Administrés à petites doses, ils modèrent la sensibilité, amènent un léger affaiblissement bientôt suivi d'un calme général, puis d'un sommeil profond ; à doses plus fortes, ils donnent lieu à une sorte d'intoxication désignée sous le nom de *narcotisme*.

Un fait particulier à la médication narcotique, c'est qu'on s'habitue facilement à ses effets et qu'on peut élever successivement les doses à une quantité considérable.

On donne ces médicaments en *narcotiques proprement dits* et en *stupéfiants*.

Les narcotiques proprement dits sont : l'opium et ses préparations, la belladone, la stramoine, la jusquiame, la ciguë, etc.

Les stupéfiants, qui diffèrent des premiers en ce qu'ils sont rebelles à l'accoutumance et qu'ils irritent le système nerveux, ayant une action des plus énergiques capable, comme on l'a dit, « d'éteindre la « vie *dans tous les êtres vivants, la vie n'eût-elle pour* « *support qu'une simple cellule* », sont : l'acide hydrocyanique et tous les produits cyaniques.

RÉVULSIFS

On donne, dit le prospectus Bouchardot, « le nom « de révulsion à toute action, modification ou tra- « vail provoqués vers un lieu plus ou moins éloigné « d'un organe malade, dans le but d'y attirer le flux « morbide et de favoriser ainsi la guérison. »

Les révulsifs se composent des rubéfiants et des épispastiques.

1° Les *rubéfiants* sont des médicaments qui, appliqués sur la peau, y déterminent de la rougeur, de la chaleur, de la douleur ; en un mot, tous les phénomènes de l'inflammation. Le but, du reste, qu'on se propose en les utilisant, est de substituer à une inflammation morbide déjà existante une inflammation nouvelle artificiellement provoquée. Cet état, une fois produit, peut durer plus ou moins longtemps, suivant l'énergie de la substance employée.

Les rubéfiants que l'on met le plus fréquemment en usage sont : les acides affaiblis, la térébenthine et surtout la farine de moutarde.

2° *Les épispastiques* irritent la peau comme les rubéfiants, mais en déterminant une inflammation vive et accompagnée d'une sécrétion de sérosité qui soulève l'épiderme et donne naissance à des vésicules ou *phlyctènes*. On leur donne encore le nom de *vésicants*. Tels sont : le garou, les cantharides, l'ammoniaque, l'eau bouillante, etc.

STIMULANTS

Encore désignés sous le nom d'*excitants*, ils ont pour effet principal et immédiat d'augmenter, mais temporairement, l'énergie des forces vitales.

A petites doses, ils agissent à la manière des toniques, c'est-à-dire lentement et graduellement; mais, à doses plus fortes, ils accélèrent la circulation, augmentent la chaleur animale, excitent le système nerveux; en un mot, stimulent tous les mouvements organiques, mais le propre de leur action est de ne pas être durable; à peine produit, l'effet cesse aussitôt.

On distingue les stimulants en *généraux* et *spéciaux*.

Les premiers agissent sur l'ensemble de l'organisme ; les seconds ont une action plus marquée sur certains appareils.

Les stimulants généraux sont : l'ammoniaque, les éthers, les huiles essentielles, le café, le poivre, le gingembre, le thé, l'absinthe, etc.

Les stimulants spéciaux portent différents noms, suivant que leur action s'exerce sur tel ou tel système.

On appelle sudorifiques les stimulants spéciaux de la peau, ceux qui ont pour action d'augmenter notablement la transpiration cutanée. Ce sont : les boissons aromatiques chaudes, les fleurs de sureau, la douce-amère, la salsepareille, l'émétique et les kermès à doses refractées, etc.

Les sternutatoires sont ceux qui, par leur application directe sur la pituitaire, provoquent l'éternuement et exagèrent la sécrétion de la muqueuse ; ce sont : le tabac, la bétoine, le muguet, etc.

Les expectorants agissent spécialement sur la muqueuse du poumon et déterminent l'expulsion des mucosités que contiennent les canaux bronchiques.

Les sialagogues sont ceux dont l'action se fait sentir sur la muqueuse buccale, en augmentant la sécrétion de la salive. Ce sont : le poivre, le girofle, le gingembre, le raifort sauvage, etc.

D'autres agissent encore sur l'appareil génital, en produisant sur l'utérus une action stimulante générale et en augmentant sa force de contraction. Ces substances, que l'on appelle *emménagogues*, sont : le seigle ergoté, la sabine, la rue, etc.

D'autres enfin font sentir leur action sur la moelle épinière et donnent lieu à des contractions spasmodiques brusques et passagères, suivies ensuite d'une raideur permanente. On les dit *tétaniques*. Ce sont : la noix vomique et les alcaloïdes, la fève de Saint-Ignace, le bois de couleuvre, etc.

TONIQUES

On désigne sous ce nom tous les médicaments dont l'action donne lieu à un afflux sanguin dans les vaisseaux voisins du lieu où on les a appliqués. Ils augmentent l'énergie des organes. Leur action n'est que lente et progressive ; mais elle est générale, elle peut s'étendre, sans réaction nerveuse, à tous les appareils, ou au moins à la plupart d'entre eux. Cette action est d'autant plus durable, qu'elle demande plus de temps pour se produire. Les plus actifs présentent pour caractère essentiel d'avoir une composition élémentaire assez semblable à celle du sang ; d'où il suit qu'ils peuvent fournir à ce liquide des matériaux neufs et réparateurs. Ce sont : le fer et ses composés, le quinquina, la gentiane, le colombo, le houblon, etc.

CHAPITRE II

Mode d'administration des médicaments

De quelque façon qu'agissent les médicaments, il est un point de la plus haute importance à examiner dans leur mode d'administration, c'est les différentes voies par lesquelles il est possible de les introduire dans l'économie animale.

Nous allons donc exposer, dans ce chapitre, les différentes formes que l'on donne le plus souvent aux médicaments, suivant les organes sur lesquels on veut faire peser leur action : boissons, potions, bains, lavements, cataplasmes, injections, etc.

BOISSONS

Les boissons médicamenteuses comprennent deux genres : les tisanes et les émulsions.

Tisanes. — Dans l'acception rigoureuse du mot, on ne devrait désigner, sous le nom de tisane, que des boissons préparées avec l'orge mondée ou perlée. Mais on a donné à cette dénomination une plus grande extension, et aujourd'hui on l'applique à toutes les boissons aqueuses ne tenant, en solution, qu'une proportion très faible de principes médicamenteux et, autant que possible, n'offrant rien que d'agréable dans leur aspect, leur odeur et leur saveur.

On les divise en *simples* et en *composées*, suivant le nombre des substances qui en forment la base.

Suivant la solubilité des parties qu'elles doivent contenir, on les prépare à l'aide de la solution directe, de la macération, de la digestion, de l'infusion ou de la décoction.

Ajoutons, comme renseignement, que de toutes les préparations, il faut toujours préférer celles qui se font à froid.

Exemple de tisane simple faite à froid :

    Miel de Narbonne très pur.   30 gr.

    Eau commune. . . . . 500 gr.

Dissolvez à froid et passez au travers d'une étamine.

Exemple de tisane simple faite à chaud (infusion):

Feuilles de bourrache sèches .   10 gr.
Eau bouillante. . . . .   300 gr.

Faites infuser pendant une demi-heure, passez et édulcorez à volonté, ou suivant les indications, avec une quantité suffisante de sucre, de miel ou d'un sirop approprié.

Exemple de tisane composée (tisane laxative) :

Feuilles de bourrache. . . . ⎫
  — de buglosse. . . . ⎬ 15 gr.
  — de chicorée. . . . ⎭
Eau bouillante. . . . . 500 gr.

Faites infuser pendant un quart d'heure, passez et ajoutez :

Sulfate de soude . . . . 4 gr.
Sirop de violette. . . . . . . 15 gr.

Emulsions. — Les émulsions sont des médicaments liquides, laiteux, ordinairement de couleur blanche ou jaunâtre, composés d'eau et d'huile, cette [dernière substance se trouvant dans un état de division extrême et restant en suspension dans l'excipient au moyen d'un intermède.

L'intermède est quelquefois associé naturellement à la substance huileuse, comme dans l'émulsion d'amandes douces; d'autres fois, il est ajouté.

Ces médicaments s'altèrent promptement ; on ne doit les préparer qu'au fur et à mesure qu'ils sont prescrits.

POTIONS

Les potions sont des médicaments liquides destinés à être pris intérieurement en une ou plusieurs fois.

Elles comprennent les *loochs* et les *juleps*, les *potions* proprement dites et les *mixtures*.

Le mot *looch* (qui vient de l'arabe), désigne une préparation sucrée dont le véhicule est toujours émulsif, et dont la viscosité est augmentée par l'addition d'une certaine quantité de mucilage.

Le mot *julep* (également emprunté à l'arabe), désigne une potion transparente, d'odeur et de saveur agréables, composée d'hydrolat et de sirops variables.

Les *potions* proprement dites sont des médicaments liquides résultant du mélange de décoction, d'infusion, de digestion et de macération, de sirops, etc., dans lequel on introduit des substances actives solides qui se dissolvent en restant en suspension dans le liquide.

La *mixture* est un mélange liquide de médicaments généralement très actifs destiné à être pris en très petite quantité à la fois, à la dose de quelques gouttes, dans une tasse appropriée.

BAINS

On donne le nom de *bain* au milieu dans lequel on plonge et fait séjourner, plus ou moins longtemps, un malade.

Nature des bains. — On distingue : 1° les *bains*

liquides (ce sont les plus usités), que l'on compose avec l'eau douce, les eaux minérales, l'eau de mer, ou avec des solutions médicamenteuses; 2° les *bains gazeux*, parmi lesquels les bains d'air (aération); le bain d'air chaud (étuve sèche), etc.; 3° les *bains de vapeur* qui se donnent avec les vapeurs produites soit par l'ébullition de certains liquides, soit par la volatilisation ou la combustion de différentes substances solides.

Température des bains. — Par rapport à la température, les bains peuvent être distingués : en bains à la glace (0°); bains froids (de 15 à 25° c.); bains frais (de 25 à 30° c.); bains tièdes (de 30 à 40° c.); et bains chauds (de 40 à 50° c. et au-delà).

Modes d'application des bains. — On divise les bains : en bains d'immersion, affusion, aspersion, douches, lotions, fomentation et embrocation.

Bains d'immersion. — Ainsi désignés parce que l'on plonge entièrement le corps ou la partie malade dans le liquide dont le bain est formé.

Affusion. — Ce mode d'application consiste à verser sur le corps ou sur l'une de ses parties un liquide d'une température tantôt supérieure, tantôt inférieure à celle du corps.

Aspersion. — Elle ne diffère de l'affusion qu'en ce que la substance liquide est projetée sur le corps en forme de pluie.

Douche. — Elle consiste dans un jet de liquide qui va frapper, avec plus ou moins de force, et d'une façon continue, une surface plus ou moins circonscrite du corps.

Lotion. — Dans ce mode d'application, on imbibe des compresses que l'on passe ensuite sur la peau pour la laver.

Fomentation. — Elle consiste à imbiber d'un liquide quelconque, et ordinairement chaud, des compresses que l'on met en rapport avec une région circonscrite du corps.

Embrocation. — Elle ne diffère de la fomentation que par la nature du liquide qui est toujours huileux.

Durée d'application des bains. — Les bains sont divisés, sous ce rapport, en *bains de courte durée* (quelques minutes); *bains de moyenne durée* (une heure environ); *bains prolongés* (plusieurs heures).

SACHETS

On désigne ainsi des petits sacs de toile ou de taffetas, dans lesquels on enferme des poudres simples ou composées que l'on applique sur la partie malade.

Ils peuvent être *secs* ou *humides.* Secs, ils sont formés de poudres chauffées à une température plus ou moins élevée (sable, son). Humides, ils consistent en poudres humectées ou cuites avec des liquides plus ou moins actifs.

FUMIGATIONS

« On donne ce nom, dit le professeur Tabourin, à
« des vapeurs de natures diverses, qu'on emploie
« dans un but thérapeutique, soit pour agir sur les
« animaux malades, soit sur l'air altéré de leur lo-
« gement. Dans le premier cas, elles sont *cutanées*
« ou *bronchiques*; et, dans le second, *médicinales* ou
« *hygiéniques*. »

Les fumigations peuvent encore être *sèches* ou *humides*. Les fumigations humides, sont de véritables
bains de vapeur, soit locaux, soit généraux. Les fumigations sèches consistent à diriger, sur une partie
du corps, la fumée produite par la combustion lente
de diverses substances.

CATAPLASMES

Les cataplasmes sont des médicaments de composition variable, de consistance molle et pâteuse,
pouvant être indistinctement préparés à chaud ou à
froid, et destinés à être appliqués sur une partie qui
est le siége de douleurs très vives.

Exemple: Cataplasme de farine de lin :

> Farine de lin : Q. V.
> Eau commune: Q. S.

Délayer, en ajoutant l'eau peu à peu, et battre la
masse fortement et pendant longtemps pour développer convenablement le mucilage contenu dans la
farine.

Si le cataplasme doit être appliqué chaud, — ce

qui est lé cas le plus ordinaire, — il faut se servir d'eau bouillante, ou encore faire cuire après avoir délayé la farine, jusqu'à ce que la consistance soit asséz épaisse.

Autre exemple : Cataplasme de moutarde (sinapisme) :

Farine de moutarde noire: Q. V.
Eau commune: Q. S.

Mêlez dans un mortier et faites un cataplasme de consistance moyenne qu'on pourra mitiger par l'addition d'une proportion, plus ou moins forte, de farine de lin, d'orge, etc.; ou, au contraire, rendre plus actif, en faisant entrer dans sa composition de la racine de raifort râpée.

LAVEMENTS

On désigne sous ce nom, et encore sous celui de *clystères*, des préparations liquides que l'on introduit par l'anus pour être absorbées par la muqueuse rectocolique.

Ces préparations, que l'on injecte au moyen d'une seringue, d'un clysoir, d'un irrigateur, ou d'une poire à injection, sont introduites ordinairement à la dose de 18 à 20 degrés environ, et sont de 200 à 250 grammes, pour un chien adulte, de taille moyenne, dose que l'on réduit à la moitié, ou même au quart, suivant que le liquide doit être retenu plus ou moins longtemps, ou que la capacité du gros intestin est moindre, comme dans les toutes petites espèces.

SUPPOSITOIRES

Les suppositoires sont des médicaments officinaux ou magistraux, de consistance solide, de forme conique, et de volume variable, destinés à être introduits dans l'anus.

Le savon, le suif, le beurre de cacao, le miel, sont les substances qui servent le plus généralement à leur préparation.

On ajoute quelquefois à ces substances des poudres médicamenteuses.

INJECTIONS

On désigne ainsi des dissolutions plus ou moins concentrées qu'on emploie extérieurement, soit pour les faire absorber, soit pour agir localement sur un point déterminé du corps.

Elles sont *générales* quand elles se font dans les veines ou dans le tissu cellulaire sous-cutané; et *locales* quand elles ont lieu sur une muqueuse, ou dans un trajet fistuleux.

TROCHISQUES

Les *trochisques* sont des médicaments officinaux solides, secs, de composition variable et divisés en petites masses sphériques, coniques, pyramidales, etc.

Les trochisques ne sont destinés qu'à l'usage externe.

On les emploie comme topiques irritants.

COLLYRES

On désigne sous ce nom des médicaments que l'on applique sur la conjonctive. Ils peuvent être mis en contact avec elle sous forme pulvérulente, molle, liquide, vaporeuse ou gazeuse.

Les premiers, ou *collyres secs*, se composent de poudre qu'on insuffle à l'aide d'un tuyau de plume ou d'un cornet de papier. Les seconds, ou *collyres mous*, sont constitués par des poudres mises en pâte à l'aide d'un mélange approprié. On les applique sur le bord libre des paupières, soit avec le doigt, soit avec l'extrémité obtuse d'une sonde; puis, on fait mouvoir les paupières pour que le médicament s'étende en tous sens. Les *collyres liquides* sont appliqués en fomentation, ou en instillation, au moyen d'un tuyau de plume, ou mieux d'un *compte-gouttes*. Les *collyres vaporeux* ou *gazeux* consistent à exposer les yeux à la vapeur d'une solution médicamenteuse quelconque.

PILULES

On appelle *pilules* des médicaments d'une consistance ferme, non adhérents aux doigts, et de forme sphérique. Lorsque ces médicaments sont d'un volume plus considérable, ils prennent le nom de *bols*.

On leur donne alors moins de consistance et une forme ovoïde, afin d'en faciliter l'ingestion.

Toutes les substances thérapeutiques peuvent entrer dans la composition des pilules. Si elles sont solides, on les ramollit à l'aide d'un corps mou ou liquide approprié. Si elles sont molles, on choisit pour excipient une poudre inerte. On fait alors une pâte à laquelle on donne une homogénéité complète ; puis, on divise cette pâte à l'aide d'un instrument spécial appelé pilulier. Les pilules faites, on les dore ou on les argente pour prévenir les adhérences qu'elles pourraient contracter aux points de contact.

LINIMENTS

On donne ce nom à tous les mélanges médicamenteux liquides ou seulement diffluents, composés d'une huile grasse, dessicative ou onctueuse qui sert de véhicule, ou d'essence, d'extrait, d'alcali, etc., qui sont les principes actifs du médicament. On les applique en frictions sur une surface plus ou moins étendue du corps.

Pour en faciliter la pénétration, on coupe les poils, puis on lave la peau avec soin, ou même on l'excite par quelques frictions sèches.

POMMADES

On désigne ainsi des préparations onctueuses, officinales ou magistrales de consistance molle, résultant du mélange d'un corps gras (graisse ou huile concrète), avec diverses substances médicamenteuses.

On peut les préparer soit par *simple mélange*, lorsque leur préparation se réduit à incorporer les éléments médicamenteux à des corps graisseux, soit par *solution* quand on obtient le mélange au moyen de la macération, de la digestion ou de la décoction, soit enfin par *combinaison chimique*.

L'application des pommades se fait à la surface de la peau, en onctions, embrocations, etc.

ONGUENTS

Les onguents ne diffèrent des pommades que parce qu'ils contiennent des substances résineuses. Leur consistance permet de les diviser en deux groupes : ceux du premier sont mous, ce sont les onguents proprement dits ; ceux du second sont solides et sont appelés *emplâtres, onguents-emplâtres*.

Ces derniers doivent avoir une consistance telle qu'ils puissent se ramollir à la température habituelle du corps ; mais sans perdre la forme qu'on leur a donnée avant de les appliquer.

CÉRATS

Les cérats sont essentiellement formés de cire et d'huile ; la première de ces deux substances doit être en quantité suffisante pour donner le degré de consistance nécessaire. On fait quelquefois entrer, dans leur composition, différents liquides, des extraits, des sels, des poudres, etc.

PATES

Les pâtes sont composées principalement de sucre et de gomme dissous, soit dans l'eau, soit dans un liquide médicamenteux, et rapprochés peu à peu par évaporation.

Elles se présentent sous la forme de masses de consistance molle, tenace, élastique et n'adhérant pas aux doigts.

Il est encore d'autres modes d'administration médicamenteuse. Nous nous sommes borné à l'étude des plus utiles et des plus employés.

Faire plus, serait dépasser le but que nous voulions atteindre.

JURISPRUDENCE VÉTÉRINAIRE

MODÈLES DE REQUÊTES ET RAPPORTS
RELATIFS
AUX VICES RÉDHIBITOIRES

REQUÊTE

A Monsieur le Juge de paix du canton de....., arron-dissement de....., département de.....

Le sieur Louis M....., marchand de chevaux, demeurant à..., a l'honneur de vous exposer que le..... mil huit cent..... il a acheté du sieur Eugène B..... (profession), demeurant à....., un cheval (un bœuf, un troupeau ou un âne, etc.) (signalement (1), moyennant la somme de..... (payée comptant ou payable à telle époque); que cet animal (cheval, bœuf ou âne, etc.) lui semble atteint d'un vice rédhibitoire, désigné sous le nom de..... (morve, pousse ou tic, etc.).

C'est pourquoi le sieur M..... requiert qu'il vous plaise, Monsieur le Juge de paix, en vertu de l'article 5 de la loi du 20 mai 1838, de nommer un expert vétérinaire (2) à l'effet de constater si ce cheval (bœuf ou âne, etc.) dont s'agit, est atteint de..... (morve, pousse, etc.), ou de tout autre vice rédhibitoire; et en cas de mort, de procéder à l'ouverture du cadavre dudit animal pour apprécier la cause du sinistre.

Fait à....., le..... mil huit cent.....

Signé : Louis M.....

---

(1) MODÈLE DE SIGNALEMENT. — *Genre et sexe intact ou mutilé de l'animal :* (cheval, âne, bœuf, jument, vache; cheval entier, hongre, etc.); *race :* (normande, flandrine, mérinos, etc.); *service :* (trait, selle, engrais, etc.); *âge :* (...., environ); *taille :* (..... mètre ..... centimètres); *état des poils :* (à tous crins, écourté ou anglaisé, etc.); *robe :* (sa couleur, sa nuance, etc.); *marques particulières :* (balzane, rubican, listes, pelotes, épis, yeux vairons, etc.); *signes artificiels :* (marques du sabot, de la corne, laine, etc.; indiquer les caractères de ces marques, leur forme, leur nature, etc.)

(2) Le juge peut nommer *un* ou *trois* experts, mais il consulte ordinairement le requérant à cet égard.

TABLE DES MATIÈRES

LIVRE II. — **Le Bœuf**

PREMIÈRE PARTIE. — *Histoire naturelle*

LIVRE III. — **Le Mouton**

PREMIÈRE PARTIE

DEUXIÈME PARTIE. — *Des maladies du Mouton*

LIVRE IV. — **Le Porc**

PREMIÈRE PARTIE

DEUXIÈME PARTIE. — *Maladies du Porc*

LIVRE V. — **Le Lapin**

LIVRE VI. — **La Poule**

LIVRE VII. — **Le Pigeon**

LIVRE VIII. — **L'Oie**

LIVRE IX. — **Le Dindon**

LIVRE X. — **Des maladies des oiseaux de basse-cour**

LIVRE XI. — **Le Chien**

PREMIÈRE PARTIE. — *Histoire naturelle*

DIJON, IMPRIMERIE F. CARRÉ